ALICE CLAIR

JULIEN GUILLOT

SAVINIEN DE RIVET

SUFFIT-IL (VRAIMENT) DE TRAVERSER LA RUE POUR TROUVER UN EMPLOI ?

Et autres questions du débat public

TOUTES LES RÉPONSES DÉCRYPTÉES EN INFOGRAPHIES

EN PARTENARIAT AVEC

Libération

ARMAND COLIN

Som-
maire

05 Dérégler 130

Intro

Ce livre n’est pas un livre comme les autres. C’est une miscellanée d’infographies ou plutôt de « visualisations de données ». Ce que les Anglo-Saxons appellent datavisualisation. Pourquoi utiliser ce procédé ? Tout simplement pour avoir les idées plus claires.

Ces faits qu'on planque derrière les anecdotes

Dans notre métier de journaliste, nous sommes souvent confrontés à l'anecdotique, les faits divers qui remplacent les statistiques, l'émotion qui va à l'encontre des faits. En réalité, nous avons besoin des deux : les statistiques pour comprendre un système, le témoignage pour comprendre l'humain.

Les sujets que nous avons choisis dans ce livre sont le reflet d'un certain nombre de préoccupations de notre époque, qui sont en phase avec les problématiques que nous traitons au quotidien dans *Libération*: le dérèglement climatique dû à l'activité humaine, l'organisation problématique de nos sociétés, les inégalités qui ne se réduisent pas, etc.

Pourquoi visualiser les données ?

Le choix de la représentation de ces données n'est pas anecdotique, elle doit servir le propos que l'on veut porter. Pour ceux qui pensent que l'on peut faire dire ce que l'on veut aux chiffres, nous répondons que ça leur fait un point commun avec les mots.

Contrairement au poncif qui suppose qu'une image vaut mieux qu'on long discours, la visualisation de données n'est pas une simplification des problèmes. C'est plutôt une autre façon de comprendre les choses, d'avoir une vision d'ensemble, de mesurer de façon plus précise, d'appréhender les ordres de grandeur, les dynamiques, bien mieux que ne peuvent le faire les mots. La clarté plutôt que la simplicité.

Quelle que soit la quantité de données (quelques chiffres clés comme en page 14 ou des milliers de points de données comme en page 116), il y aura toujours une façon de les représenter afin d'en faire ressortir des grandes tendances, de mettre en perspective les écarts, les rapports ou les évolutions.

Pour représenter les données visuellement, les éléments graphiques sont assez simples : on joue sur la position (hauteur, largeur), la longueur, la surface, la couleur, la forme, la direction, parfois en combinant toutes ces briques ensemble. Le résultat est toujours une comparaison entre au moins deux données (chiffres, dates, noms…).

Éclairer le débat public

Pour les sources des données, nous privilégions des institutions établies, comme l'Insee, l'Ined, Eurostat, la Banque mondiale, etc. Le mouvement d'Open Data nous permet aussi de récupérer par nous-mêmes des données qui ne sont pas forcément exploitées par ailleurs. Ces données nous permettent de manier des informations fiables et faisant référence. Et c'est par le procédé de la datavisualisation que nous les rendons accessibles à une plus large audience afin de participer aux petits et grands mouvements de société.

Ce livre peut donc être pris comme un outil de lutte contre les idées reçues, les avis au doigt mouillé, le « bon sens » du comptoir du bar ou les débats animés des repas de famille, trop souvent biaisés par notre perception subjective des choses, consciente ou non. Il permet de donner des clés de compréhension des enjeux actuels complexes, bref d'éclairer le débat public.

Fabri-cation

Comment avons-nous réalisé toutes ces infographies ? Sans entrer dans les détails techniques, voici les différents outils que nous avons exploités.

Les tableurs

C'est la base de la base de données. Toute liste de chiffres (ou de mots) est bien mieux dans un tableur ou une feuille de calcul. Justement parce qu'on va pouvoir effectuer des calculs et des tris. Nos deux logiciels favoris sont les suivants. Google Sheets : nous l'utilisons surtout pour le travail collaboratif. C'est gratuit (car nous sommes le produit) et performant, cela fonctionne sur la plupart des plateformes dans un navigateur web. Apple Numbers : ce logiciel de tableur est un peu le Excel version Mac. La principale différence, c'est son interface qui n'est pas fondée sur une seule feuille de calcul, mais sur un canevas dans lequel sont disposées autant de feuilles de calcul que l'on veut. C'est idéal lorsque l'on glane des données depuis différentes sources et que l'on essaie de trouver du sens dans l'accumulation des chiffres.

Avec ces logiciels, on peut déjà créer des graphiques simples du type courbe ou graphique en barres, qui permettent de faire une première analyse visuelle des chiffres qu'on leur injecte.

Ensuite, on passe à la création graphique de la visualisation de données et pour ce faire, nous utilisons plusieurs outils en fonction de ce que nous voulons réaliser.

Khartis

Khartis est un logiciel développé par le département de cartographie de Sciences Po et c'est notre préféré pour créer des infographies basées sur des cartes. Il permet de choisir la projection la plus adaptée au sujet (voir l'infographie sur la fonte des glaciers en page 158) et d'y poser des données issues d'un tableau. Facile à utiliser et très efficace.

RAW

RAW est notre chouchou. C'est un logiciel open source qui fonctionne dans un navigateur et qui exploite les capacités de visualisation de la librairie D3.js sans avoir besoin de connaître quoi que ce soit en code. On y entre un tableau de données et on choisit parmi les différentes visualisations celle qui correspond le mieux au message que nous voulons faire passer. Nous l'utilisons notamment pour réaliser les essaims d'abeilles (infographies des rachats de la Big tech en page 102 et des fusillades de masse aux États-Unis en page 44, par exemple) ou les répartitions en *treemaps* (sous forme de rectangles comme dans l'infographie des émissions mondiales de CO_2 en page 132 ou en mode Voronoï dans l'infographie sur le coût de la voiture en page 56).

Python

Python est un langage informatique polyvalent et assez intuitif qui donne accès à de nombreuses librairies (bibliothèques de fonctions spécialisées). La librairie Pandas est particulièrement adaptée à l'exploration et la manipulation de larges bases de données qui feraient planter un tableur (la base des accidents, par exemple). Avec quelques lignes de code, les librairies Requests et BeautifulSoup permettent de récolter des données sur le web (*scraping*). Les librairies Matplotlib et Seaborn permettent de représenter graphiquement de grandes quantités de données, comme les 100 000 points de la visualisation sur les radars pédagogiques en page 64.

Illustrator

Enfin, le logiciel Illustrator est notre meilleur ami pour toute la finalisation graphique, mais pas seulement. Un outil « graphe » nous permet de réaliser des graphiques en barres, en aires ou en radar. Mais c'est surtout dans ce logiciel que nous choisissons les couleurs, les polices, le style de tous les éléments graphiques de l'illustration. En sus, il est même très utile pour dessiner (infographie sur la chasse en page 154).

Sur une longue période, le progrès est visible sur le plan social : espérance de vie en hausse, démocratisation, hausse générale du niveau d'éducation et de tolérance de la société. Mais à court terme, c'est moins net : la démocratie subit des contrecoups, la mortalité mondiale rebondit. En France, le niveau scolaire se dégrade, la médecine est en danger, les politiques récentes se font à l'avantage des plus riches. Il est trop tôt pour savoir s'il s'agit d'une rupture de tendance ou d'un accident passager.

01

Vivre ensemble

Est-ce que la France est un pays d'assistés ?

Contrairement à une croyance répandue, on n'abuse pas en France des prestations sociales. En réalité, des centaines de milliers de personnes ne recourent pas à des aides auxquelles elles ont droit.

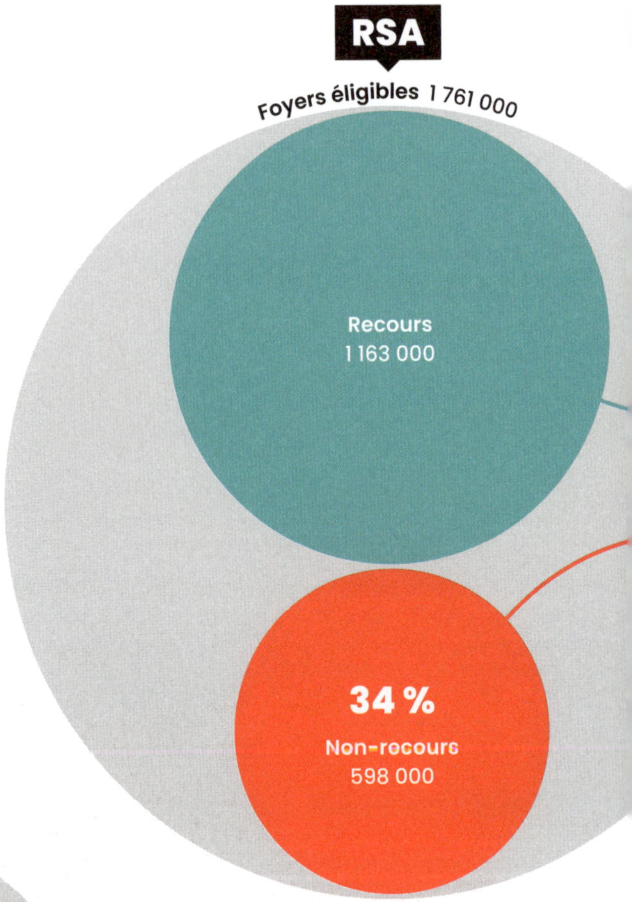

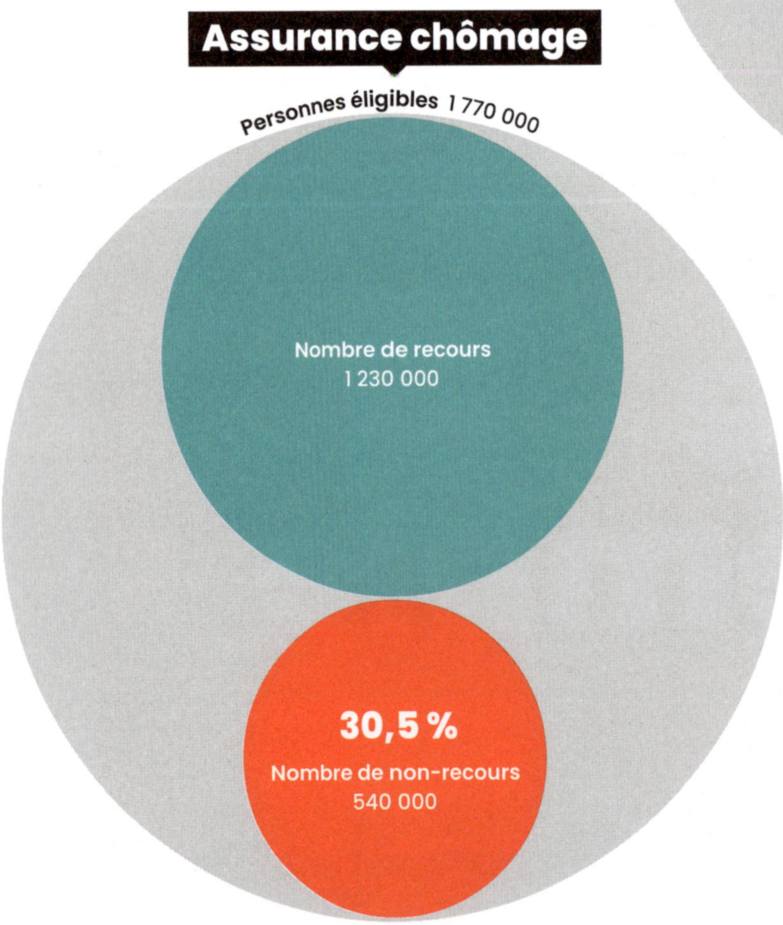

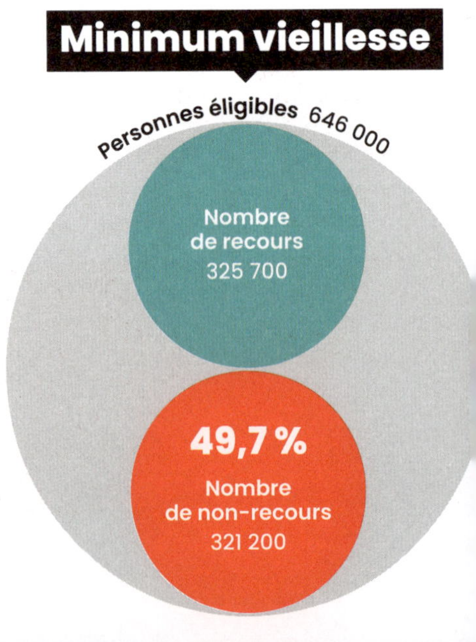

Montants totaux versés par an

9 milliards d'€

dont fraude détectée

0,15 milliard d'€

Prestations non versées

3 milliards d'€

Non-recours aux prestations sociales

Part de la population ne recourant pas à la prestation sur l'ensemble des éligibles

Sources: Drees, Dares, données 2016 pour le minimum vieillesse, 2018 pour le RSA et 2018-2019 pour l'assurance-chômage.
Foyers éligibles au RSA: personnes d'au moins 25 ans et jeunes actifs de 18 à 24 ans sous certaines conditions
Personnes éligibles au minimum vieillesse: personnes seules de plus de 65 ans dont les ressources leur permettraient de prétendre au minimum vieillesse
Personnes éligibles à l'assurance-chômage: individus éligibles, sans droit ouvert au moment de la perte d'emploi, âgés de 25 à 59 ans

C'est une vieille rengaine électoraliste régulièrement brandie par les politiciens en quête de boucs émissaires consensuels: ces gens qui ne travaillent pas et touchent de l'argent non mérité. En réalité, c'est l'inverse, il y a beaucoup plus de personnes qui ne touchent pas des aides sociales alors qu'ils y ont droit, que de gens qui les perçoivent indument.

Une étude de la Drees estime qu'en 2018-2019, près de 600 000 foyers n'ont pas touché le RSA alors qu'ils étaient éligibles. Cela représente environ un foyer sur trois. Les sommes non-versées s'élèvent à 3 milliards d'euros par an. Même chose pour le minimum vieillesse où environ la moitié des personnes éligibles ne le demandent pas, pour un budget non dépensé d'un milliard d'euros (données de 2016).

20 fois plus de non-recours que de fraude détectée

Le recours aux aides sociales comme le RSA est si compliqué que l'on peut se demander si le système n'a pas été conçu à la base pour dissuader les gens d'y accéder. Dans le détail, il y a aussi ceux qui n'osent pas demander le RSA pensant qu'ils n'y ont pas droit, soit par fierté, soit par manque d'information.

Du côté de la fraude sociale, son chiffrage est en fait impossible, comme l'a conclu un rapport parlementaire sur le sujet en octobre 2019. D'après un rapport de la Cour des comptes, les fraudes détectées au RSA par exemple représentent 149 millions d'euros, plus de 20 fois moins que le non-recours. S'il y a donc un problème avec les prestations sociales, ce n'est pas qu'on en donne trop, mais qu'on ne les distribue pas assez.

La Sécu coûte-t-elle trop cher aux Français ?

Les organisations privées et mutualistes utilisent plus du cinquième des cotisations reçues pour financer leur gestion, contre près de 3 % pour la sécu. Résultat, 19 % des cotisations des mutuelles et 23 % de celles des assurances santé ne sont pas reversées aux cotisants.

Les complémentaires santé coûtent cher. En 2021, selon les chiffres de la Dress, elles ont dépensé 7,71 milliards d'euros en frais de gestion et n'ont financé que 36,9 milliards de la dépense courante de santé. Alors que la Sécu, avec des frais de gestion similaires (7,69 milliards), a effectué 8 fois plus de remboursements (241,6 milliards).

Résultat, côté prestation, les assurances santé (organismes privés) n'ont « rendu » aux souscripteurs que 77 % de leurs cotisations (en ont donc gardé 23 %), tandis que les mutuelles (à but non lucratif) ont fait légèrement mieux: les prestations ont représenté 81 % des cotisations payées. Qu'est-ce qui explique que le secteur privé fasse moins bien que le public dans la maîtrise des dépenses? Principalement deux postes de dépenses, qui coûtent cher aux complémentaires santé: les frais d'acquisition, qui représentent une moyenne de 8 % de leurs cotisations et les frais d'administration, 8 % également. À la différence de la Sécurité sociale, les complémentaires sont en effet en situation de concurrence et l'acquisition de nouveaux clients coûte cher: publicité, marketing, rémunération d'intermédiaires. Du côté administratif, du fait de leur taille inférieure, il est plus difficile pour les organismes privés de générer des économies d'échelle que pour la Sécurité sociale. Chaque cotisant qui quitte une mutuelle pour en rejoindre une autre engendre des frais administratifs des deux côtés. Les assurances privées ont par ailleurs des actionnaires à rémunérer, ce qui explique leur coût encore plus élevé que celui des mutuelles.

Du fait de ce coût élevé, Olivier Véran avait un temps eu l'idée de mettre en place une « grande sécu » pour réduire le périmètre des complémentaires et confier davantage à la sphère publique. Un rapport publié début 2022 a même chiffré l'économie collective d'une telle mesure à 5,4 milliards d'euros par an. Mais ce projet a finalement été enterré par Emmanuel Macron quelques mois plus tard.

Comparaison des frais de gestion et remboursement de soins de la Sécurité sociale, des mutuelles et des assurances santé

Pour 100 € de cotisations reçues par les différents organismes

Source: Dress

Sécurité sociale

Sur **100€** perçus par la sécurité sociale via les cotisations et impôts indirects :

Mutuelles

Sur **100€** perçus par une mutuelle via les cotisations directes de ses adhérents :

Assurances

Sur **100€** perçus par une assurance via les cotisations directes de ses adhérents :

Paris se vide-t-il de ses habitants ?

Paris a perdu 80 000 d'habitants en 7 ans. Mais à long terme, la tendance est plutôt à la stagnation. Et lorsqu'on s'intéresse à la totalité de l'agglomération parisienne, on constate une croissance continue.

Entre les deux derniers recensements de 2013 et 2020, Paris a perdu plus de 80 000 habitants, soit environ 3 % de sa population. Les raisons en sont multiples. Tout d'abord, l'effet Airbnb : dans les quartiers centraux, de nombreux logements sont mis en location saisonnière, ce qui crée un effet d'éviction et diminue l'offre de logement disponible pour les habitants. Seconde raison, le vieillissement de la population et la hausse des prix depuis 2000 ont fait que lorsque les enfants quittent le domicile familial, ils s'installent fréquemment ailleurs qu'à Paris, laissant les parents comme uniques occupants du logement. Un appartement précédemment utilisé par une famille entière n'est alors plus occupé que par une ou deux personnes. Résultat, le nombre d'habitants de plus de 60 ans a augmenté de 12 % à Paris, tandis que le nombre de Parisiens de toutes les autres catégories d'âge a diminué. Mais Paris, avec plus de 20 000 habitants au km², reste néanmoins une des villes les plus denses de France et du monde.

Le nombre d'habitants a déjà baissé à Paris par le passé. Notamment dans les années 1960-70, alors même que de nombreux nouveaux logements ont été construits. Pour deux raisons : d'une part, de nombreux logements ont été convertis en bureaux. D'autre part, le confort des logements s'est amélioré, l'installation de toilettes et de salles de bains dans les appartements s'est généralisée, conduisant à un accroissement des surfaces des logements par habitant. Étant donné une légère hausse au début des années 2000, sur ces 20 dernières années, le nombre de Parisiens a stagné, restant à 2,1 millions d'habitants. Il n'en est cependant pas de même pour l'agglomération parisienne, dont le nombre d'habitants a augmenté de plus de 12 % sur la même période, s'élevant aujourd'hui à 11 millions. Cette hausse a été continue depuis le milieu du XIXe siècle, hors Seconde Guerre mondiale. C'est cette croissance qui explique en grande partie le besoin régulier de créer et de rénover les infrastructures de transports collectifs dans l'agglomération, et l'impression de saturation en heures de pointe dans les transports en commun de la capitale.

Évolution de la population parisienne et francilienne depuis le XIXe siècle

Source : Insee, Wikipédia

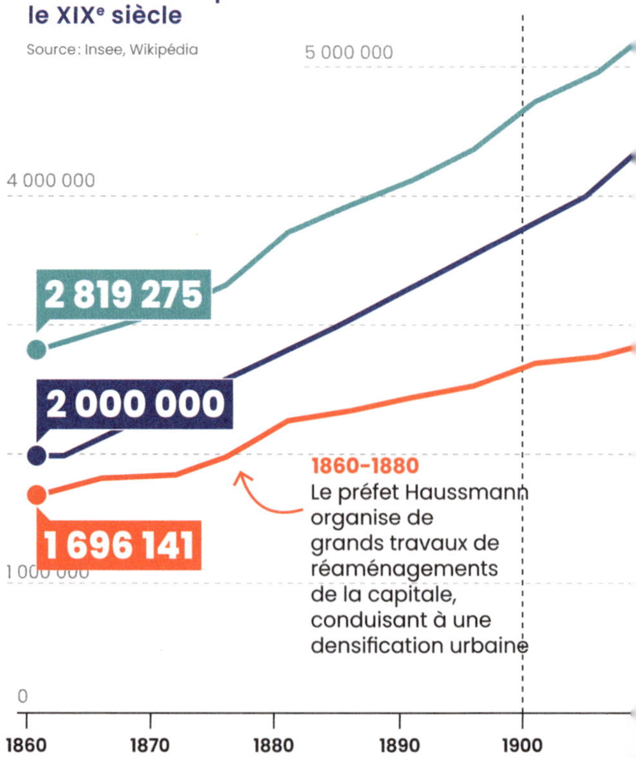

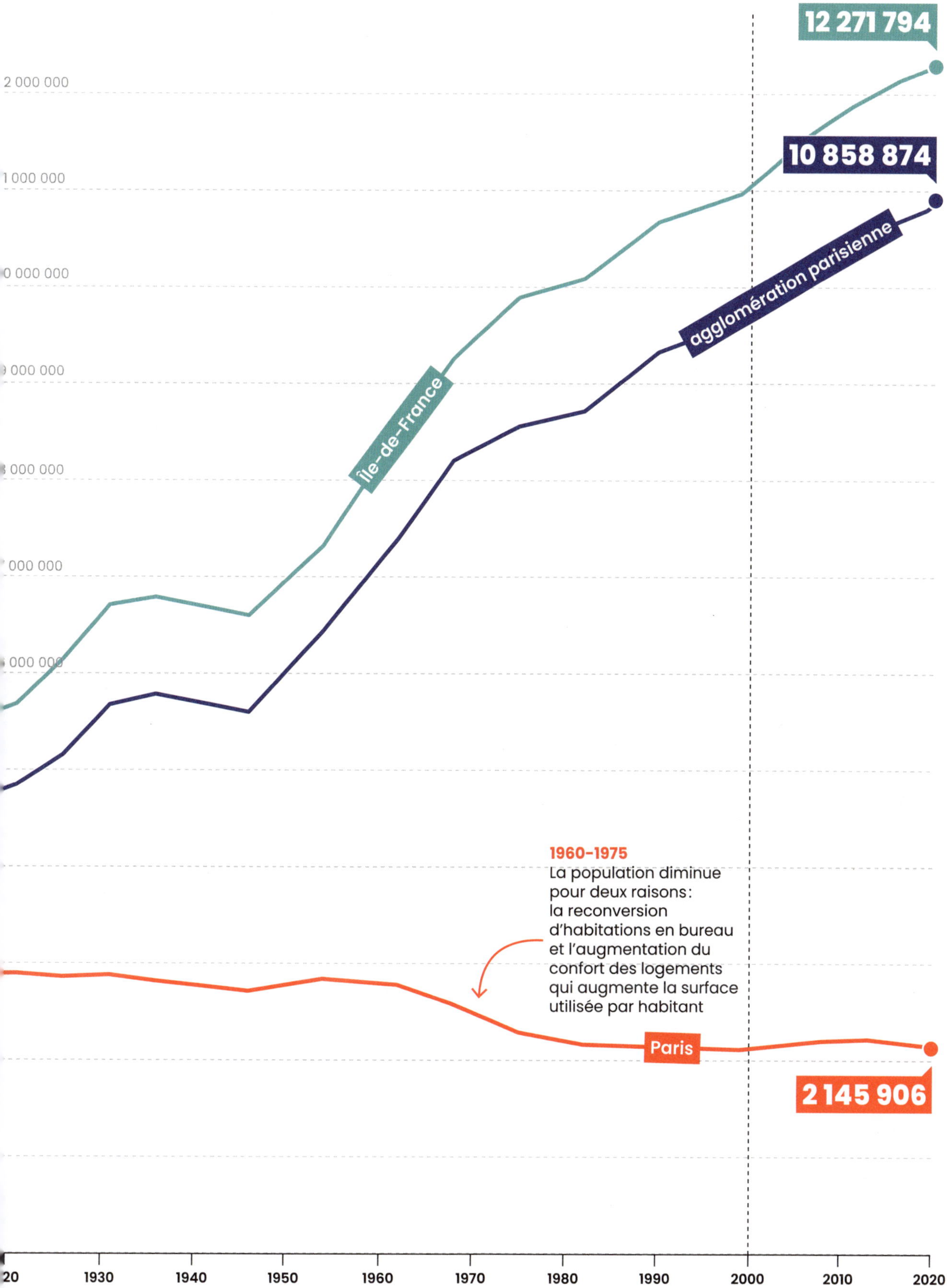

12 271 794
2 000 000
1 000 000
0 000 000
000 000
000 000
000 000
000 000
10 858 874
agglomération parisienne
Île-de-France
1960-1975
La population diminue pour deux raisons : la reconversion d'habitations en bureau et l'augmentation du confort des logements qui augmente la surface utilisée par habitant
Paris
2 145 906
20
1930
1940
1950
1960
1970
1980
1990
2000
2010
2020

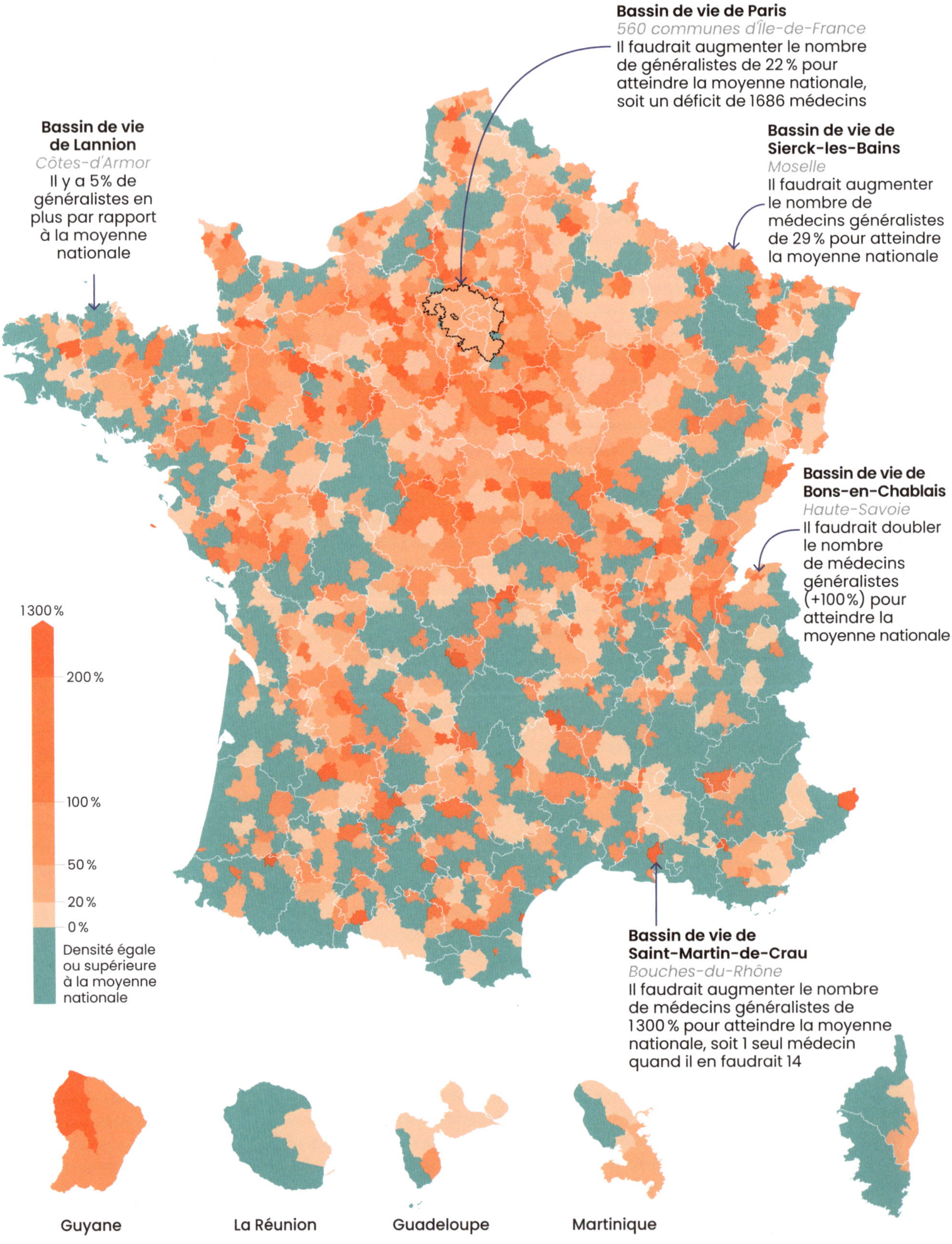
Bassin de vie de Paris
560 communes d'Île-de-France
Il faudrait augmenter le nombre de généralistes de 22 % pour atteindre la moyenne nationale, soit un déficit de 1686 médecins
Bassin de vie de Lannion
Côtes-d'Armor
Il y a 5% de généralistes en plus par rapport à la moyenne nationale
Bassin de vie de Sierck-les-Bains
Moselle
Il faudrait augmenter le nombre de médecins généralistes de 29 % pour atteindre la moyenne nationale
Bassin de vie de Bons-en-Chablais
Haute-Savoie
Il faudrait doubler le nombre de médecins généralistes (+100 %) pour atteindre la moyenne nationale
1300 %
200 %
100 %
50 %
20 %
0 %
Densité égale ou supérieure à la moyenne nationale
Bassin de vie de Saint-Martin-de-Crau
Bouches-du-Rhône
Il faudrait augmenter le nombre de médecins généralistes de 1300 % pour atteindre la moyenne nationale, soit 1 seul médecin quand il en faudrait 14
Guyane
La Réunion
Guadeloupe
Martinique

Où sont les déserts médicaux ?

La France n'a pas assez de médecins pour bien soigner tous ses habitants, mais surtout, ils sont mal répartis sur le territoire.

Notre pays n'est pas densément peuplé et cela se ressent dans l'offre de soins. D'après les Agences régionales de santé, deux tiers des Français vivent dans une zone où la densité de médecins généralistes est très insuffisante. Un quart de la population vit même dans une zone dite d'intervention prioritaire, où la faiblesse du nombre de soignants atteint un niveau critique.

Si l'on compile les statistiques au niveau des régions, on constate que bizarrement l'Île-de-France est un désert médical, quand on considère l'offre en matière de généralistes. Le bilan est inverse au niveau des médecins spécialistes qui sont beaucoup plus concentrés en région parisienne.

D'après les chiffres, il semble que la maladie serait moins pénible au soleil. La région Provence-Alpes-Côte d'Azur dispose de la plus forte densité de médecins généralistes et spécialistes par habitant. C'est le Centre-Val-de-Loire qui est le plus pénalisé en métropole.

La cause de la pénurie est due à des années de *numerus clausus*, cette limitation des étudiants en médecine, au plus bas dans les années 80. La limite a été relevée au XXIe siècle, mais trop lentement pour compenser les départs à la retraite. Selon la Drees, le nombre de généralistes par habitant devrait au mieux stagner dans les années qui viennent.

Pourcentage de médecins manquants par bassin de vie

Par rapport à la moyenne nationale (environ 83 médecins généralistes pour 100 000 habitants)

Sources : RPPS, ministère de la Santé. Carte réalisée par Emmanuel Vigneron pour l'Association des maires ruraux de France. Extraction au 11 août 2022

Densité de médecins par région

Nombre de médecins généralistes et spécialistes pour 100 000 habitants par rapport à la moyenne française en 2022

Sources : Drees, Insee

Population de la région

12 358 932

339 178

Habitants au kilomètre carré

40 — 1 029

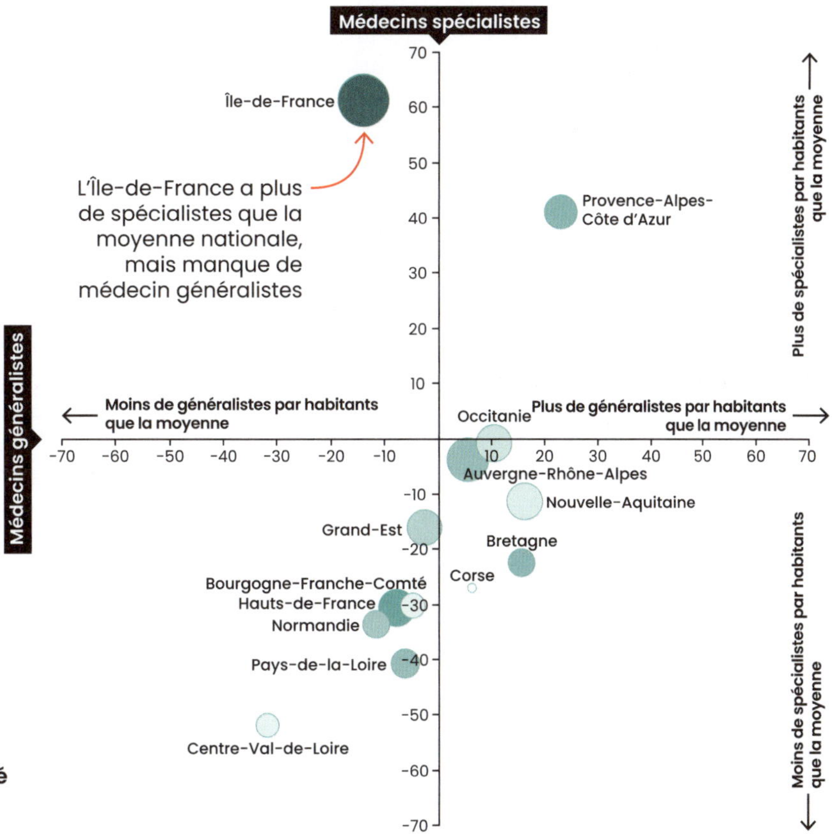

À l'âge de la retraite, 29 % des hommes les plus pauvres sont déjà morts

Dès 40 ans, l'écart commence à se creuser entre les plus pauvres et les plus riches

Cette statistique a été largement relayée dans le débat public sur la réforme des retraites depuis sa mise en avant par *Libération* en 2021. Pourquoi ce chiffre est-il intéressant au-delà du débat sur l'âge de départ à la retraite ?

Le chiffre de 25 % des hommes les plus pauvres déjà morts à 62 ans a marqué les esprits car c'est un chiffre fort, même s'il a souvent été cité et repris de travers. Mis à jour avec comme repère 64 ans, l'âge de départ à la retraite depuis la réforme de 2023, il est encore plus saisissant.
Le fait de proposer un âge pivot identique pour tout le monde ne prend pas en compte les inégalités devant la mort. Pour les représenter, nous sommes partis des données de l'Insee, qui a divisé la population masculine en vingt tranches en fonction du niveau de vie (vingtile), et calculé pour chacune d'elles la distribution de l'âge de la mort. En moyenne, plus un vingtile est riche, plus sa population vit longtemps.

Plus on est riche, plus on vit vieux

Pour ce graphique, nous avons sélectionné les cas extrêmes : la tranche de population la plus pauvre et celle la plus riche. On pourrait résumer son enseignement par cette phrase : plus on est pauvre, plus on meurt jeune. Ou son corollaire : plus on est riche, plus on vit vieux.
Selon les gouvernements successifs qui ont voulu réformer le système de retraites, il serait normal d'augmenter l'âge de départ à la retraite puisque l'espérance de vie augmente. Cette démonstration semble être d'une logique implacable, sauf que le postulat de base est orienté, car il considère que nous sommes tous égaux devant la mort ou la vieillesse. Toute règle qui s'applique indifféremment à chaque citoyen sans prendre en compte cette différence fondamentale est une règle injuste.
Alors que la vie d'un auteur de livres d'infographies né dans une famille de CSP+ avec un fort capital culturel n'a rien à voir avec celle d'un enfant d'ouvrier qui a fait toute sa carrière dans la manutention. Inégalités de chances au départ, inégalités de parcours professionnel. Comment peut-on imaginer que ces deux profils soient égaux à un âge avancé ?
D'autres études portant spécifiquement sur les âges de départ à la retraite concluent également à une inégalité devant la mort. Le risque de mourir avant de pouvoir partir à la retraite est d'environ 5 % pour les individus entre 43 et 58 ans, ce risque est doublé pour les 40 % d'hommes les plus modestes.
C'est en partie pour compenser ces inégalités d'espérance de vie que François Hollande, lors de la réforme des retraites de 2014, avait créé un compte de pénibilité. Les salariés exposés à différents facteurs de risque peuvent depuis bénéficier d'un allègement du temps de travail ou d'un départ plus précoce à la retraite. Emmanuel Macron a, de son côté, décidé fin 2017 de supprimer quatre des dix critères de pénibilité. Notamment la manutention de charges lourdes et l'exposition aux agents chimiques dangereux.

90 %
80 %
70 %
60 %
50 %
40 %
30 %
20 %
10%
part des vivants
0 → âge
10 ans
20 ans
30 ans
40 ans

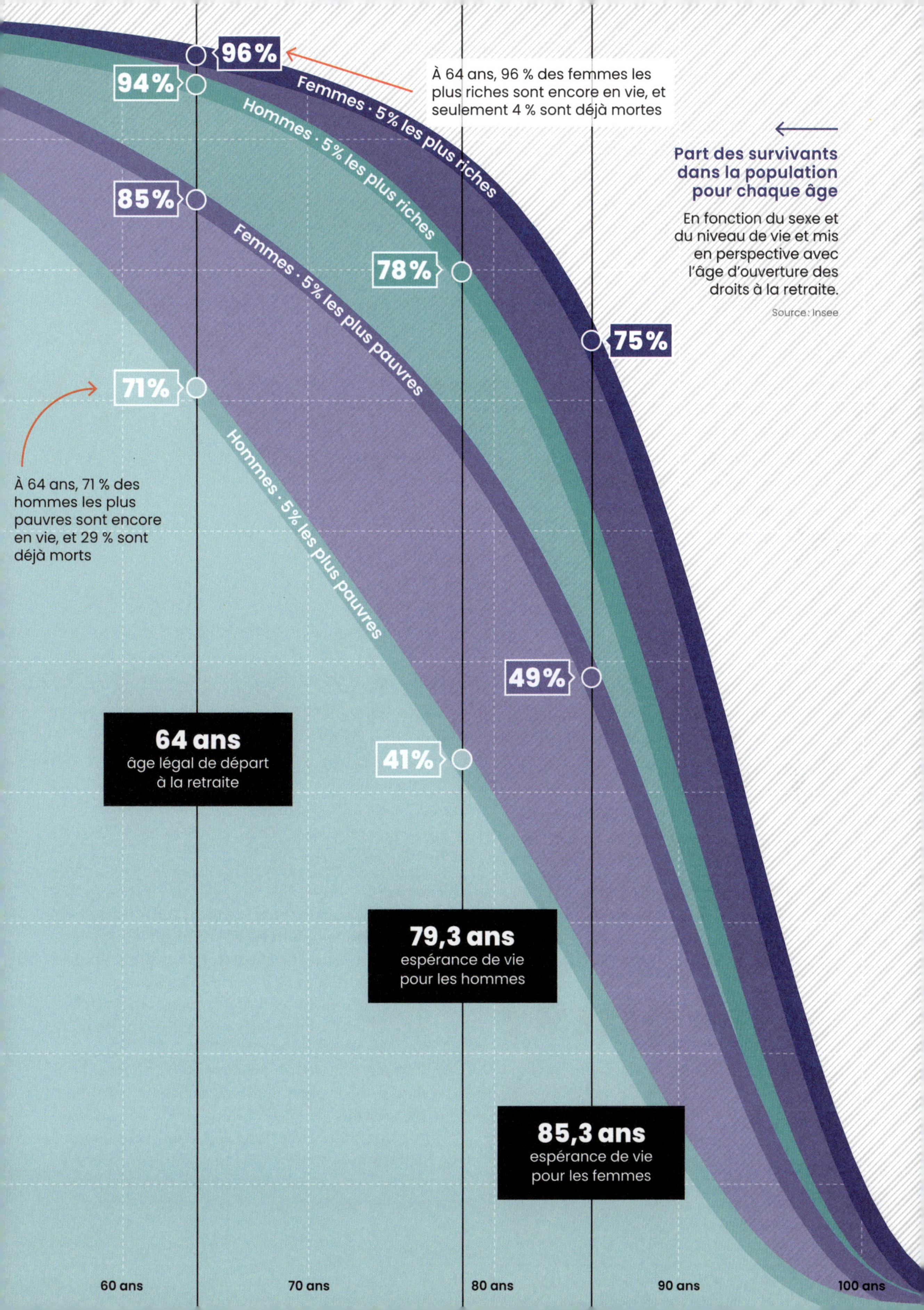

Part des survivants dans la population pour chaque âge
En fonction du sexe et du niveau de vie et mis en perspective avec l'âge d'ouverture des droits à la retraite.
Source : Insee
96 %
94 %
85 %
78 %
75 %
71 %
49 %
41 %
Femmes · 5 % les plus riches
Hommes · 5 % les plus riches
Femmes · 5 % les plus pauvres
Hommes · 5 % les plus pauvres
À 64 ans, 96 % des femmes les plus riches sont encore en vie, et seulement 4 % sont déjà mortes
À 64 ans, 71 % des hommes les plus pauvres sont encore en vie, et 29 % sont déjà morts
64 ans
âge légal de départ à la retraite
79,3 ans
espérance de vie pour les hommes
85,3 ans
espérance de vie pour les femmes
60 ans
70 ans
80 ans
90 ans
100 ans

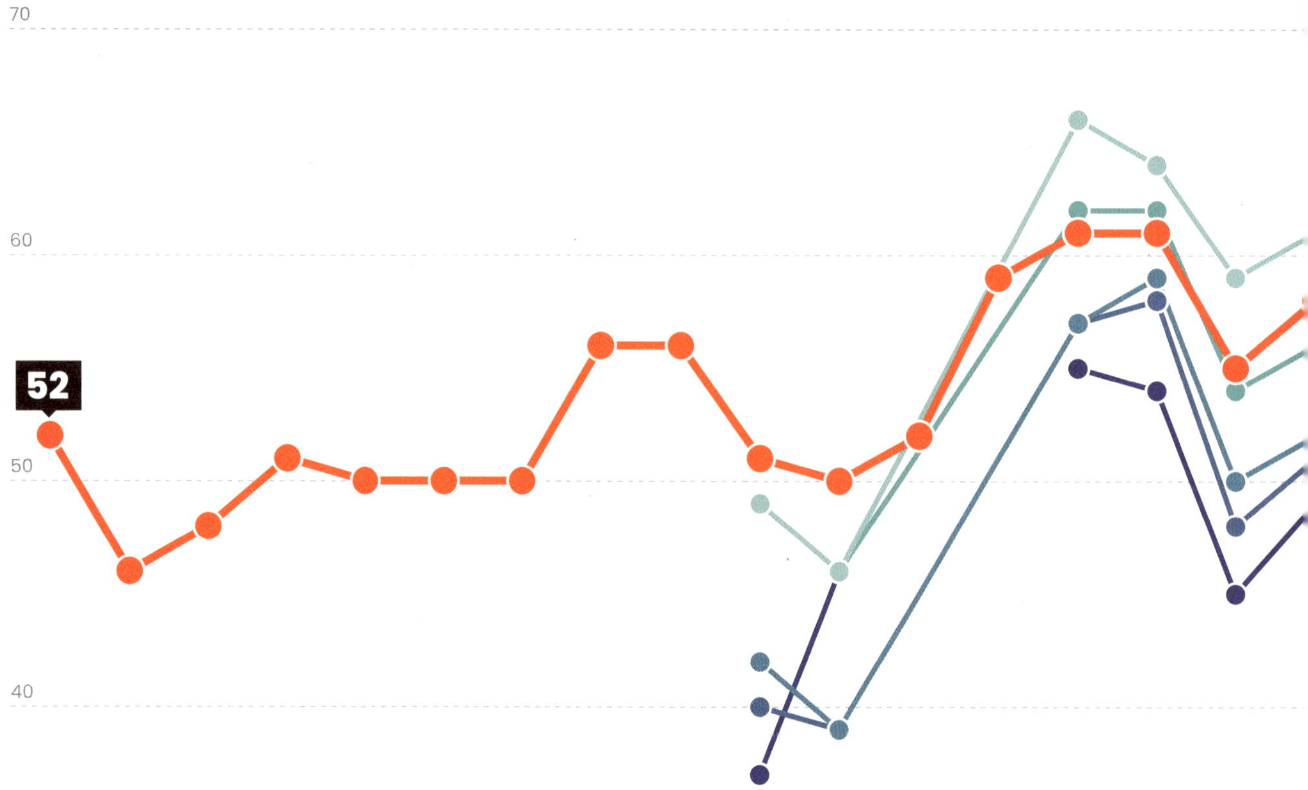

Les Français sont-ils plus tolérants ?

En France, les scores de l'extrême droite dans les urnes sont de plus en plus élevés. Pourtant, il semble que les Français sont de plus en plus tolérants.

Depuis 1990, la Commission nationale consultative des droits de l'homme (CNCDH) enquête sur les perceptions et attitudes racistes des Français. Autour du chercheur Vincent Tiberj, une équipe a constitué un baromètre pour étudier leur évolution dans le temps. Ce dernier a enregistré sur ces 30 dernières années une augmentation du niveau de tolérance des Français et de leur acceptation des minorités.

Plusieurs facteurs expliquent l'évolution à la hausse à long terme de cet indice de tolérance. Notamment l'élévation du diplôme et le renouvellement générationnel. En effet, chaque nouvelle génération est plus tolérante que la précédente, selon cet indice. Le racisme biologique (penser que certaines races sont supérieures à

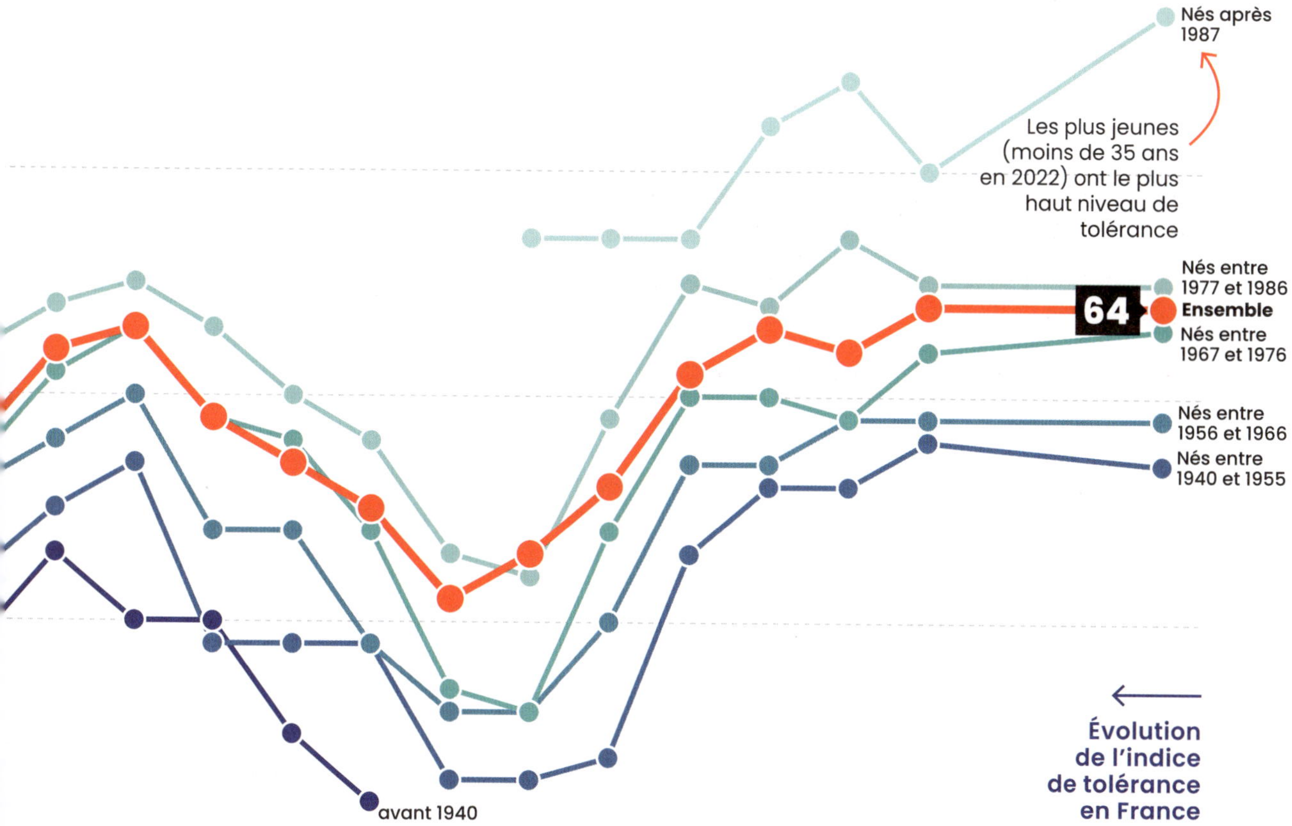

Évolution de l'indice de tolérance en France

Ensemble des Français et par génération. Indice calculé sur un ensemble de réponses à un questionnaire portant sur le racisme, l'antisémitisme et la xénophobie

Source : CNCDH

d'autres) est devenu marginal, et le multiculturalisme est de mieux en mieux accepté. Les plus tolérants sont les Français nés après 1987, tandis que les boomers sont les moins tolérants. Mais toutes les générations, même les plus anciennes, ont tendance à devenir plus tolérantes avec l'âge. En revanche, pour les générations récentes, les personnes intolérantes ont plus de chances qu'avant de voter pour l'extrême droite.

À court terme, ce sont surtout les événements et les débats sur l'immigration qui jouent. Par exemple, la crise des banlieues de 2005 a fait chuter le niveau de tolérance, tout comme la crise économique de 2008 et ses conséquences durables sur la montée du chômage.

De même, un gouvernement de gauche a tendance à faire progresser la tolérance, à la différence d'un gouvernement de droite. Et l'indice de tolérance reste nettement plus élevé parmi ceux qui votent à gauche que chez ceux qui votent à droite.
Par ailleurs, les préjugés sont la plupart du temps corrélés les uns aux autres. Ainsi, le sentiment anti-immigrés est très nettement corrélé à des opinions antisémites, mais également misogynes, islamophobes ou homophobes. Et, contrairement aux thèses d'un rejet de l'Islam au nom de valeurs républicaines, un islamophobe est largement plus suceptible qu'un autre d'avoir une mauvaise image de la laïcité, d'être mysogine et homophobe.

L'Assemblée nationale est-elle représentative ?

Le mode de scrutin et le découpage des circonscriptions ne permet pas une représentation idéale. Les votes des électeurs ne sont pas égaux entre eux. Chaque député ne représente pas le même nombre d'électeurs.

Le mode d'élection pour les députés est un suffrage majoritaire à deux tours qui donne un avantage naturel aux partis qui arrivent en tête en les qualifiant pour le second tour, ce qui explique que des partis qui font parfois des résultats significatifs en pourcentage de votes exprimés peuvent n'obtenir qu'un pourcentage très faible d'élus dans l'hémicycle.

Le découpage électoral est également problématique. Les Américains utilisent le terme de *gerrymandering* pour décrire la découpe administrative alambiquée qui optimise les votes attendus selon le profil sociologique de ses habitants. Cela permet, à partir d'un vote identique, d'obtenir des résultats différents.

Chaque député est élu dans l'une des 577 circonscriptions françaises. En moyenne, chacune d'entre elle regroupe environ 120000 habitants, mais en réalité, elles ne sont pas toutes équivalentes. La palme de la sur-représentation concerne la circonscription de Saint-Pierre-et-Miquelon qui comprend moins de 6000 habitants. La plus peuplée avec plus de 167000 est la cinquième circonscription de Loire-Atlantique (hors Français de l'étranger), qui regroupe des communes de la banlieue de Nantes. Un écart extrême de 1 à 28.

Enfin, l'Assemblée n'est en aucun cas un calque de la sociologie de la nation. Car quand bien même chaque circonscription était de valeur égale, l'Assemblée n'est pas le reflet de la population française, c'est même plutôt l'archétype du groupe d'hommes blancs bourgeois. Les femmes y sont minoritaires, les ouvriers quasiment absents. La démocratie est un chemin semé d'embûches.

Comparaison de la population des circonscriptions françaises

Soit le nombre d'habitants représentés par chaque député

Source : Insee

Population de la circonscription

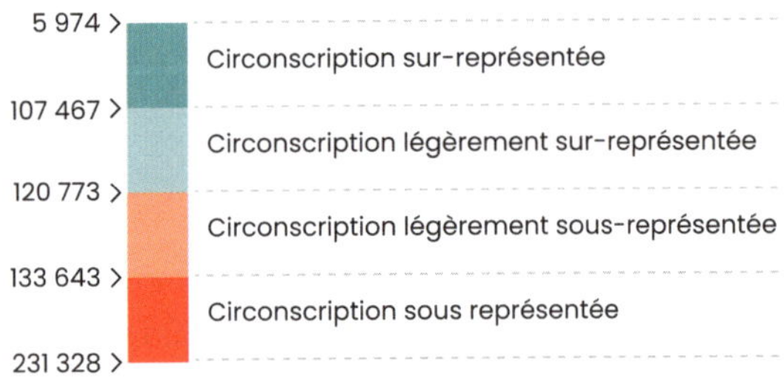

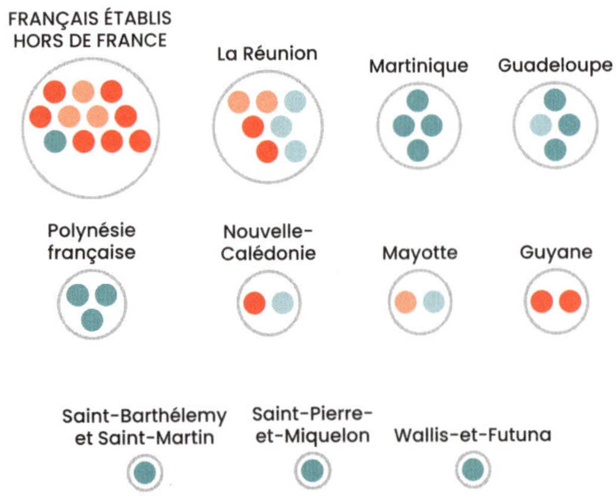

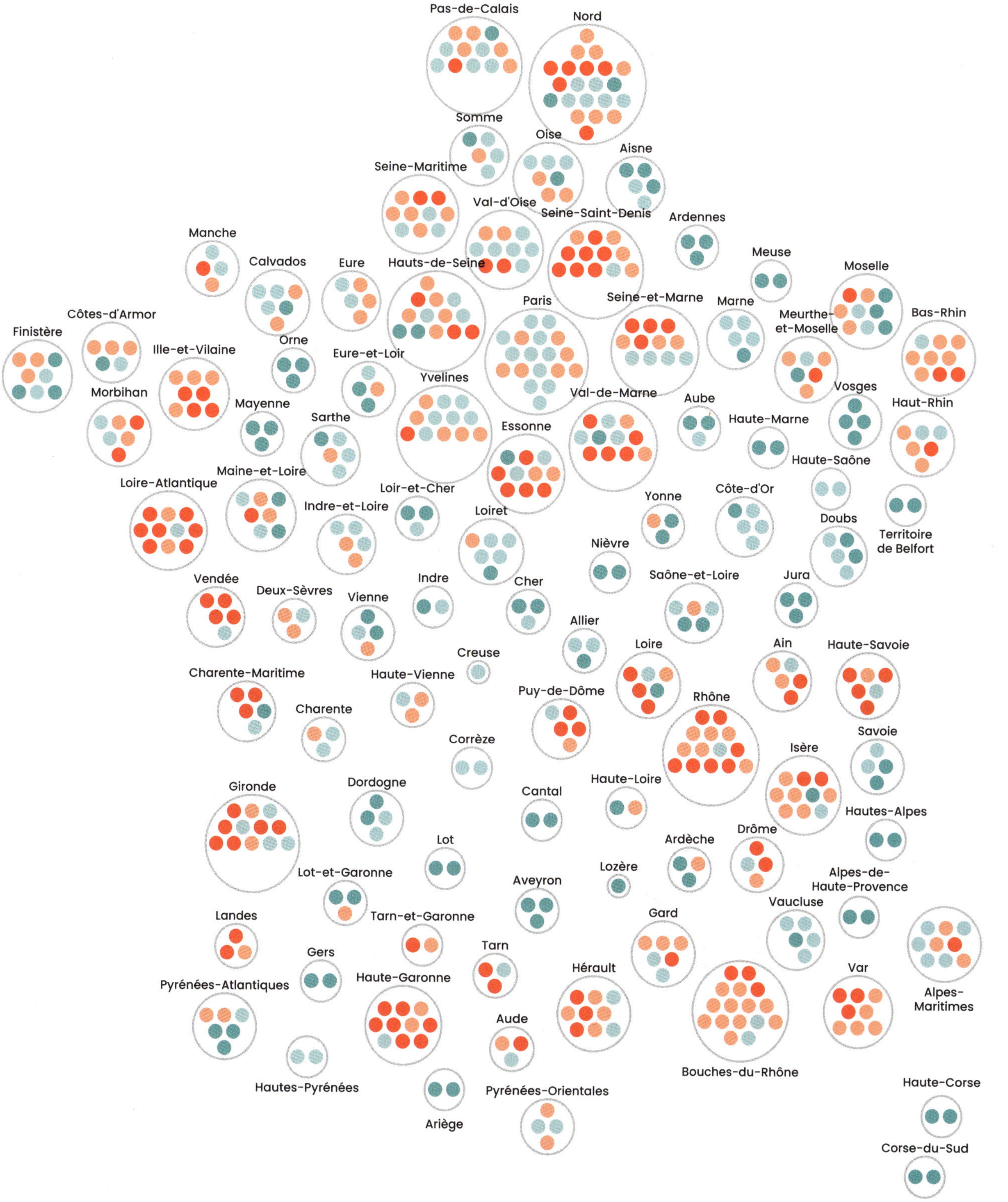
Pas-de-Calais
Nord
Somme
Oise
Aisne
Seine-Maritime
Val-d'Oise
Seine-Saint-Denis
Ardennes
Manche
Calvados
Eure
Hauts-de-Seine
Meuse
Moselle
Paris
Seine-et-Marne
Marne
Côtes-d'Armor
Meurthe-et-Moselle
Bas-Rhin
Finistère
Orne
Ille-et-Vilaine
Eure-et-Loir
Yvelines
Morbihan
Val-de-Marne
Vosges
Aube
Haut-Rhin
Mayenne
Sarthe
Essonne
Haute-Marne
Haute-Saône
Maine-et-Loire
Loire-Atlantique
Loir-et-Cher
Yonne
Côte-d'Or
Indre-et-Loire
Loiret
Doubs
Territoire de Belfort
Nièvre
Vendée
Saône-et-Loire
Jura
Deux-Sèvres
Vienne
Indre
Cher
Allier
Creuse
Loire
Ain
Haute-Savoie
Charente-Maritime
Haute-Vienne
Puy-de-Dôme
Charente
Rhône
Savoie
Corrèze
Isère
Gironde
Dordogne
Cantal
Haute-Loire
Hautes-Alpes
Lot
Ardèche
Drôme
Lot-et-Garonne
Lozère
Aveyron
Alpes-de-Haute-Provence
Landes
Tarn-et-Garonne
Gard
Vaucluse
Gers
Tarn
Hérault
Var
Alpes-Maritimes
Pyrénées-Atlantiques
Haute-Garonne
Aude
Bouches-du-Rhône
Hautes-Pyrénées
Pyrénées-Orientales
Ariège
Haute-Corse
Corse-du-Sud

Évolution de la performance scolaire en maths et en lecture par cycle, en France

Performance sur une échelle de scores allant de 1 à 1000. Axe tronqué pour faciliter la comparaison.

Source : association française de Cliométrie

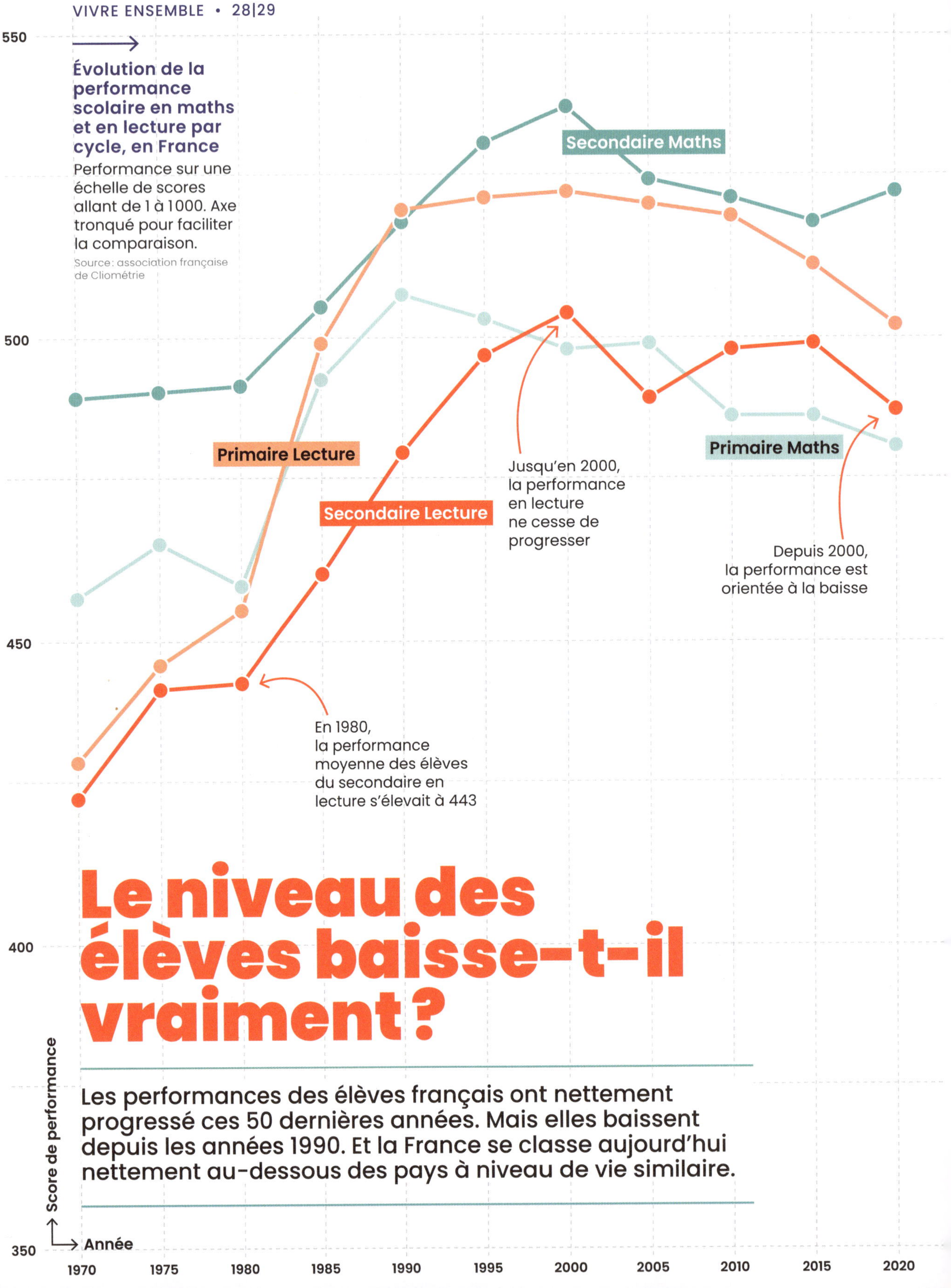

Le niveau des élèves baisse-t-il vraiment ?

Les performances des élèves français ont nettement progressé ces 50 dernières années. Mais elles baissent depuis les années 1990. Et la France se classe aujourd'hui nettement au-dessous des pays à niveau de vie similaire.

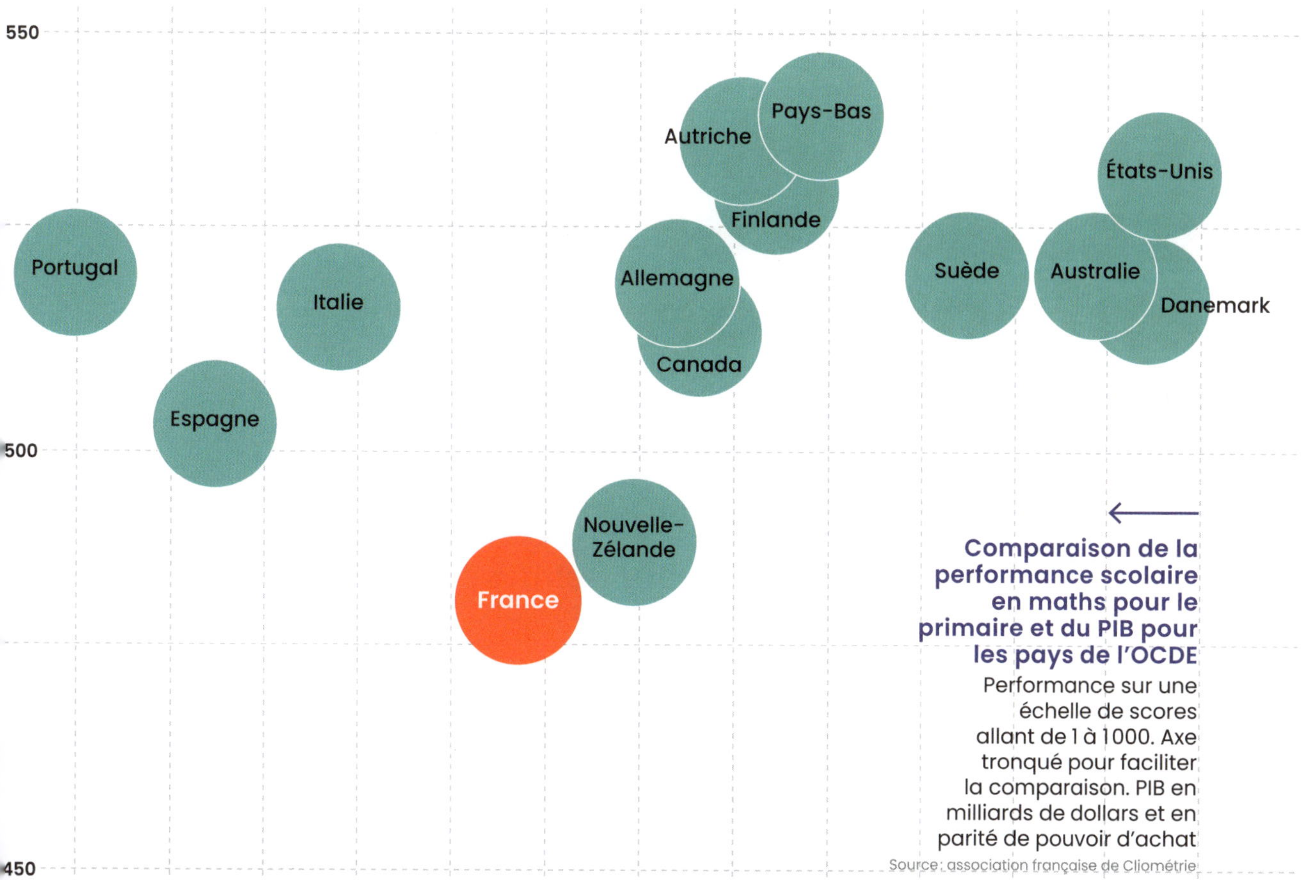

Comparaison de la performance scolaire en maths pour le primaire et du PIB pour les pays de l'OCDE

Performance sur une échelle de scores allant de 1 à 1000. Axe tronqué pour faciliter la comparaison. PIB en milliards de dollars et en parité de pouvoir d'achat

Source : association française de Cliométrie

Le niveau scolaire a-t-il monté ou baissé en France sur une longue période ? Pour le savoir, des chercheurs membres de l'Association française de cliométrie (des historiens statisticiens) ont compilé et normalisé l'ensemble des études existantes depuis 1970. Côté positif, sur cinquante ans, que ce soit en maths et en lecture et tous niveaux confondus, le niveau monte. En revanche, sur les 30 dernières années, le niveau a stagné ou baissé. Le déclin s'est accentué depuis l'an 2000, particulièrement en lecture, domaine dans lequel la France a perdu l'équivalent d'une année d'acquisition en 20 ans, alors qu'elle a gagné 2 ans sur cinquante ans.

Relativement à ses voisins, la France a perdu du terrain ces dernières années, ce qui fait qu'elle arrive à présent parmi les derniers du classement au sein de l'OCDE (« club » de pays riches). Et lorsqu'on compare performances éducatives et niveau économique, on s'aperçoit que l'Hexagone arrive largement en deçà des pays à niveau de vie similaire. L'Italie, l'Espagne ou le Portugal, où la richesse par habitant est inférieure, ont des performances scolaires en mathématiques au primaire largement supérieures. Et toutes compétences scolaires et tous niveaux confondus, c'est la Finlande, d'un niveau de vie équivalent à la France, qui arrive en tête des pays de l'OCDE.

Ce déclin de la France en matière éducative depuis plus de 20 ans a de nombreuses explications. Notamment la baisse relative des budgets par élève et celle des salaires des enseignants par rapport aux autres métiers, qui rendent la fonction moins attractive. La profession séduit de moins en moins, les recrutements marquent le pas, les professeurs démissionnaires augmentent, les absents ne sont souvent pas remplacés. Qui plus est, les conditions d'exercice du métier sont de plus en plus compliquées et la formation des enseignants est régulièrement jugée insuffisante. Les différentes réformes mises en place par les ministres successifs de l'Éducation nationale n'ont pas amélioré la situation.

Y a-t-il un intérêt à scolariser ses enfants dans le privé ?

Les écoles privées ont globalement pour seul effet d'empêcher la mixité sociale, elles n'ont aucun impact mesurable sur les performances moyennes des élèves, lesquelles sont plutôt corrélées au milieu social d'origine.

Les chiffres ne sont guère surprenants, mais ont permis d'objectiver ce phénomène. Il existe une grande différence de mixité sociale entre l'enseignement public et les établissements privés sous contrat, aussi bien pour les collèges que les écoles primaires et les lycées. Le ministère de l'Éducation a publié, après une longue obstruction*, le fichier détaillé de l'Indice de position sociale (IPS) par établissement. Cet indice est fabriqué à partir des catégories socioprofessionnelles des parents d'élèves. Plus ce chiffre est élevé, plus les élèves d'un établissement viennent d'un milieu social favorisé. Sur les 500 premiers collèges en termes d'IPS, 65 % sont de type privé sous contrat, contre 3 % pour les 500 derniers.

L'effet est visible au niveau national, mais l'est encore davantage lorsqu'on zoome académie par académie.

Dans l'académie de Versailles, dans laquelle il existe un grand nombre d'élèves en provenance de milieux sociaux favorisés, la médiane** des IPS est de 140 pour les collèges privés, contre 110 pour le public. Tandis que dans l'académie de Lille, où le niveau social moyen est moins élevé, l'IPS médian est de 110 pour le privé, 90 pour le public.

Dans la totalité des académies, l'IPS des écoles privées est supérieur à celui du public. L'écart est très large partout, sauf pour les écoles bretonnes (académie de Rennes), où le privé est implanté de plus longue date, plus répandu et plus hétérogène.

En moyenne, les résultats aux examens nationaux (bac, brevet) sont plus élevés dans le privé que dans le public. Le chercheur Julien Grenet a voulu savoir si l'explication pouvait se trouver dans le niveau social des élèves. Pour chaque collège de l'académie de Paris, il a croisé l'IPS avec la note moyenne obtenue au brevet. Il a constaté que les deux étaient très corrélés : ces performances moyennes plus élevées semblent n'être liées qu'à l'origine sociale plus favorisée des familles.

* Les données ont été publiées après une longue procédure enclenchée par le journaliste Alexandre Léchenet : requête auprès de la Commission d'accès aux documents administratifs (Cada) puis recours auprès du tribunal administratif pour contraindre le ministère à la transparence au niveau de ses données.

** Une médiane est la valeur du milieu d'un jeu de données. Cela signifie ici que la moitié des collèges de l'académie a un IPS supérieur à ce chiffre (et l'autre moitié a un IPS inférieur).

*** PCS : professions et catégories socioprofessionnelles.

⟶

Répartition des collèges privés et publics selon l'indice de position sociale

Comparaison de 4 académies

Source : ministère de l'Éducation

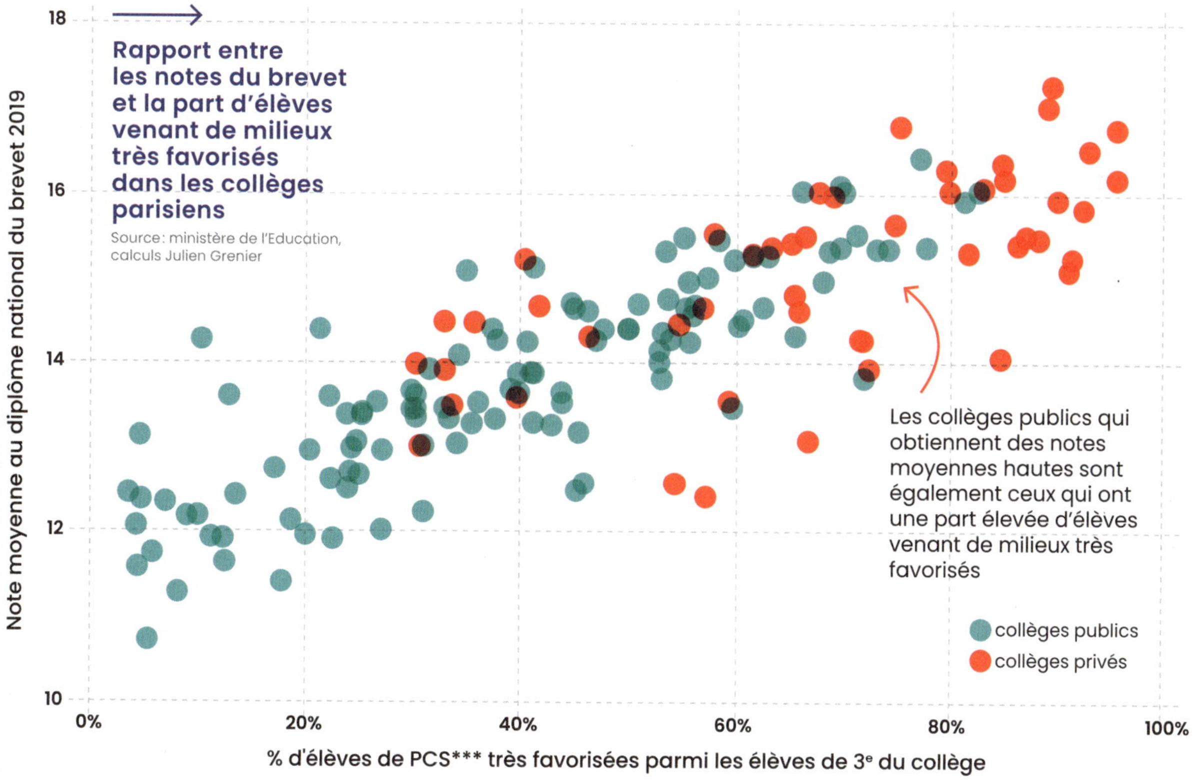
Rapport entre les notes du brevet et la part d'élèves venant de milieux très favorisés dans les collèges parisiens
Source : ministère de l'Education, calculs Julien Grenier
Note moyenne au diplôme national du brevet 2019
18
16
14
12
10
0%
20%
40%
60%
80%
100%
% d'élèves de PCS*** très favorisées parmi les élèves de 3e du collège
Les collèges publics qui obtiennent des notes moyennes hautes sont également ceux qui ont une part élevée d'élèves venant de milieux très favorisés
collèges publics
collèges privés

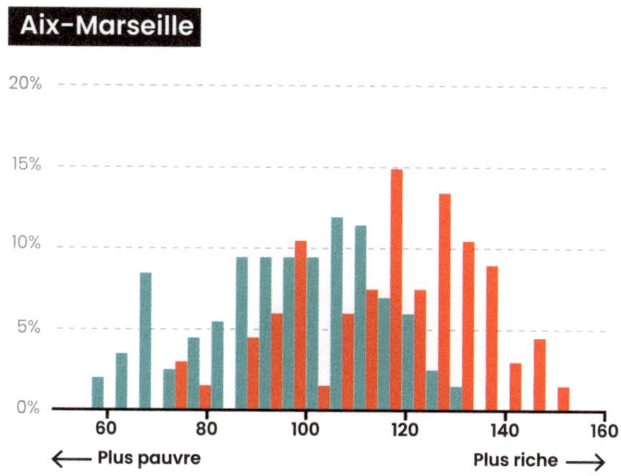
Aix-Marseille
20%
15%
10%
5%
0%
60
80
100
120
140
160
Plus pauvre
Plus riche

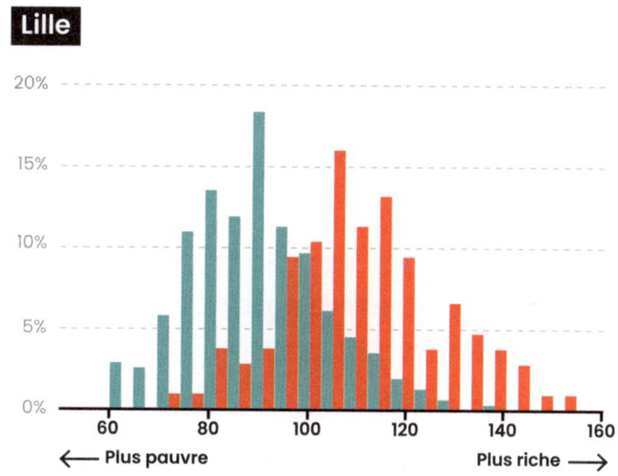
Lille
20%
15%
10%
5%
0%
60
80
100
120
140
160
Plus pauvre
Plus riche

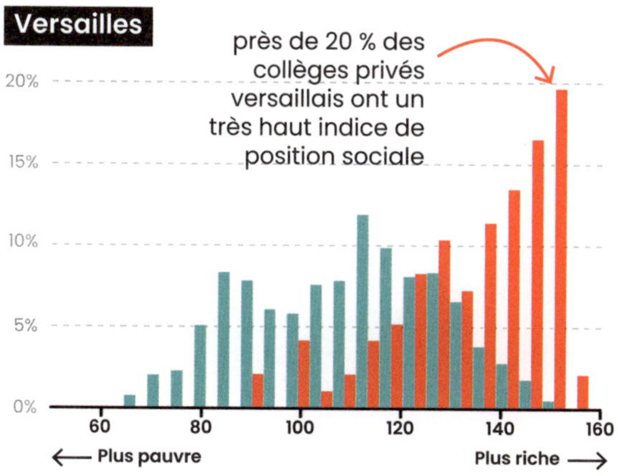
Versailles
près de 20 % des collèges privés versaillais ont un très haut indice de position sociale
20%
15%
10%
5%
0%
60
80
100
120
140
160
Plus pauvre
Plus riche

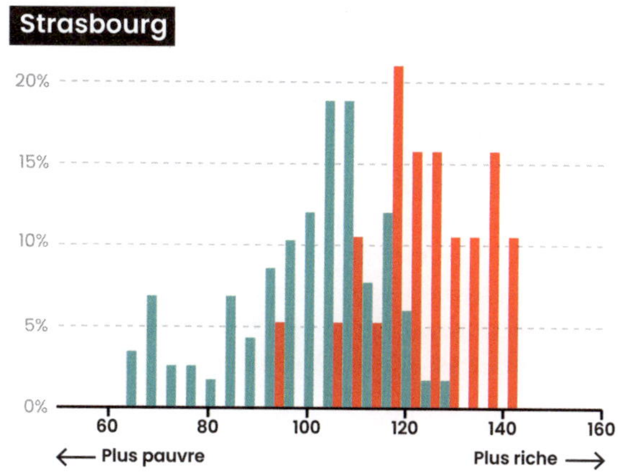
Strasbourg
20%
15%
10%
5%
0%
60
80
100
120
140
160
Plus pauvre
Plus riche

Plus de 400 tués dans des accidents de chasse en France depuis vingt ans

Le nombre d'accidents de chasse a significativement diminué en vingt ans, principalement en raison de la baisse du nombre de chasseurs.

Un total de 448 personnes sont mortes du fait d'un accident de chasse lors des deux dernières décennies. Au cours de la dernière saison, 87 personnes ont été blessées dont 44 gravement et 8 ont été tuées. Sur une longue période, la tendance est à la baisse : le nombre d'accidents a largement baissé en vingt ans. Mais cette diminution est en grande partie due à un déclin du nombre de chasseurs, qui a diminué de près d'un tiers sur la même période (de 1,4 million à 1 million).

Une part plus importante de non-chasseurs parmi les victimes

Selon un rapport du Sénat, la chasse au gros gibier a fortement augmenté (+75 % d'animaux tués), ainsi que le nombre de balles tirées (+66 %). Or, ces chasses sont les plus dangereuses (les deux tiers des décès lors de la dernière saison). Elles nécessitent en effet des munitions dont le calibre et la portée sont particulièrement importants. Une balle de chasse au gros gibier peut parcourir jusqu'à trois kilomètres et rester mortelle.

Ce qui explique en grande partie l'augmentation de la part de victimes non-chasseurs (randonneurs, automobilistes, cyclistes, cueilleurs de champignons...), qui a largement augmenté en vingt ans, passant de 12 à 26 %.

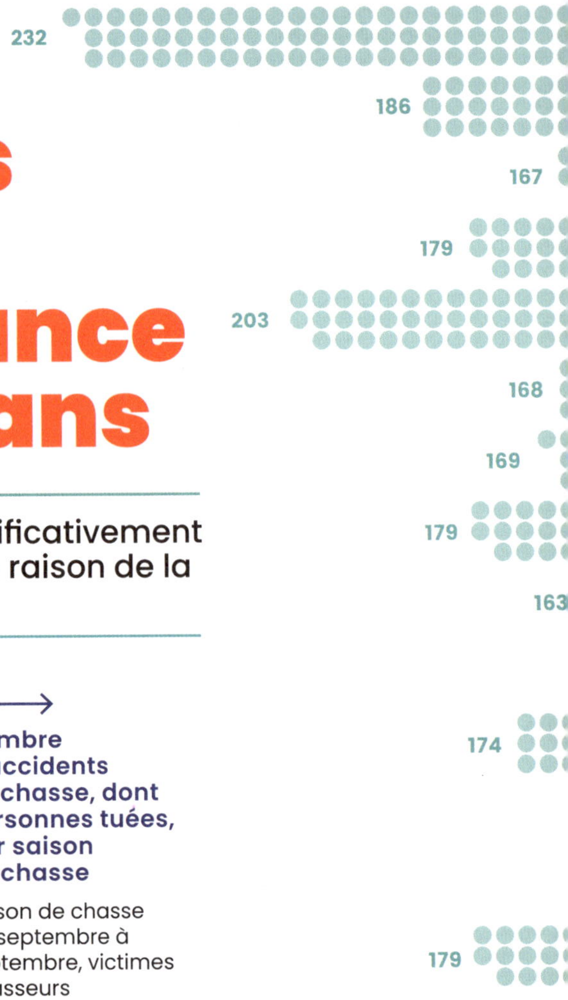

Nombre d'accidents de chasse, dont personnes tuées, par saison de chasse

Saison de chasse de septembre à septembre, victimes chasseurs et non-chasseurs

Source : OFB

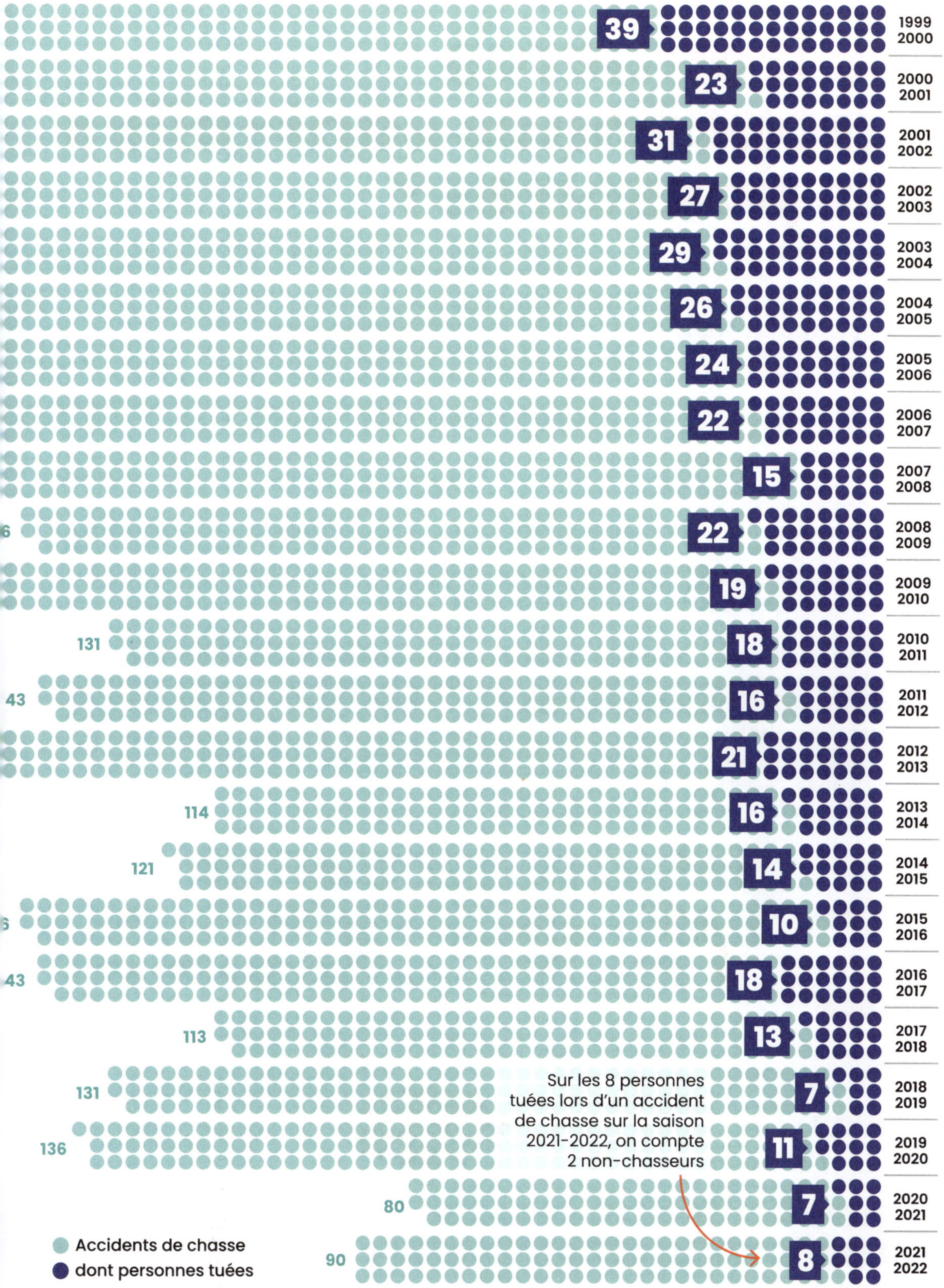
39
1999 2000
23
2000 2001
31
2001 2002
27
2002 2003
29
2003 2004
26
2004 2005
24
2005 2006
22
2006 2007
15
2007 2008
22
2008 2009
19
2009 2010
131
18
2010 2011
43
16
2011 2012
21
2012 2013
114
16
2013 2014
121
14
2014 2015
10
2015 2016
43
18
2016 2017
113
13
2017 2018
131
7
2018 2019
136
11
2019 2020
80
7
2020 2021
90
8
2021 2022
Sur les 8 personnes tuées lors d'un accident de chasse sur la saison 2021-2022, on compte 2 non-chasseurs
Accidents de chasse
dont personnes tuées

Les frontières européennes sont-elles des passoires ?

Changer de vie pour fuir la guerre ou la misère et pour viser un avenir meilleur est un risque mortel pour les populations qui tentent de rejoindre l'Europe.

Se déplacer comme on veut sur la planète est souvent considéré comme un acquis pour les habitants des pays riches, notamment les Européens. La même Europe protège ses frontières contre les déplacements des habitants des pays pauvres au risque de rendre l'immigration si compliquée qu'elle en devient mortelle.

L'Europe (et la Méditerranée) est la région du monde qui voit le plus grand nombre de décès durant la migration, avec environ 27 000 disparitions depuis 2014, soit environ la moitié du décompte macabre mondial de l'Organisation internationale pour les migrations, une ONG rattachée à l'ONU. Ce chiffre est néanmoins très certainement sous estimé.

Des différentes routes migratoires pour rejoindre le vieux continent, c'est la traversée en Méditerranée centrale vers les îles italiennes qui est la plus fatale. Devant le renforcement des mesures de dissuasion des pays européens pour repousser les migrants, ils se sont réorientés vers d'autres voies comme celle de l'Atlantique vers les Îles Canaries, moins surveillée mais bien plus dangereuse.

Le pic de mortalité a été atteint dans les années 2015 et 2016 au cœur de la crise Syrienne. Mais malgré une baisse jusqu'en 2020, les chiffres sont remontés à environ 3 000 disparus chaque année. Selon l'ONU, il conviendrait d'offrir des voies d'accès sûres et régulières pour sauver des vies plutôt que d'adopter une ligne politique dure comme la criminalisation du sauvetage en mer.

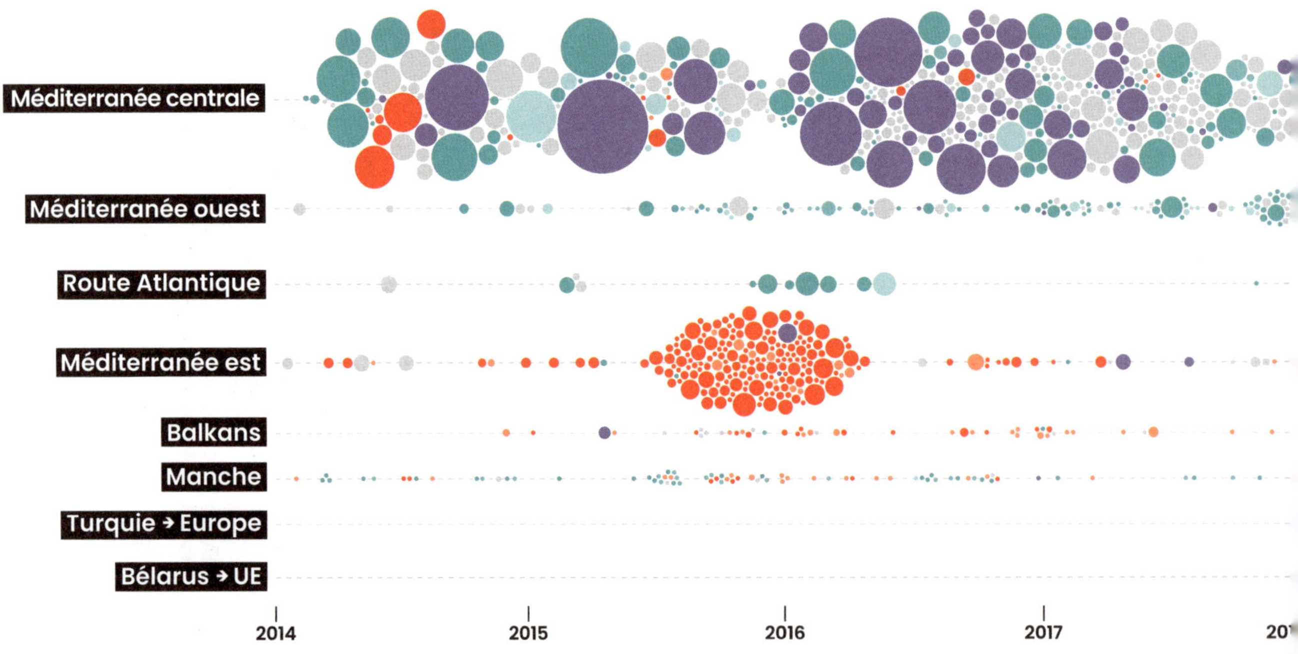

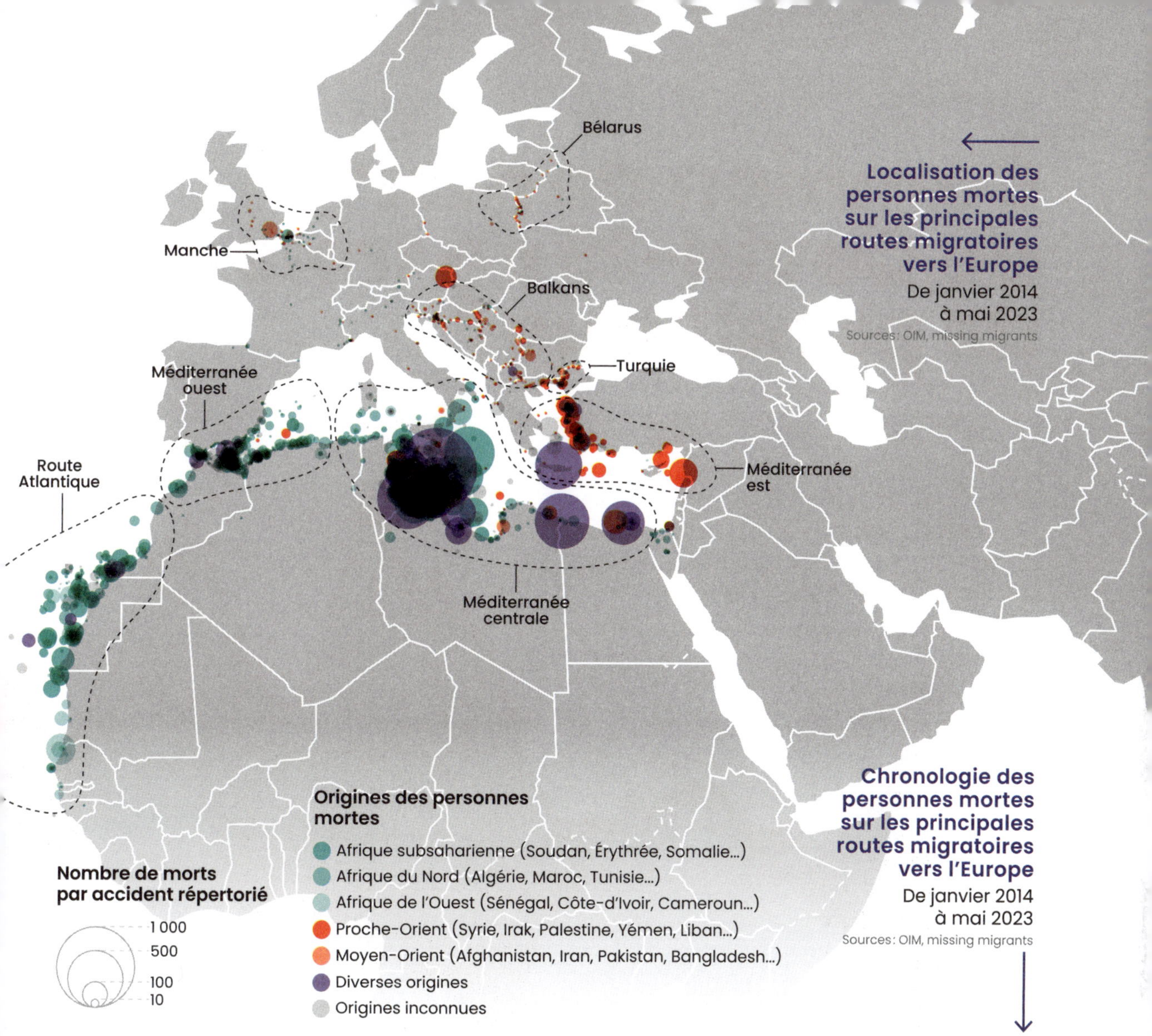

Chronologie des personnes mortes sur les principales routes migratoires vers l'Europe

De janvier 2014 à mai 2023

Sources : OIM, missing migrants

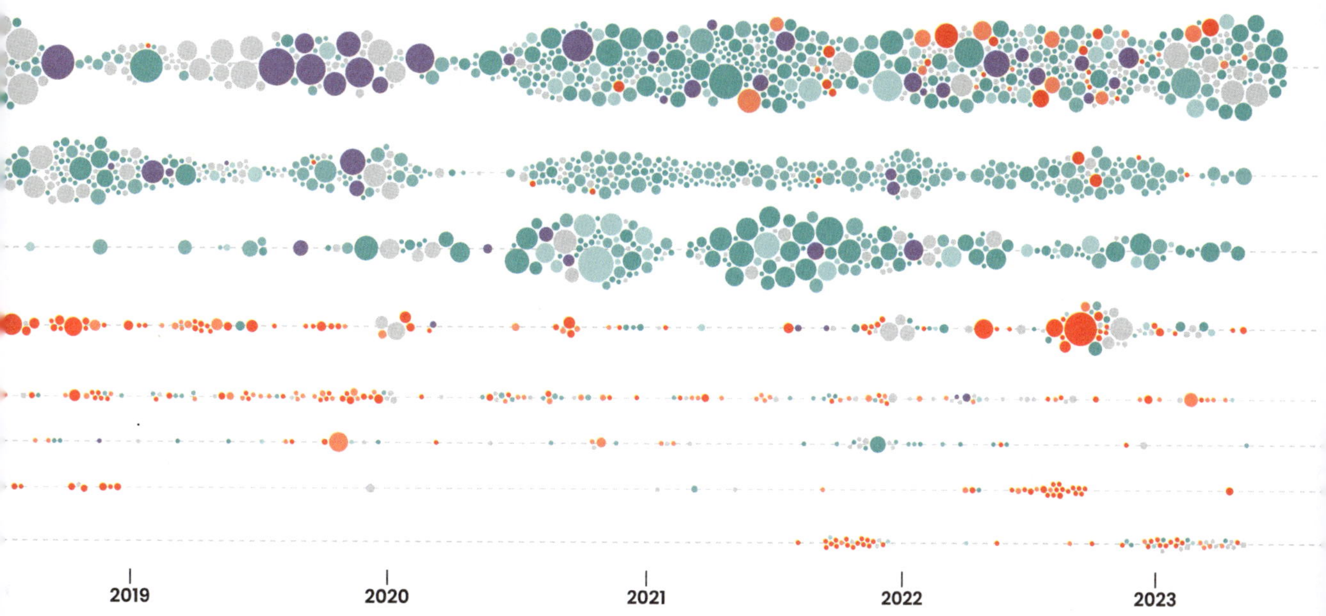

Combien de morts du Covid-19 en trois ans de pandémie ?

Même si elle semble derrière nous grâce au déploiement rapide de la vaccination et malheureusement au décès des personnes les plus fragiles, la pandémie de Covid-19 continue à tuer aujourd'hui.

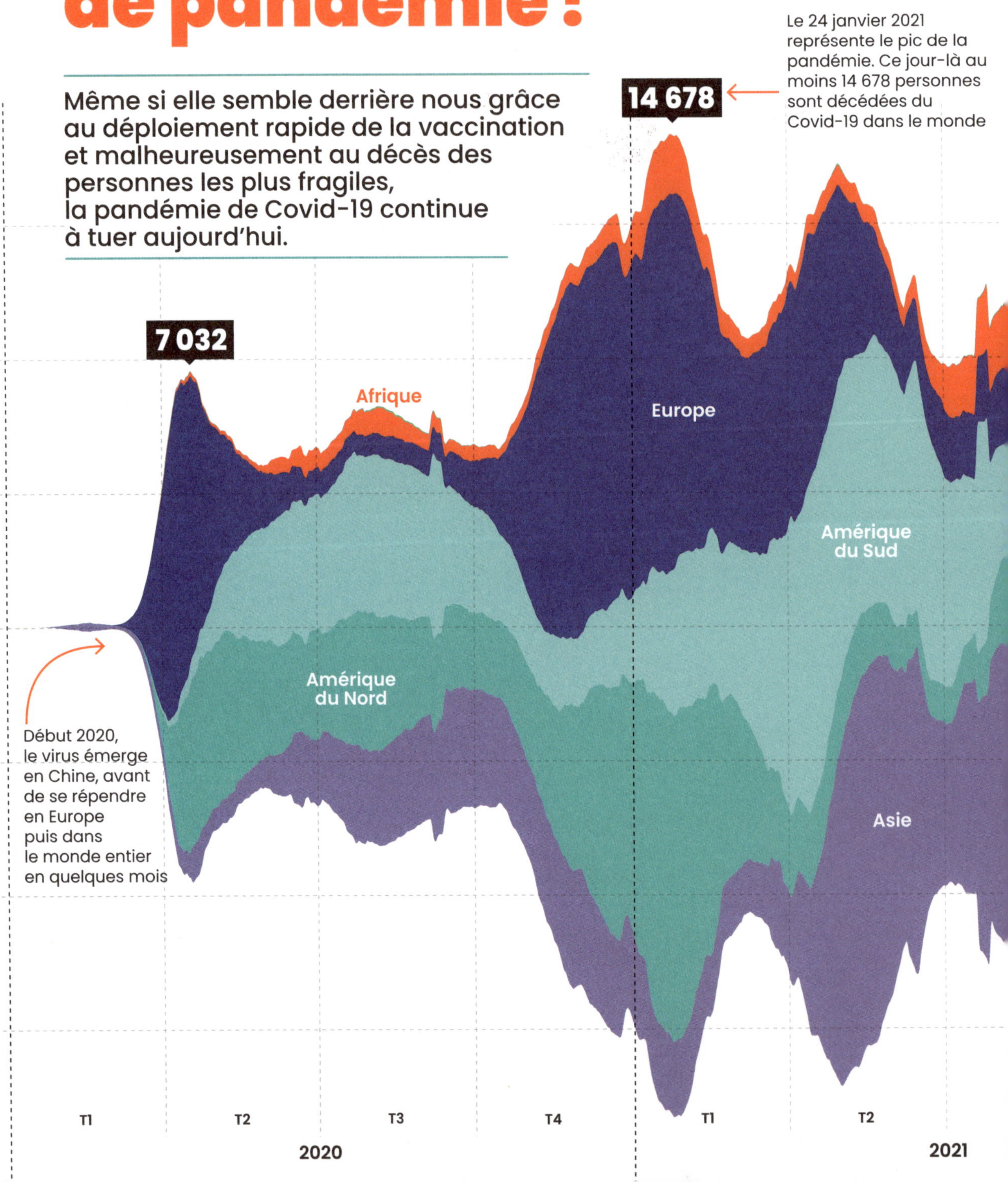

Selon les statistiques officielles, il y a 6,9 millions de décès confirmés dans le monde en raison du Covid-19 depuis le début de la pandémie fin 2019. Mais les statistiques étant compliquées à mener au niveau mondial pour un événement de cette ampleur, on peut regarder la surmortalité pour avoir une vision plus juste. Selon certaines estimations, la surmortalité attribuée au Covid serait quelque part entre 15 et 30 millions de décès.
La première vague début 2020 a démarré en Chine puis s'est propagé d'abord en Europe via l'Italie, puis aux États-Unis. Sur trois ans, des vagues successives ont touché tous les continents. Plusieurs mutations du virus ont relancé la pandémie, comme le variant Alpha au Royaume-Uni fin 2020, le variant Delta début 2021 et le variant Omicron qui s'est répandu de manière spectaculaire fin 2021 tout en causant moins de décès que les précédents (double effet de la généralisation de la vaccination et de l'immunité acquise par les contaminations successives)
La vaccination a démarré mi-2021 dans les pays occidentaux qui s'étaient servis les premiers auprès des laboratoires pharmaceutiques. La Chine ayant plutôt misé sur une stratégie zéro-Covid que sur un vaccin efficace, elle a connu une nouvelle vague importante début 2023. En France, la dernière vague (bien plus faible que les précédentes) a eu lieu au passage à l'année 2023.
Depuis l'arrivée de la pandémie dans le pays, le nombre de décès quotidien le plus faible d'environ 5 morts par jour a été atteint au cœur de l'été 2020, après un premier confinement très strict. Depuis il n'est jamais descendu en dessous d'une quinzaine de morts quotidiens. Pour comparaison, c'est environ 10 personnes qui sont tuées sur la route chaque jour en France.

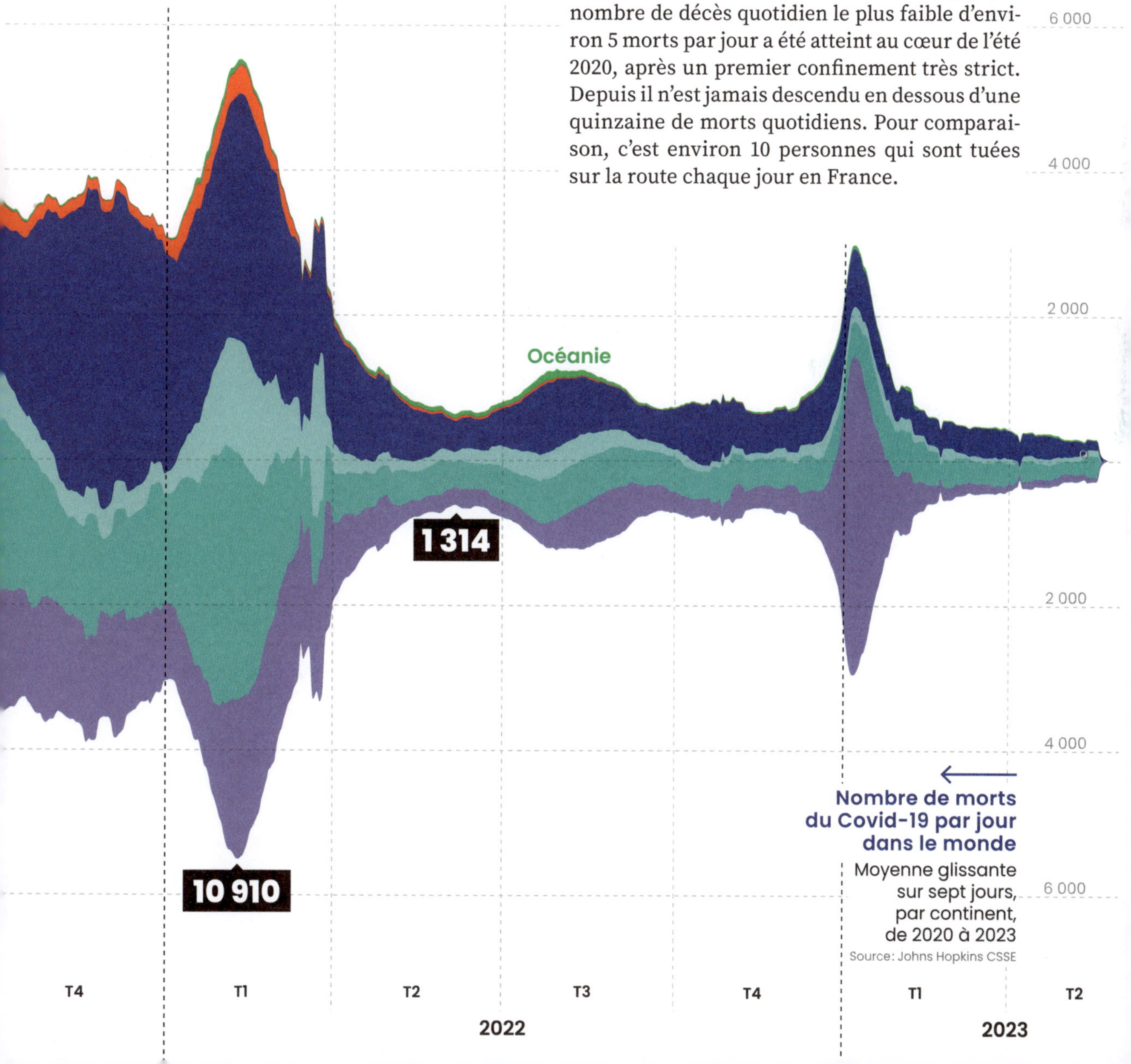

Nombre de morts du Covid-19 par jour dans le monde
Moyenne glissante sur sept jours, par continent, de 2020 à 2023
Source: Johns Hopkins CSSE

Le Covid-19 a-t-il fait dérailler la mortalité mondiale ?

L'épidémie de Covid-19 a eu un impact important sur l'évolution de la mortalité mondiale. Cette dernière avait été remarquablement stable ces 70 dernières années, malgré l'augmentation de la population sur la période, de 2,5 à 8 milliards d'habitants. Du fait de la propagation des progrès techniques, le taux de mortalité a drastiquement diminué sur une longue période.

De 1950 à 1990, la population mondiale a fait plus que doubler : elle passe de 2,5 à 5,5 milliards de personnes. Dans le même temps, la mortalité stagne – un peu moins de 50 millions de décès par an. Soit une division par plus de 2 du taux de mortalité mondial, passé de 19 pour mille à 9 pour mille. Cette réduction a été permise par l'amélioration de la production agricole dans la plupart des pays (révolution verte*), qui a drastiquement diminué le nombre de famines. Mais la mortalité, principalement infantile, a également été fortement réduite par l'essor de la vaccination et des découvertes médicales (antibiotiques notamment).

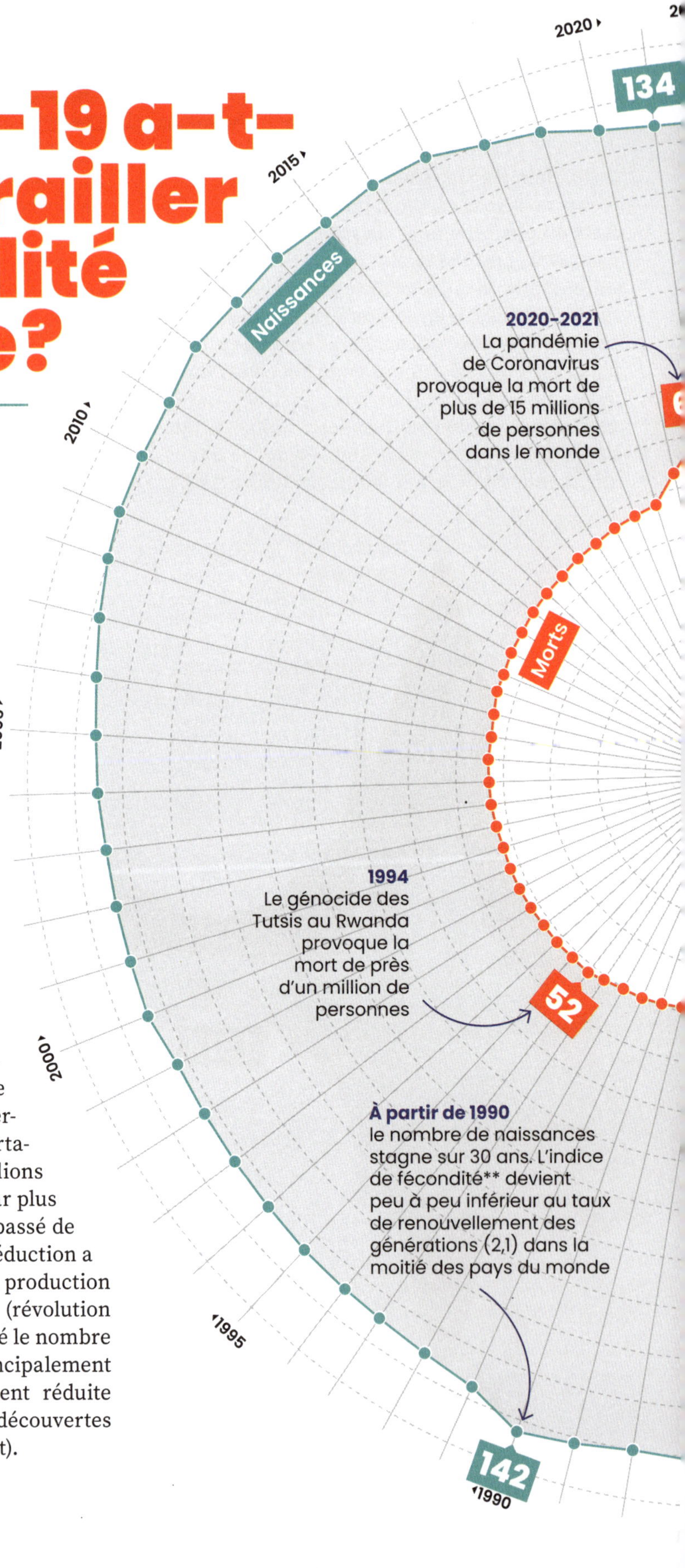

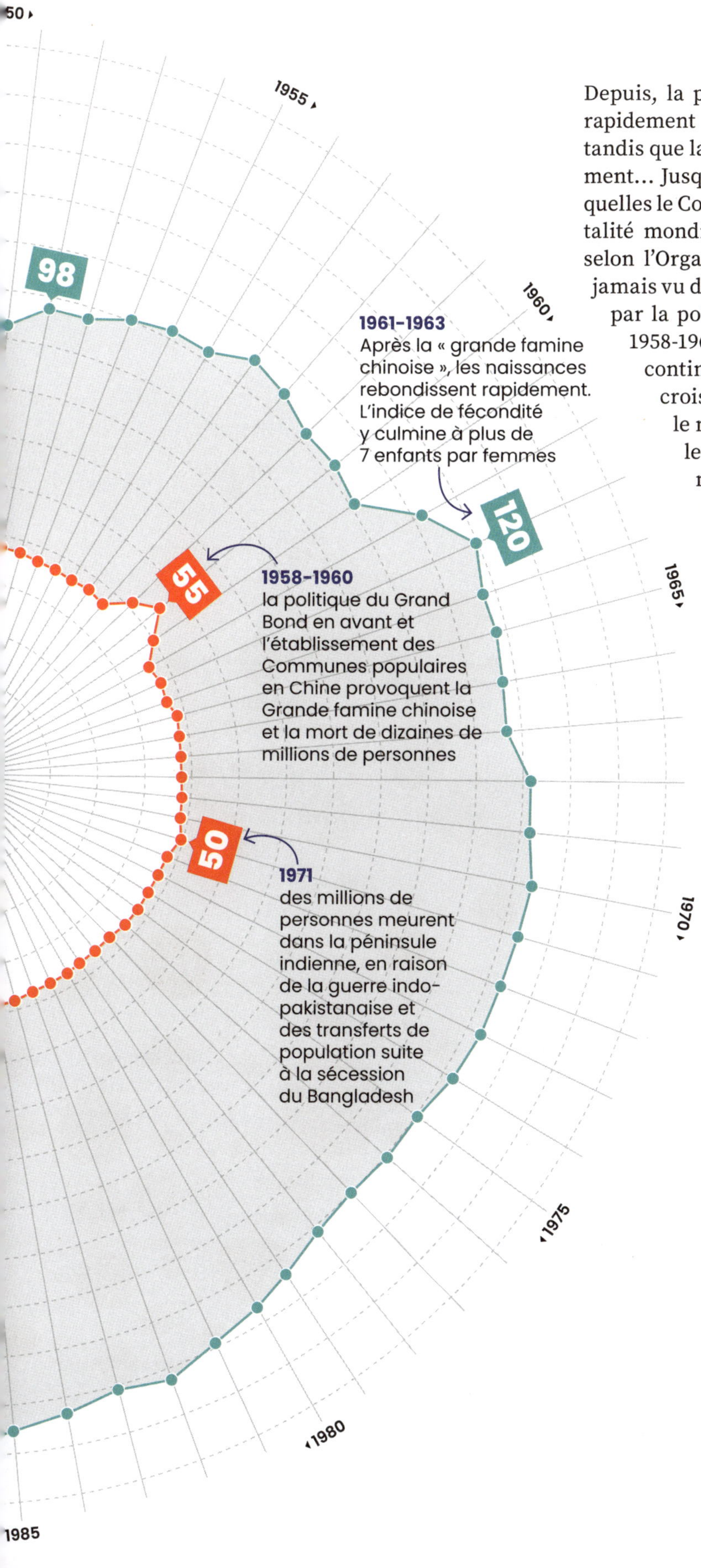

Depuis, la population a continué à augmenter rapidement : elle atteignait 8 milliards en 2022, tandis que la mortalité n'augmentait que légèrement… Jusqu'aux années 2020-2021, durant lesquelles le Covid provoquait un sursaut de la mortalité mondiale : environ 15 millions de morts selon l'Organisation mondiale de la santé. Du jamais vu depuis la famine provoquée en Chine par la politique du Grand Bond en avant de 1958-1960. Mais si la population mondiale continue d'augmenter, son rythme de croissance ne cesse de diminuer depuis le milieu des années 1960. Aussi, selon les projections des Nations Unies, le nombre d'habitants devrait culminer à dix milliards et demi avant la fin du XXIe siècle, puis se mettre à décliner. En attendant, l'indice de fécondité** est devenu inférieur au seuil de renouvellement des générations (2,1) dans la moitié des pays du monde. Mais reste élevé en Afrique subsaharienne et en Afghanistan.

* La Révolution verte, ou troisième révolution agricole, a consisté en la transformation des techniques agricoles dans les pays en développement : sélection de céréales à haut rendement, utilisation d'engrais et de produits phytosanitaires, développement de techniques d'irrigation.

** L'indice de fécondité est le nombre moyen d'enfants par femme.
Le seuil de renouvellement (ou de remplacement) des générations est le nombre moyen d'enfants par femme nécessaire pour que chaque génération en engendre une suivante de même effectif.

←

Nombre de naissances et de morts par an dans le monde

En millions, depuis 1950

Source : Nations Unies

Le droit à l'avortement est-il menacé ?

Selon les données des législations relatives au droit à l'avortement dans le monde, il est loin d'être acquis pour toutes les femmes. Pire, des pays plus avancés que d'autres sur la question ont pu revenir en arrière.

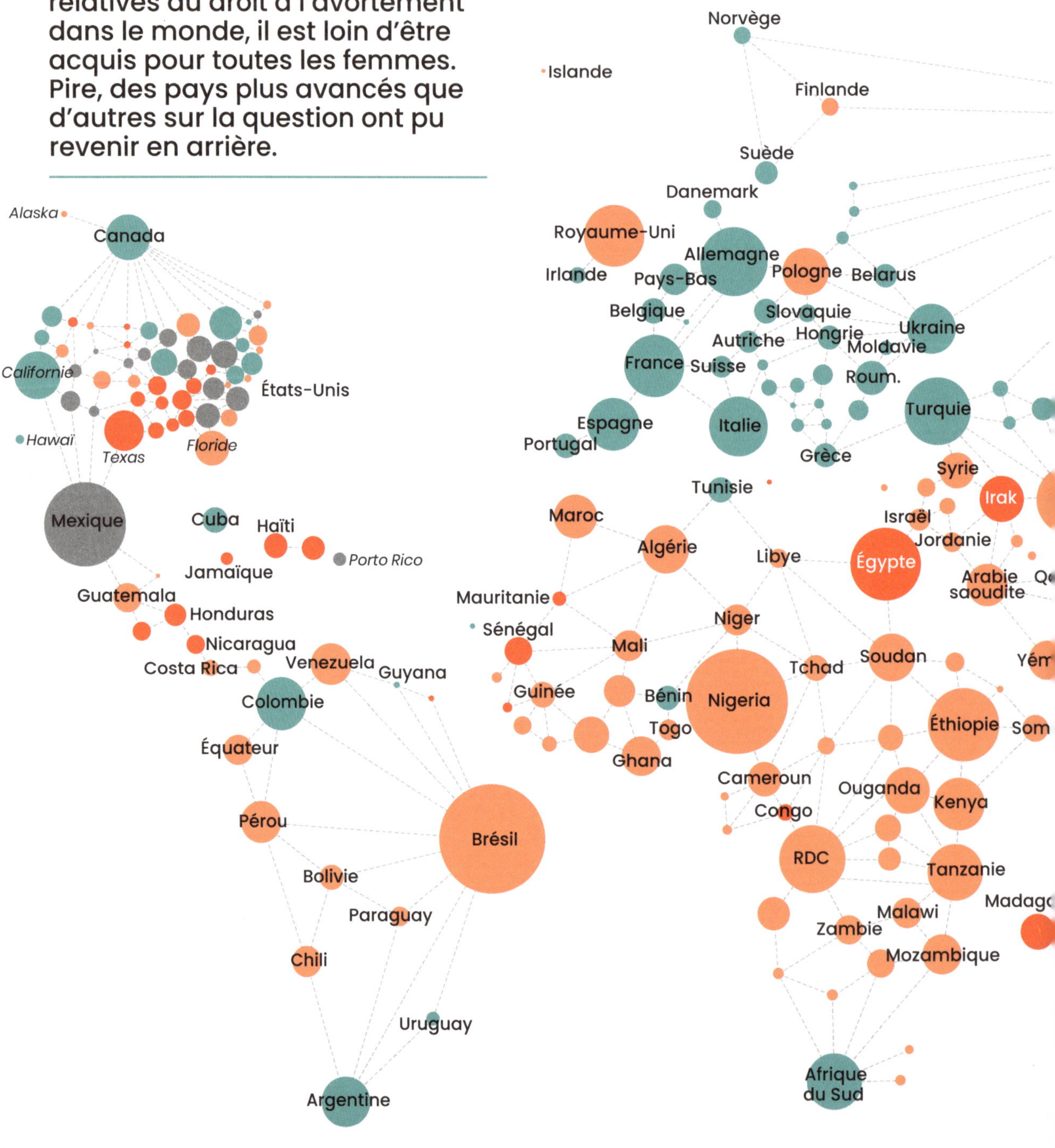

Après être devenue majoritairement ultra-conservatrice sous Donald Trump, la Cour suprême des États-Unis a annulé en 2022 la jurisprudence Roe/Wade qui garantissait le droit à l'avortement dans tous les états de la fédération. Depuis, une vingtaine d'entre eux ont retiré ce droit aux femmes et aux personnes LGBT.

Partout, des dirigeants réactionnaires (toujours des hommes) reviennent sur un droit qui s'applique essentiellement aux femmes. En 2022, la Hongrie a imposé aux femmes qui voulaient avorter de d'abord écouter les battements du cœur du fœtus. En Pologne, il existe de moins en moins d'exceptions pour échapper à l'interdiction de fait de l'interruption volontaire de grossesse.

Depuis ces récents développements, il y a une volonté en France de faire entrer le droit à l'avortement dans la constitution pour qu'il soit à l'abri de velléités passéistes d'éventuels futurs élus.

Dans le monde, à peu près un tiers de la population vit dans des pays qui autorisent l'avortement. À côté, une moitié y a accès mais pas librement, l'avortement doit être justifié par différentes raisons (santé, critères sociaux). Il reste environ 10 % de la population qui vit dans des pays rétrogrades.

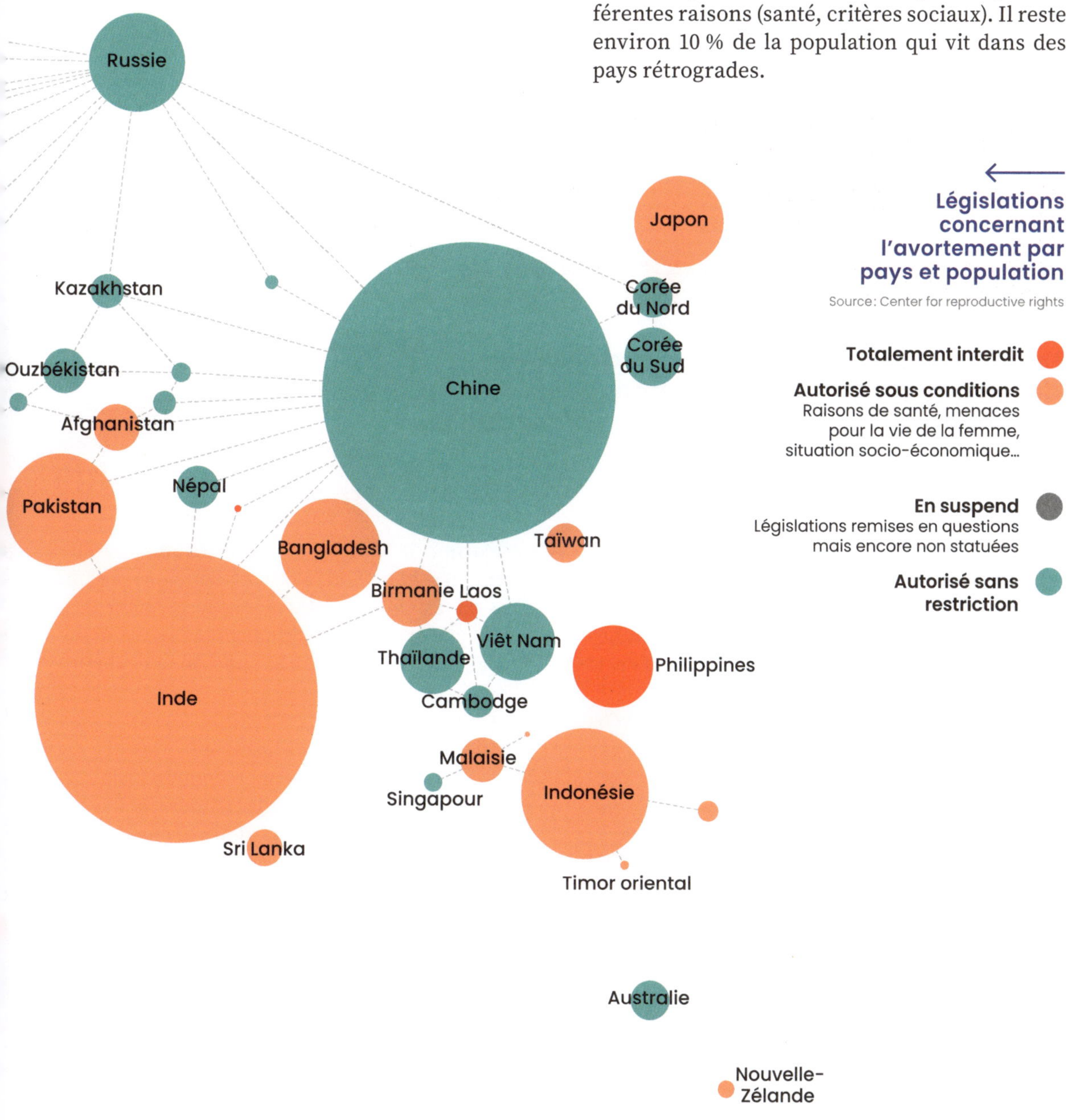

→

Régimes et population des pays

Sources : Our World in Data, V-Dem

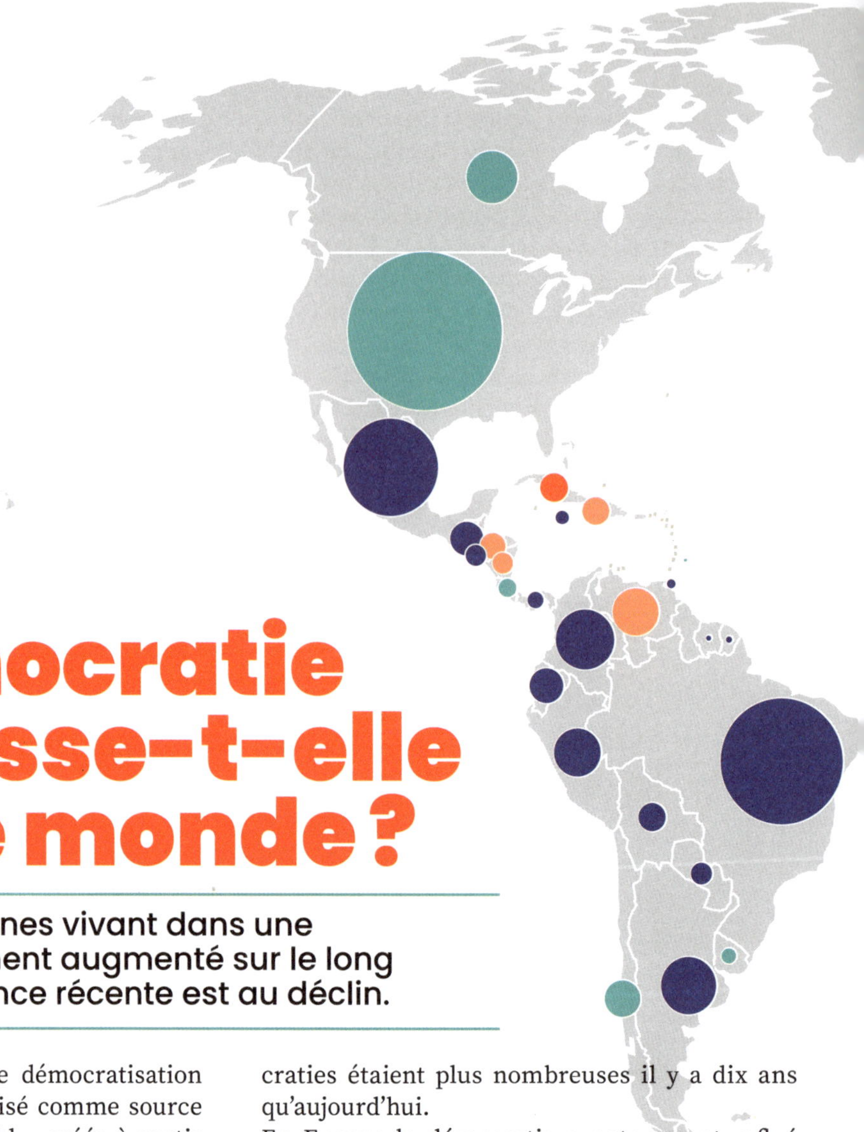

La démocratie progresse-t-elle dans le monde ?

Le nombre de personnes vivant dans une démocratie a largement augmenté sur le long terme. Mais la tendance récente est au déclin.

Pour déterminer le degré de démocratisation d'un régime, nous avons utilisé comme source la base « Regimes of the world », créée à partir des données de l'institut suédois V-Dem. Il s'agit d'une organisation référente en la matière, qui utilise d'importantes équipes de recherches réparties autour du monde pour classifier le degré de démocratie pays par pays.
Selon cette méthodologie, la Chine rentre dans la catégorie des autocraties fermées, tandis que la Russie est classée dans les autocraties électorales. La plupart des pays d'Europe et d'Amérique du Nord sont des démocraties libérales.
Sur une longue période, le mouvement va clairement vers une démocratisation croissante du monde : aujourd'hui, plus de 30 % de la population mondiale vit dans un régime de démocratie libérale ou électorale, contre 3 % en 1900. Mais on peut néanmoins observer depuis quelques années un reflux démocratique : les démocraties étaient plus nombreuses il y a dix ans qu'aujourd'hui.
En Europe la démocratie a notamment reflué en Hongrie et en Serbie, qui entrent aujourd'hui dans la catégorie des autocraties électorales, tandis que le régime politique polonais est passé du stade de démocratie libérale à celui de démocratie électorale.
En Afrique, le Mali et le Burkina Faso sont passés au stade d'autocraties fermées.
Mais c'est surtout le passage récent de l'Inde du stade de démocratie à celui d'autocratie électorale qui est responsable du reflux démocratique d'une large partie de la population.

Ce n'est pas la première fois que le monde expérimente un reflux démocratique. De tels évolutions ont déjà eu lieu dans les années 1930 et dans les années 1960-70, et ont été à chaque fois temporaires. Cette fois aussi, peut-on espérer.

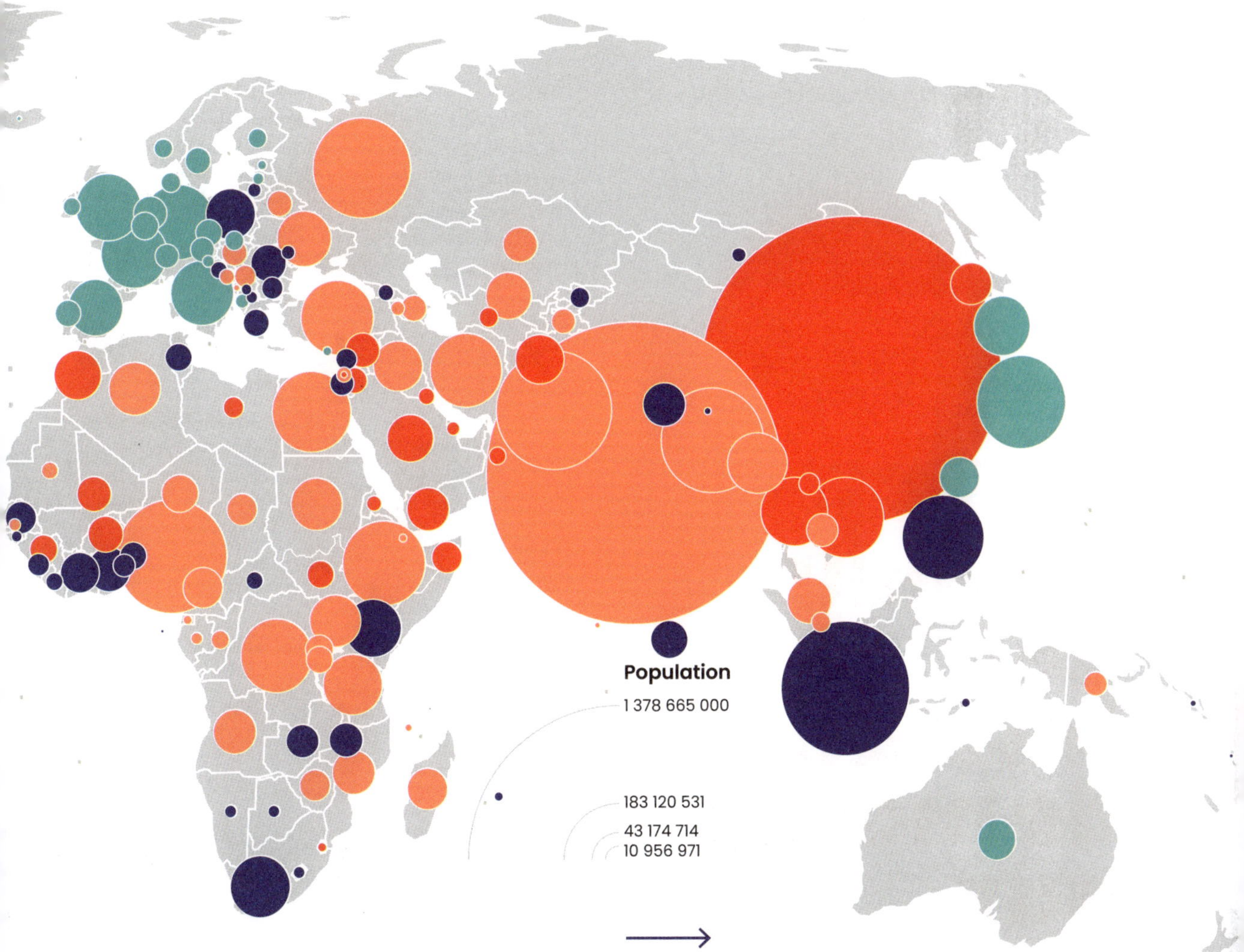

Autocraties fermées
Les citoyens n'ont le droit de choisir ni le chef du gouvernement ni le corps législatif à travers des élections multipartites.

Autocraties électorales
Les citoyens ont le droit de voter pour le chef du gouvernement ou corps législatif lors d'élections multipartites, mais sont privés de libertés, tels la liberté d'association ou le droit à des élections libres, équitables ou significatives.

Démocraties électorales
Les citoyens ont le droit de choisir le chef de l'exécutif et le corps législatif dans le cadre d'élections significatives, libres, équitables et multipartites.

Démocraties libérales
Une démocratie électorale dans laquelle les citoyens jouissent de droits individuels et de droits des minorités sont égaux devant la loi et les actions de l'exécutif sont limitées par le législatif et les tribunaux.

Répartition de la population mondiale par type de régime depuis 1800

Sources: Our World in Data, V-Dem

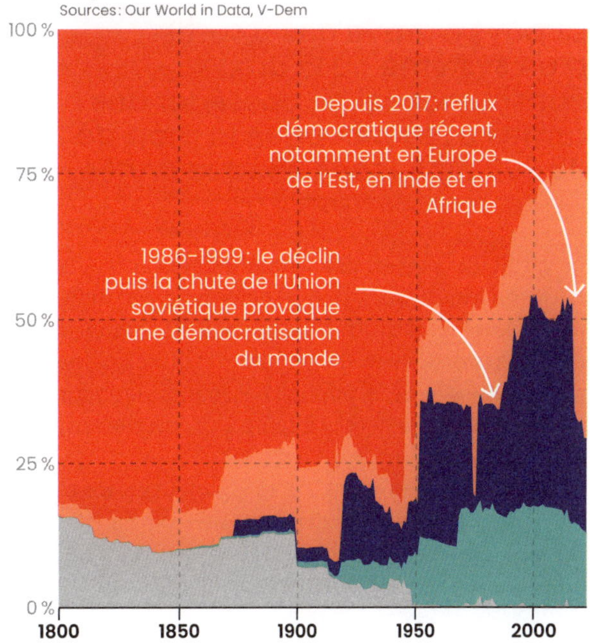

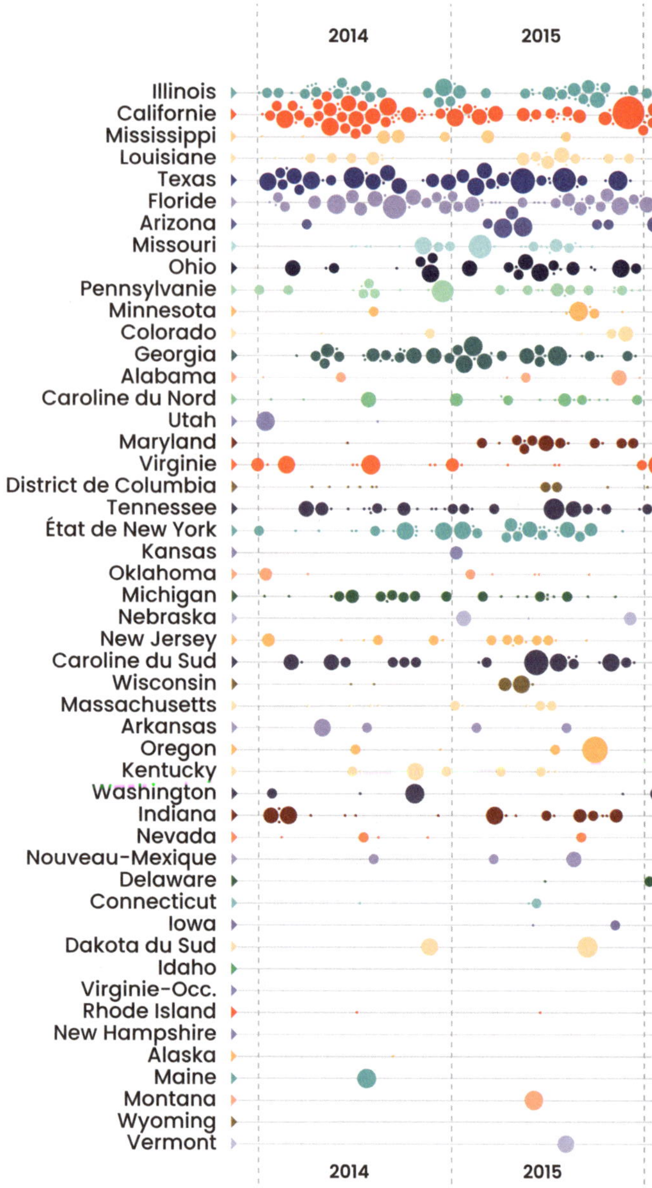

→

Fusillades de masse par jour et par État et nombre de personnes tuées

Source : Gun Violence Archive

Le fléau des fusillades de masse aux États-Unis

Le pays n'arrive pas à sortir d'un système où le droit constitutionnel de posséder des armes à feu provoque la mort de 45 000 personnes chaque année.

Le droit de porter une arme est garanti aux citoyens américains par le deuxième amendement de la Constitution signé en 1791. Selon le Small Arms Survey, la population américaine représente 4 % de la population mondiale, mais possède 40 % des armes à feu en circulation sur la planète.

Le problème, c'est que ces armes sont utilisées et causent la mort de 45 000 personnes par an, soit un peu plus que le nombre de tués sur la route, domaine où les États-Unis sont déjà parmi les pays développés les plus touchés. Plus de la moitié des tués par balle sont des suicides.

À titre de comparaison, en France où les armes à feu ne sont pas en vente libre, on compte moins de 2 000 décès par armes à feu par an dont une écrasante majorité de suicides. Ramené à la population, cela reste plus de cinq fois moins que les Américains.

Au-delà de l'usage général des armes, elles sont de plus en plus utilisées pour commettre des fusillades de masse, comme on peut le voir dans

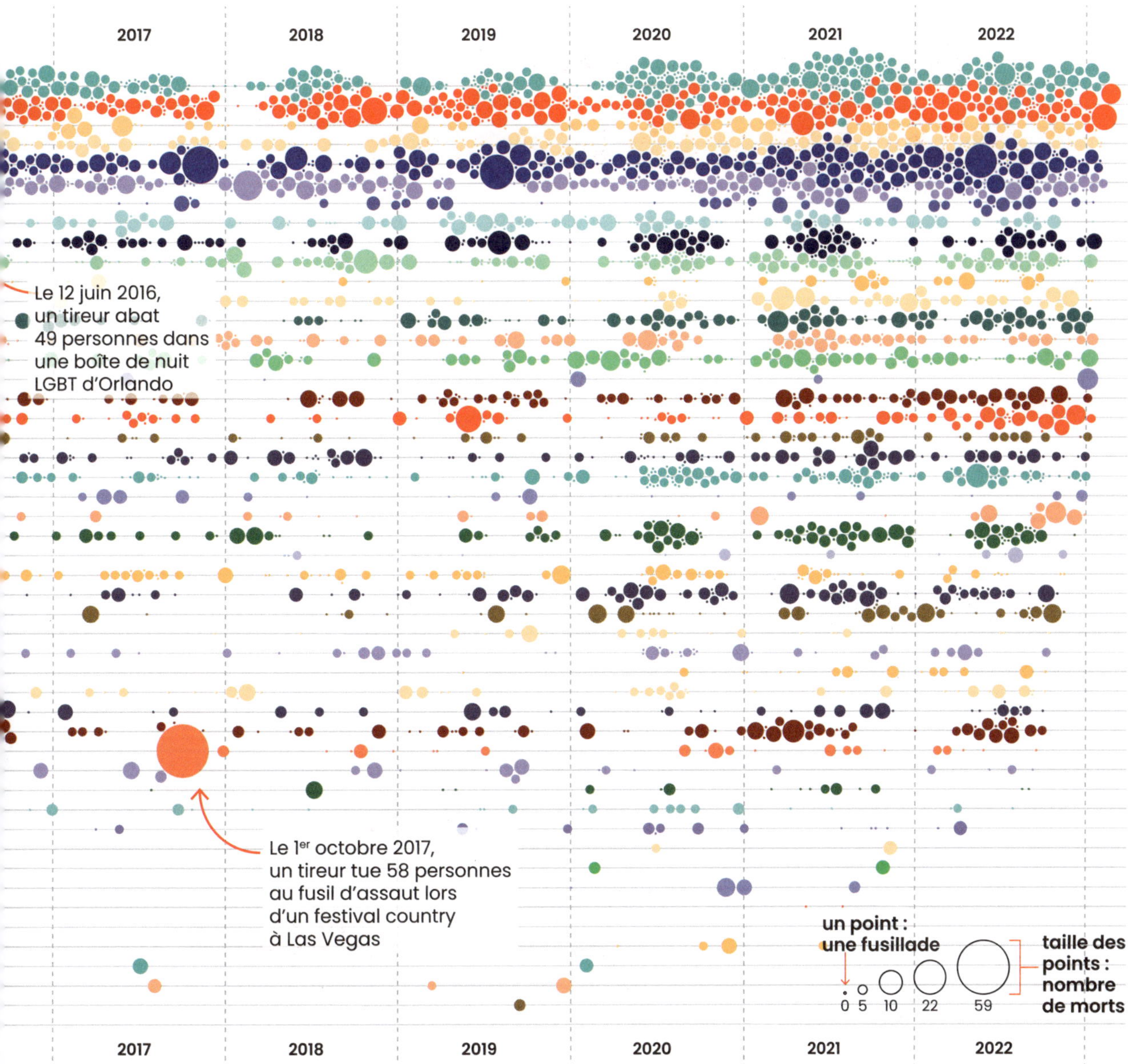

cette infographie. L'ONG Gun Violence Archive, qui fournit ces données, définit la fusillade de masse quand un minimum de quatre personnes ont été touchées (blessées ou tuées), sans compter le tireur.

Au milieu des homicides et des suicides, les tueries de masse font de plus en plus de victimes : près de 700 morts et 1 300 blessés en 2022, contre 275 et 433 en 2014. Sur les 25 tueries de masse les plus meurtrières de l'histoire du pays, 20 datent d'après l'an 2000.

Ce problème touche quasiment tous les états, même si certains sont un peu plus épargnés, comme Hawaii, qui possède une législation plus contraignante sur les ventes d'armes et n'a comme archipel isolé pas de frontière terrestre avec des États moins regardants.

Il existe une constante dans l'usage des armes à feu : une écrasante majorité de ceux qui s'en servent sont des hommes, que cela soit contre eux-mêmes ou contre les autres.

Le Bronx est-il toujours le Bronx ?

Longtemps symbole de la violence des centre villes américains, le Bronx a connu, depuis 1990, une chute spectaculaire de sa criminalité. Malgré un rebond récent, celle-ci reste faible, à la différence de nombreux États du sud du pays.

À la fin des années 1980, en pleine épidémie de crack, la ville de New York, et particulièrement le quartier du Bronx, affichait un des taux d'homicides les plus élevés des États-Unis. Depuis, celui-ci a chuté, rapidement dans les années 1990, plus lentement à partir de 2000. On peut cependant noter un rebond de la criminalité depuis 2019. La chute brutale du nombre d'homicides des années 1990 a surpris beaucoup d'observateurs. Elle a tout d'abord été attribuée aux mesures prises par les autorités, en particulier

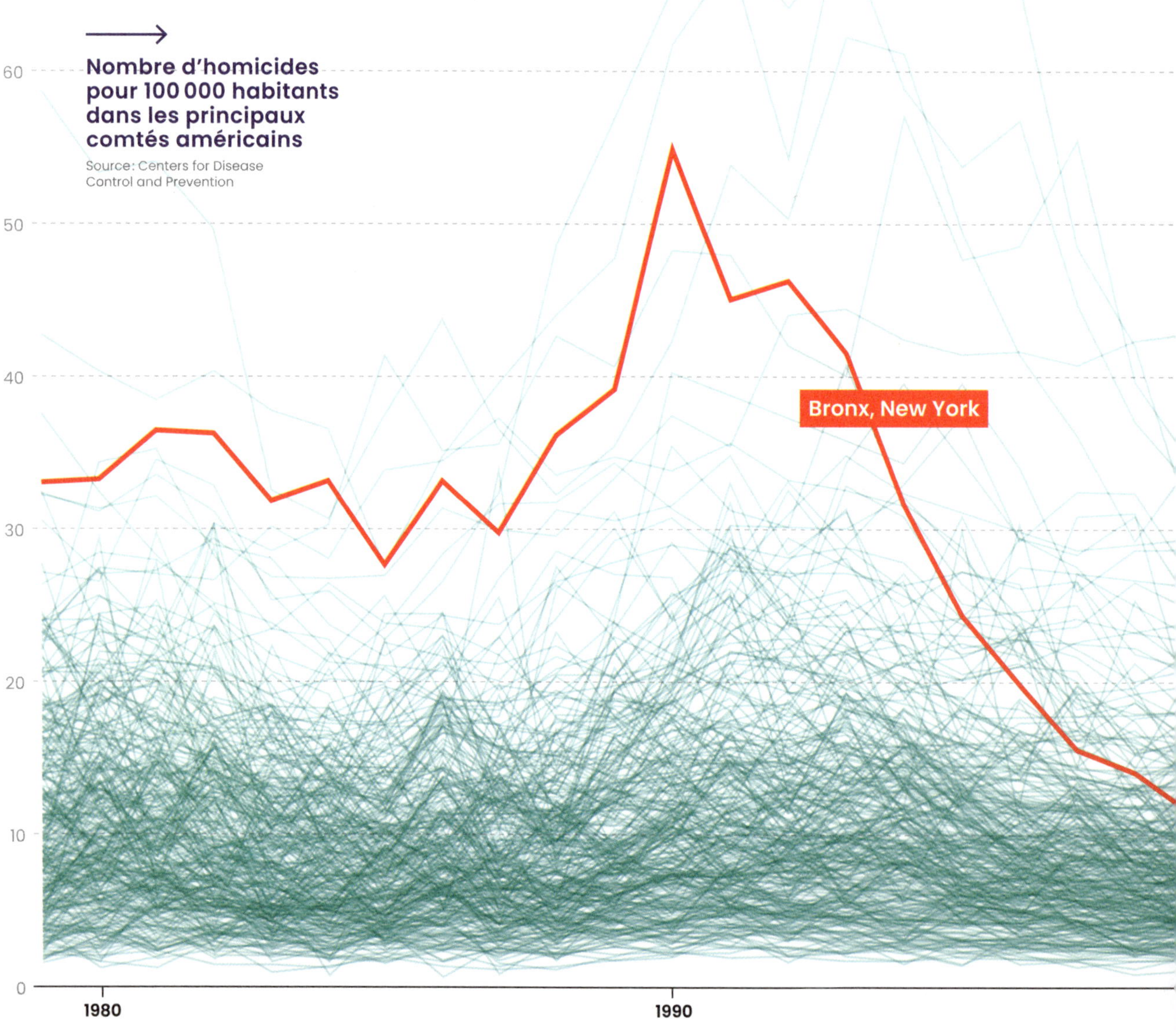

Nombre d'homicides pour 100 000 habitants dans les principaux comtés américains

Source: Centers for Disease Control and Prevention

la politique du carreau cassé, consistant pour la police à sévir pour tout délit, même mineur. Mais des analyses de données et expérimentations plus poussées ont affaibli cette hypothèse. Les raisons sont plus probablement multifactorielles. Le changement de politique a peut-être joué, mais également la fin de l'épidémie de crack, le mouvement de gentrification dans toute la ville de New York, le vieillissement de la population (quand on est vieux, on a tendance à commettre moins de crimes). Autre théorie, la légalisation de l'avortement dans les années 1970 aurait réduit le nombre de grossesses non désirées et le nombre d'enfants livrés à eux même par leurs parents, induisant 15 ans plus tard, une baisse de la criminalité. Théorie plus récente, la baisse de l'exposition au plomb chez les enfants (le métal est neurotoxique et entraîne une augmentation de l'agressivité) qui a commencé dans les années 1970 avec l'essor des carburants sans plomb a provoqué une baisse de la criminalité vingt ans plus tard.

Aujourd'hui, c'est dans les États du sud et du midwest des États-Unis que la criminalité est la plus importante. Dans la quasi-totalité d'entre eux, les armes sont en vente libre et on vote républicain. Parmi les 10 États où la criminalité est la plus élevée, 8 ont en effet voté majoritairement pour Trump en 2020. Et plus généralement, il y a 40 % plus de meurtres dans les États rouges (qui votent majoritairement républicain) que dans les États bleus (à majorité démocrate).

La forte augmentation des ventes d'armes dans le pays ces 20 dernières années n'a fait qu'accentuer ce phénomène.

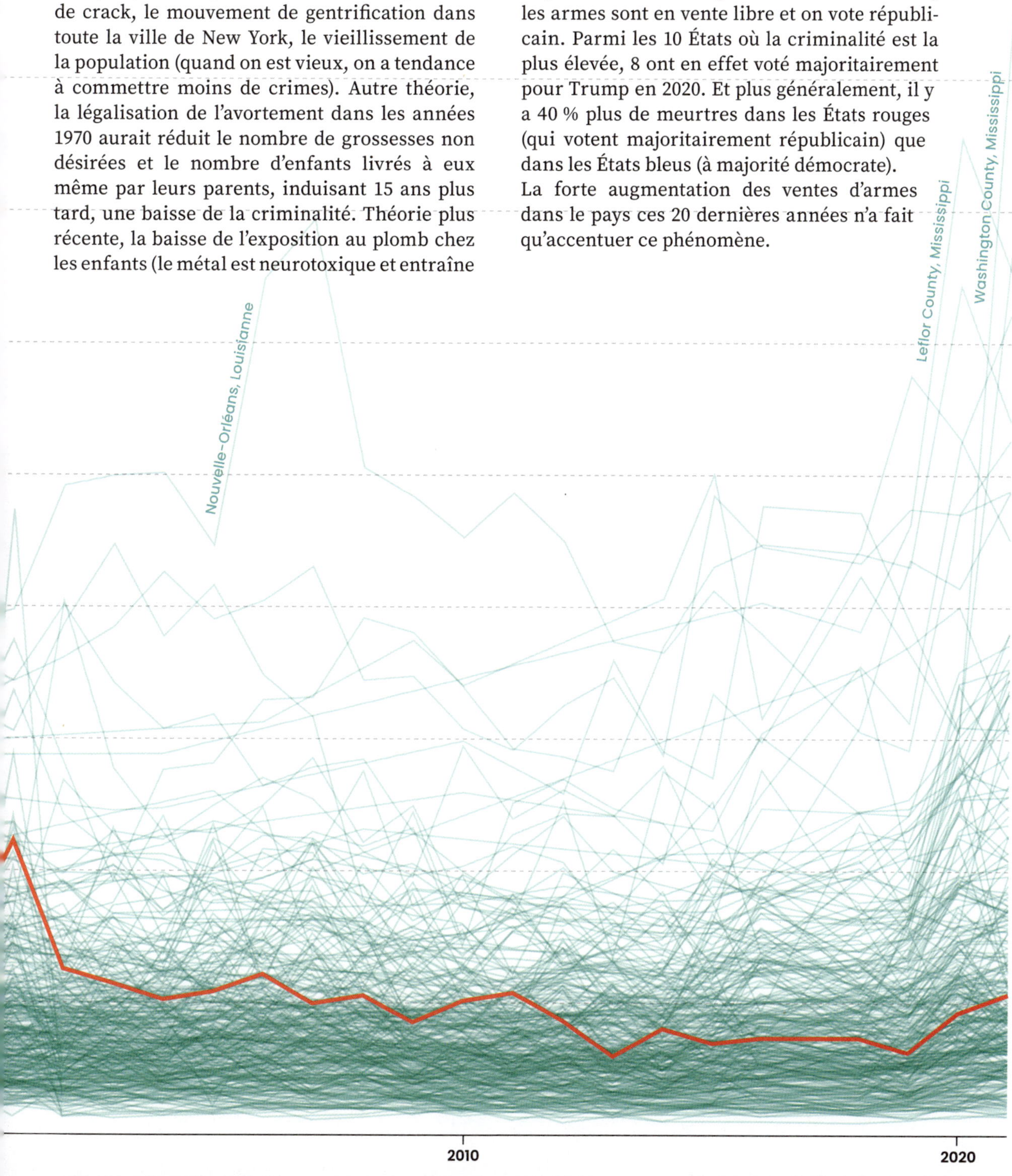

La seconde partie du XXe siècle s'est caractérisée par la démocratisation de l'usage de l'automobile. Démantèlement du train, construction d'autoroutes, adaptation des villes, chute du coût relatif de l'essence, l'essor de l'usage de la voiture a d'abord semblé être un progrès… dont on constate aujourd'hui les limites, notamment en ville, en termes de surface, d'encombrement, de danger pour les autres et de coût pour la société. Mais des alternatives existent.

02

Bouger

Pourquoi le train est-il en perte de vitesse en France ?

Parce que le système voiture a remplacé le système ferroviaire, ce que l'on voit clairement avec la comparaison des cartes de France du réseau ferroviaire et des autoroutes.

Réseau ferré national en 1930, à son pic

Sources : Base de données France (Mimeur, Thévenin, 2016), Benjamin Smith (Wikipedia)

L'invention du train remonte aux débuts du XIXe siècle tandis que l'automobile est apparue au tournant du XXe. On pourrait donc penser que c'est l'évolution logique d'un moyen de transport collectif qui demande une grande logistique vers un moyen de transport individuel plus moderne. En réalité, la voiture a eu besoin du développement d'un système qui a favorisé son essor.
État, collectivités, industriels se sont convertis à l'idéologie du tout-voiture selon laquelle tout endroit doit pouvoir être atteint en auto. Il a fallu donc construire des routes partout, permettre le rechargement du réservoir en essence par un réseau efficace, prévoir de grands espaces pour stationner chaque véhicule individuel.

Désengagement de l'État

Paradoxalement, la construction des autoroutes a aussi permis d'améliorer la sécurité des déplacements en voiture en isolant ces véhicules des autres usagers de l'espace public. Aujourd'hui les projets autoroutiers ne sont plus autant à la mode que dans les années 70 (quand on pensait trans-

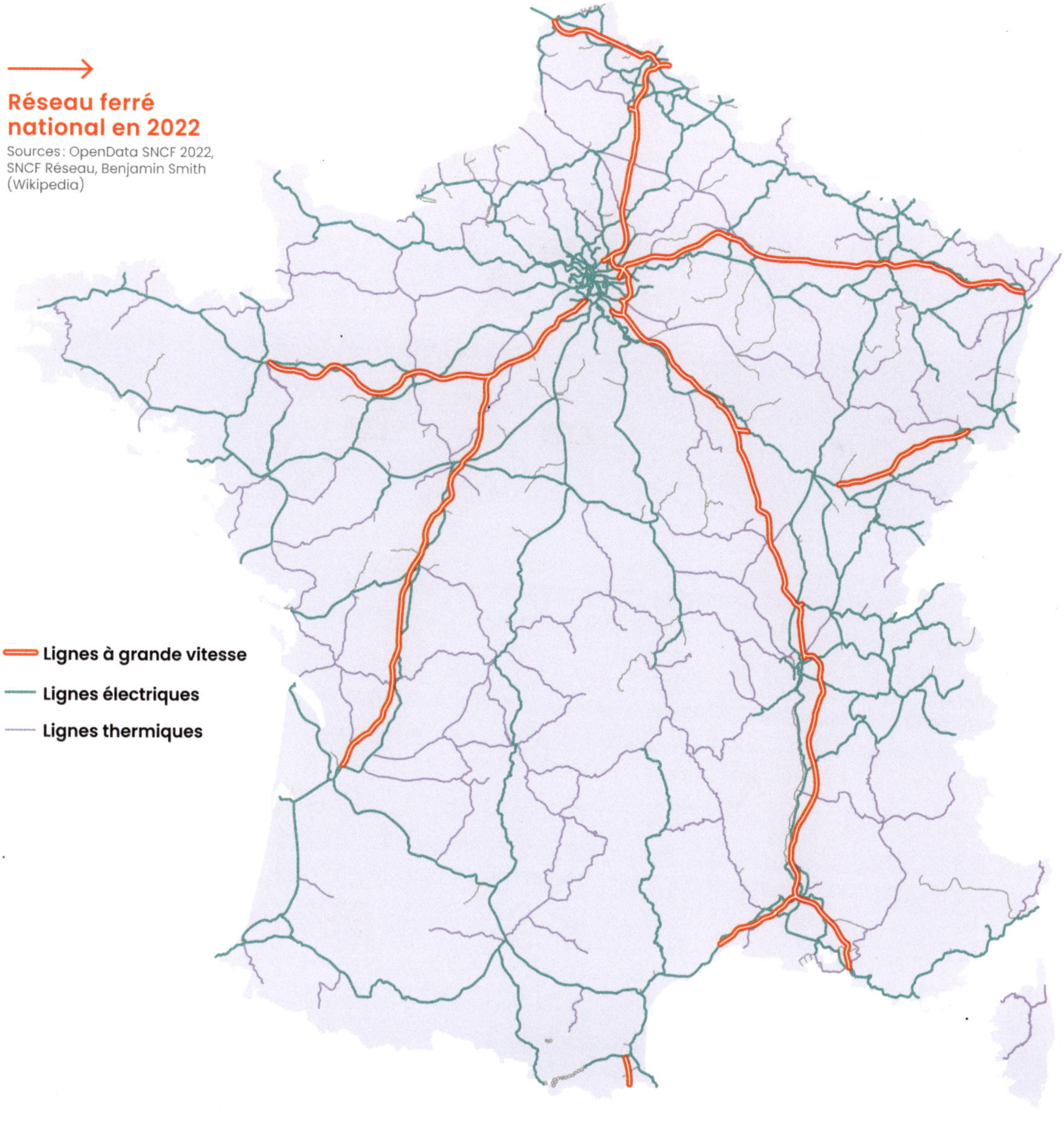

→ **Réseau ferré national en 2022**
Sources : OpenData SNCF 2022, SNCF Réseau, Benjamin Smith (Wikipedia)

percer Paris de nombreux axes à quatre voies) il y a encore des projets qui sont par essence incompatibles avec une politique de réduction de la pollution et des émissions de CO_2.
L'apogée du réseau ferré date des années 30, quand la voiture n'était encore qu'un privilège pour une élite. À l'époque, il y avait plusieurs compagnies privées et publiques qui furent rassemblées dans la SNCF en 1938. Mais la soif de déplacements que le train a provoquée a finalement été étanchée par la voiture individuelle, éloignant les voyageurs potentiels du rail.
On a assisté en France à un désengagement de l'État, la SNCF ne misant plus que sur les lignes TGV entre les grandes villes, plus rentables que les petites lignes dont la gestion est confiée aux collectivités locales. Avec l'ouverture à la concurrence et le retour de quelques lignes qui avaient été supprimées, on peut espérer que le rail reprenne le pas sur l'asphalte.

Réseau routier national en 1970, aux lancements des premières autoroutes
Source: WikiSara

Réseau routier national en 2022

Source : WikiSara

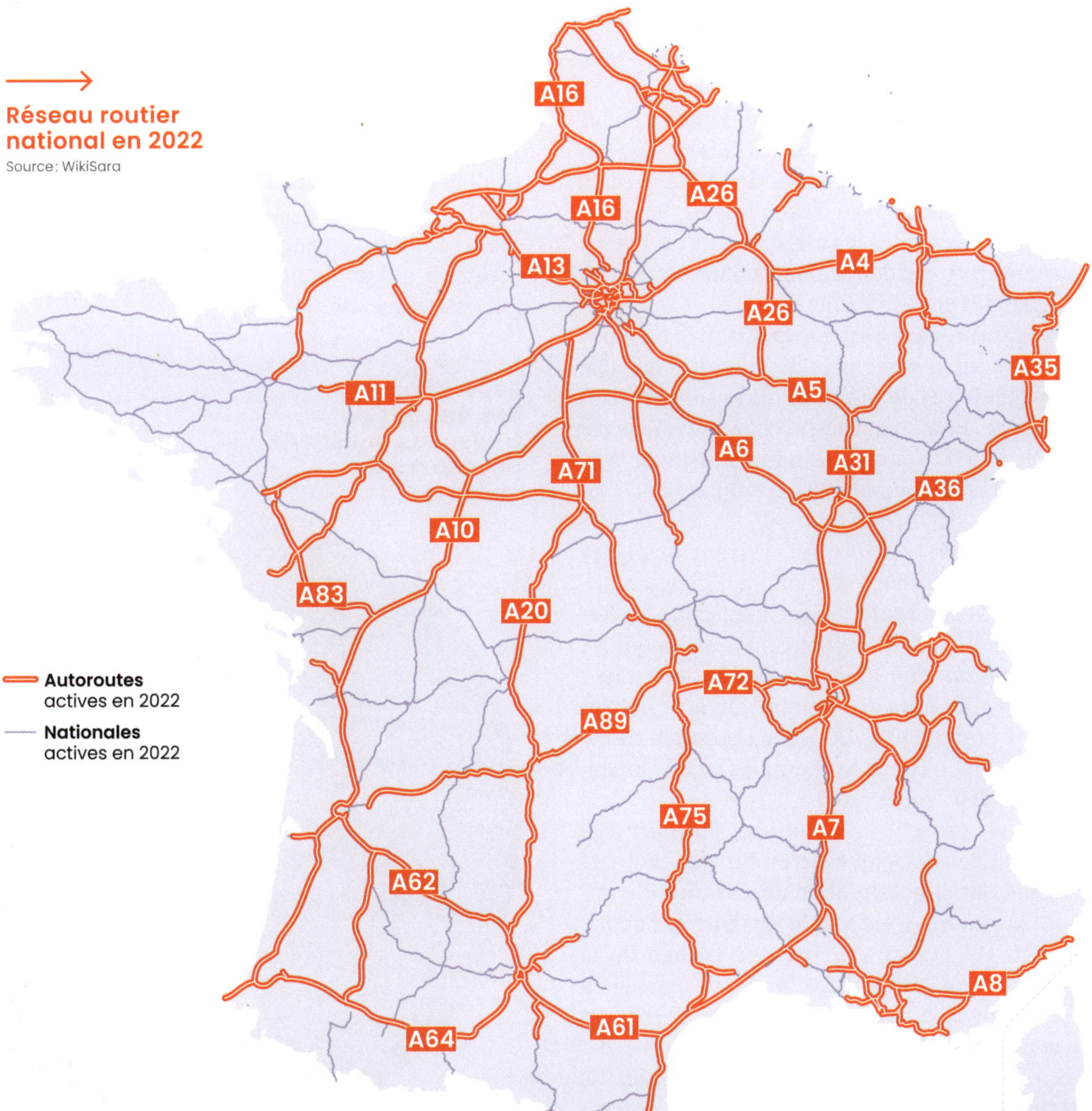

Les Français sont-ils accros à la voiture ?

74 % des actifs utilisent la voiture pour leurs déplacements domicile-travail, même pour des distances parfaitement réalisables à pied ou à vélo. Ce n'est pas un hasard.

Sur les 24,6 millions d'actifs qui se déplacent pour aller travailler, un tiers parcourt moins de 5 km pour se rendre à son lieu de travail. À l'inverse, la moitié vit à plus de 9 km de son travail. Et la voiture est utilisée ultra-majoritairement en France pour effectuer ces déplacements domicile-travail puisque 74 % des actifs y ont recours.

Le plus surprenant c'est que la distance n'est pas tellement un critère : près de la moitié des trajets pendulaires de moins de 1 km sont réalisés en voiture. Et même jusqu'à 5 km, la voiture est utilisée à 70 %. Néanmoins, plus la distance augmente, plus l'automobilisme est répandu.

Il y a plusieurs raisons qui peuvent expliquer ces chiffres : d'abord les automobilistes n'utilisent pas leur voiture uniquement pour les trajets domicile-travail, ils peuvent aussi enquiller les kilomètres pour emmener des enfants à leur école, ou aller faire des courses. On note que les femmes pratiquent plus la marche et les transports en commun et les hommes plutôt la voiture et le deux-roues motorisé.

Quand on possède une voiture, l'utiliser dès que possible est logique. Selon l'Insee, tant que les gens ont la possibilité d'un parking, ils utilisent la voiture. C'est tout le système des déplacements en France qui favorise l'usage de la voiture. Entre 2015 et 2020, le recours au vélo a néanmoins légèrement augmenté au détriment de la voiture.

Ces chiffres datant d'avant la pandémie, ils méritent d'être révisés. On pourrait constater d'abord une hausse du télétravail dans les métiers pour lesquels il est possible, et un évident recours accru au vélo dans les grandes villes. Mais il n'est pas sûr que la voiture soit moins utilisée, ce sont plutôt les transports en commun qui ont souffert des pratiques de distanciation sociale.

Répartition des moyens de transports utilisés pour se rendre au travail

Source : Insee

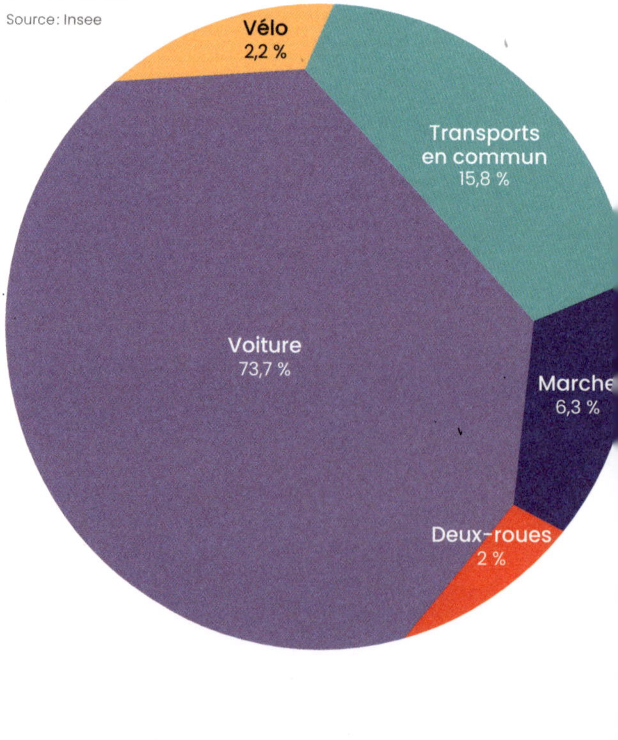

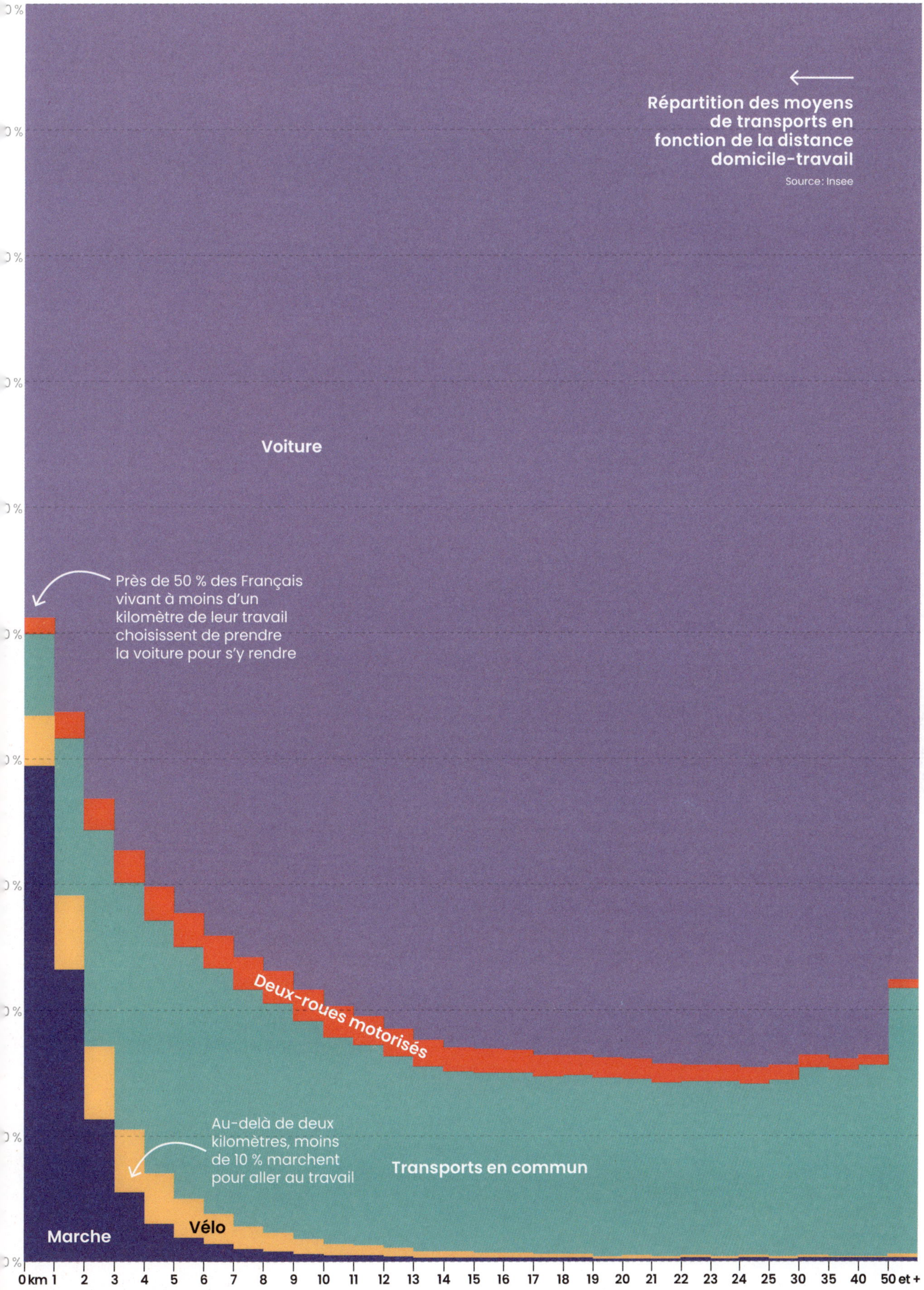

Répartition des moyens de transports en fonction de la distance domicile-travail
Source : Insee
Voiture
Près de 50 % des Français vivant à moins d'un kilomètre de leur travail choisissent de prendre la voiture pour s'y rendre
Deux-roues motorisés
Au-delà de deux kilomètres, moins de 10 % marchent pour aller au travail
Transports en commun
Marche
Vélo
0 km
1
2
3
4
5
6
7
8
9
10
11
12
13
14
15
16
17
18
19
20
21
22
23
24
25
30
35
40
50 et +

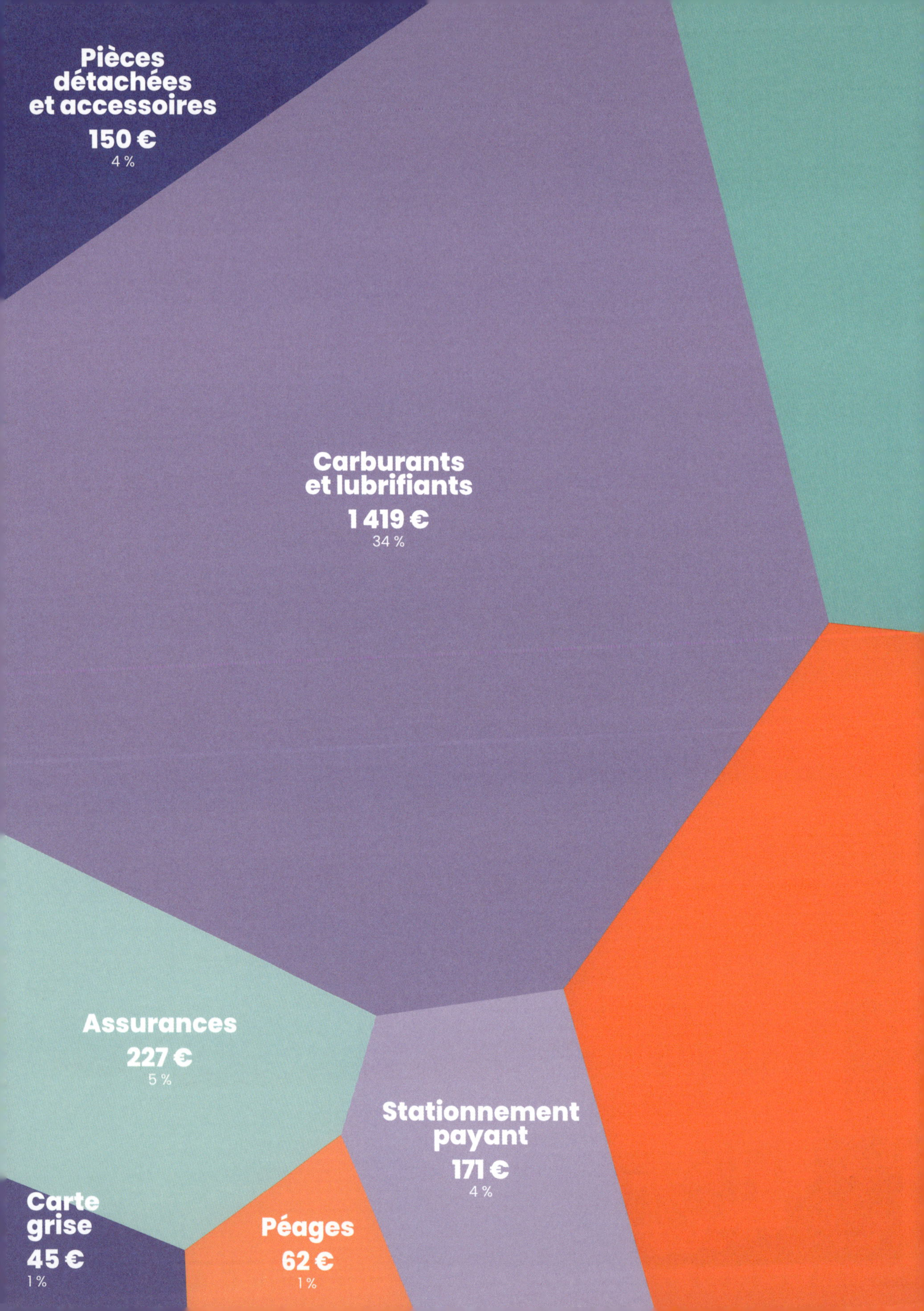
Pièces détachées et accessoires
150 €
4 %
Carburants et lubrifiants
1 419 €
34 %
Assurances
227 €
5 %
Stationnement payant
171 €
4 %
Carte grise
45 €
1 %
Péages
62 €
1 %

Combien coûte réellement une voiture ?

Le prix d'achat n'est qu'une façon de voir les dépenses liées à l'automobile. Si l'on prend en compte l'usage global, on peut calculer le coût moyen de la possession d'une voiture par les ménages français.

Selon une étude du cabinet Adetec, le coût annuel moyen d'une voiture en France en 2022 est de 4214 €. Cela inclut à la fois le prix d'achat (et de revente) ou de location, le carburant, l'entretien, l'assurance, et les frais d'usage comme le stationnement ou les péages. C'est une moyenne, donc chacun pourra comparer avec son propre cas. Mais globalement, c'est un fait que la possession d'une voiture coûte cher, surtout aux ménages les plus pauvres. Selon une étude de l'Insee en 2017, pour les 10 % des ménages les plus pauvres, ce poste de dépense grève plus de 15 % leur revenu disponible, alors qu'il représente moins de 9 % pour les 10 % les plus riches. En moyenne en France, c'est 11 % du budget qui est dédié à la voiture.

Une voiture coûte 4 214 € par an

Comme on peut s'y attendre, le lieu d'habitation est déterminant. Ceux qui sont installés loin des centres-villes dépensent presque 15 % de leur budget pour la voiture, alors que c'est moins de 9 % pour les centres des pôles urbains.
Globalement, l'usage de la voiture comporte des externalités négatives pour la société: congestion, collisions sur la route, pollution, émissions de CO_2, bruit... Or, par leurs contributions fiscales (carburants, péages...), les usagers ne couvrent qu'un tiers des dépenses selon une étude du Trésor public. Le reste est à la charge de la collectivité.

Répartition de l'ensemble des frais annuels liés à la possession d'une voiture
Source: Adetec

Accorde-t-on trop de place aux pistes cyclables dans la ville ?

Les pistes cyclables fleurissent dans les grandes villes depuis quelques années mais ce n'est qu'une manière de rééquilibrer l'espace. En réalité c'est de loin la voiture qui occupe le plus de surface dans les villes, malgré un manque d'efficacité flagrant.

Alors qu'elle est plutôt efficace pour se déplacer sur autoroutes, la voiture est le moyen de déplacement le moins efficace en ville, beaucoup moins efficace que le vélo, les différents types de transport en commun et même la marche à pied si l'on prend en compte le débit effectif sur une voie de 3,5 m de large (graphique ci-dessous).
Parmi les transports qui permettent de se déplacer vite, la voiture est moins efficace que le vélo. En 2021, la vitesse moyenne des automobiles dans Paris intra muros était de 12,6 km/h. Même sur le périphérique les voitures roulent en moyenne à 37,3 km/h. Dans ce cas, il faut bien un peloton du Tour de France pour atteindre cette vitesse, mais pour le premier, n'importe quel cycliste non entraîné peut y prétendre.

Malgré ses défauts, la voiture dispose dans les villes d'une surface parfaitement démesurée par rapport à ses performances. D'après une étude d'Adetec, c'est systématiquement plus de la moitié de l'espace public qui est consacré à l'usage de la voiture selon les villes. Cela inclut les parkings de surface, les voies privées ouvertes à la circulation publique, mais pas les espaces souterrains comme les voies de métro et parkings (graphique ci-contre).
De manière contre-intuitive, c'est dans les villes où l'espace est le plus rare qu'il est le plus partagé. Si la voiture a le plus de place, la marche à pied arrive en deuxième position, loin devant la place dévolue aux transports en commun et au vélo.
Ce sont bien les transports en commun qui sont les plus efficaces pour les déplacements. Les métros et trains ont aussi leurs défauts : par exemple lorsqu'une station de métro est créée en région parisienne, elle renforce l'attrait pour la ville ou le quartier, augmentant la demande sur l'immobilier, ce qui fait monter les prix et entame un processus de gentrification.

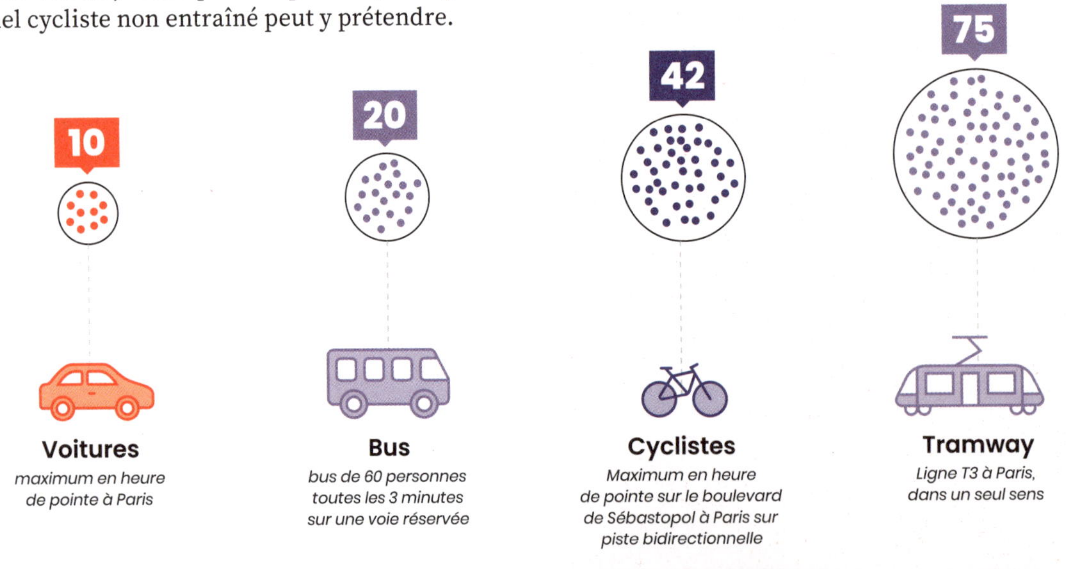

Partage de l'espace dans les grandes villes françaises

Répartition par mode de l'espace affecté aux déplacements

Source : Adetec

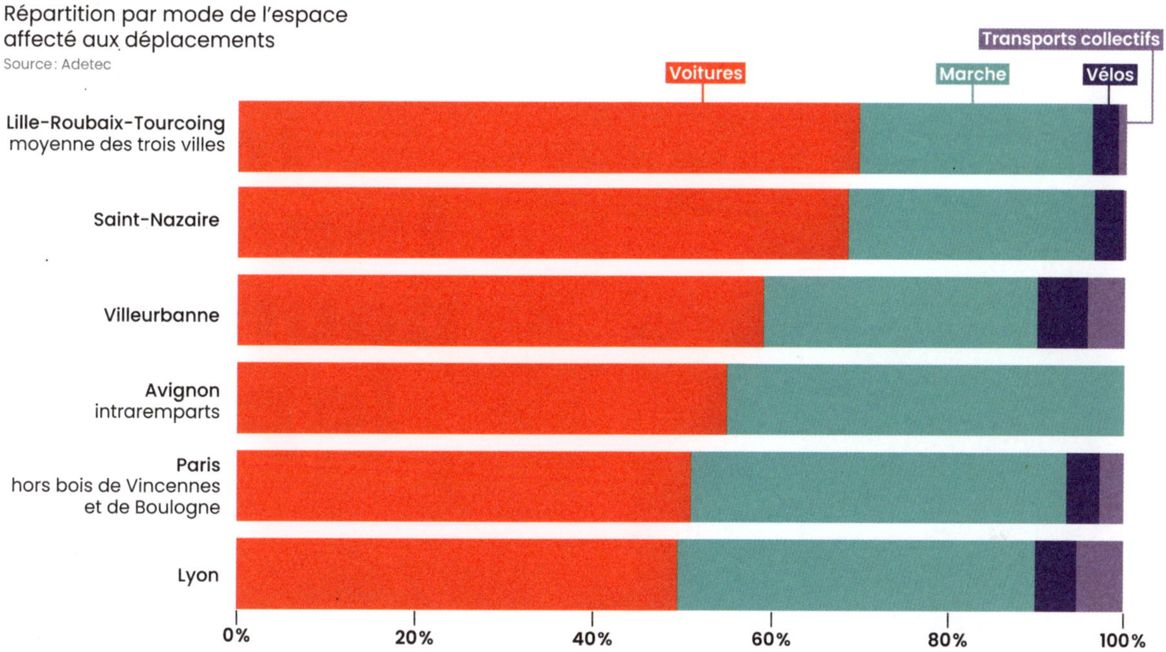

Nombre de passagers par minute et par mode de transport

Débit effectif pour une voie de 3,5 mètres

Sources : RATP, open data paris, Transformative mobility initiative

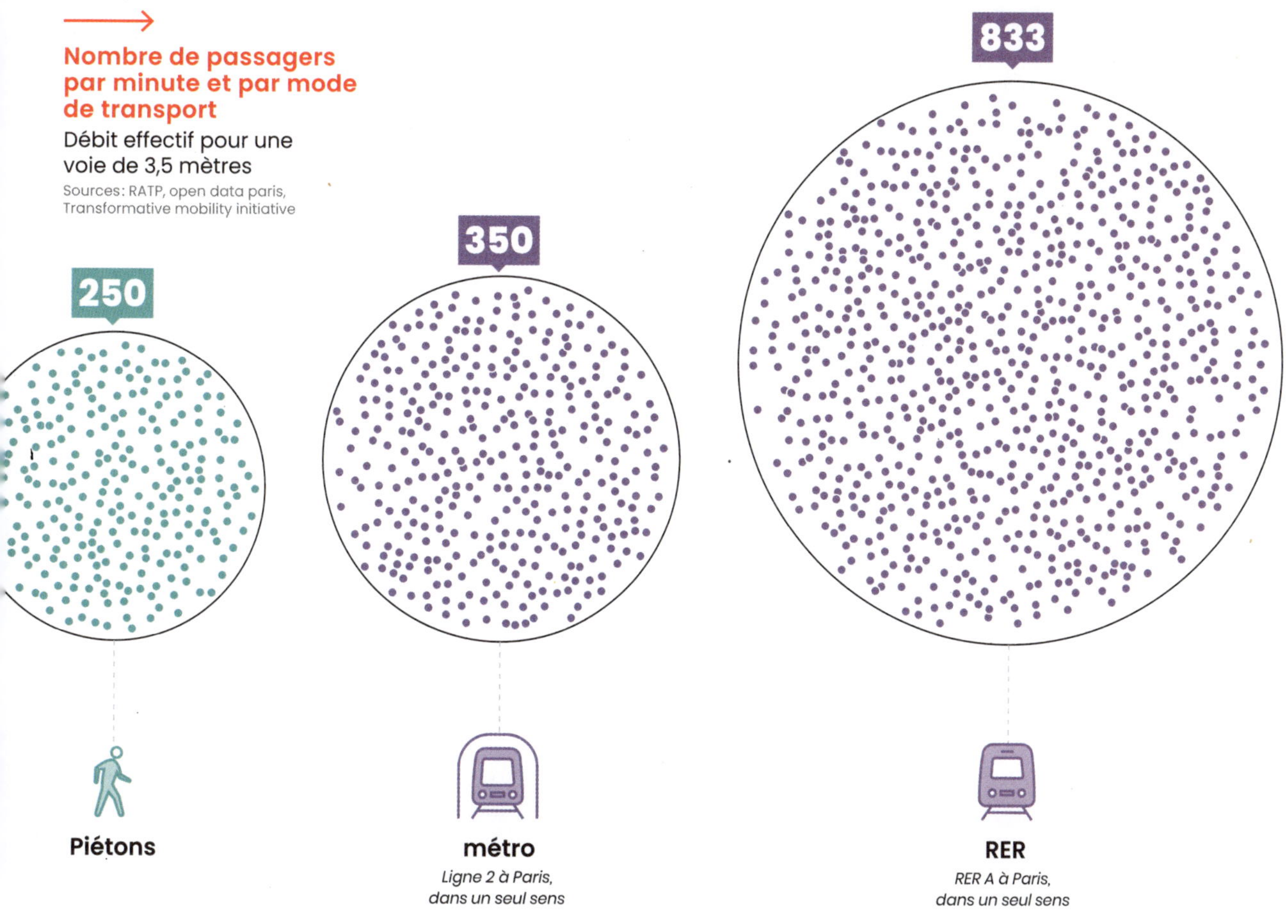

Combien d'heures faut-il travailler pour faire le plein ?

Nombre d'heures de salaire minimum à travailler pour faire un plein moyen de 50L

Prix de l'essence ramené à la valeur du salaire moyen en vigueur par année

Sources : Insee, ministère de l'Écologie

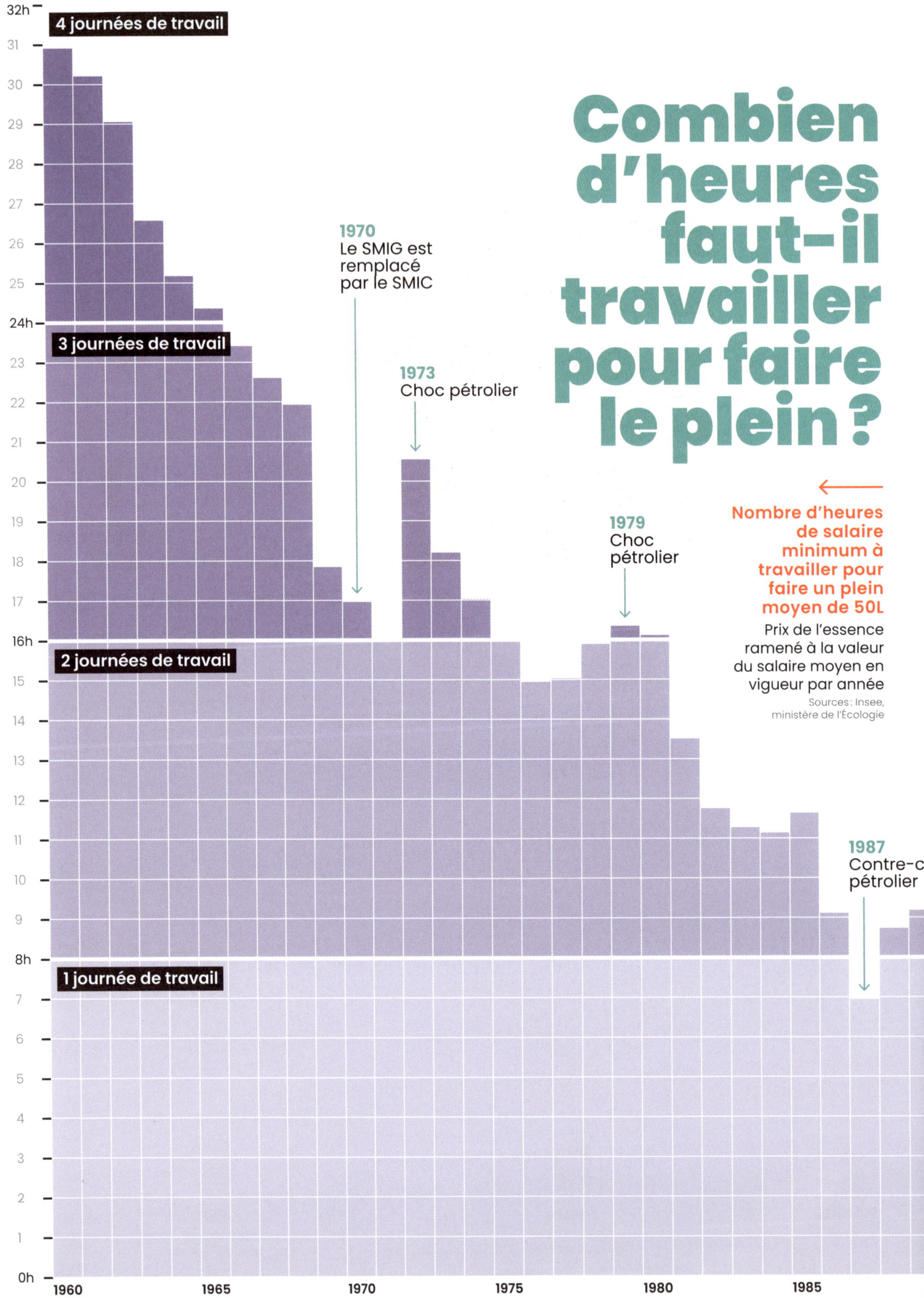

Le pouvoir d'achat en litres d'essence par heure de salaire minimum a considérablement augmenté jusqu'au milieu des années 1980, et a connu depuis une grande période de stagnation.

Le prix nominal de l'essence a considérablement augmenté depuis les années 1960. Un litre de carburant coûtait environ un franc en 1960, et s'élevait à près de deux euros fin 2022 en raison de la crise ukrainienne, soit environ treize fois plus. Mais lorsqu'on considère l'évolution réelle du prix (hors inflation), celui-ci a au contraire largement baissé sur une longue période. Et en le comparant avec l'évolution du salaire minimum, on peut constater que par rapport à 1960, l'essence est quatre fois moins chère en nombre d'heures de SMIC. S'il fallait à l'époque quatre jours de travail pour faire un plein de 50 litres, il en suffit à présent d'un seul.
En termes de salaire minimum, les chocs pétroliers de 1973 et 1979, s'ils ont provoqué une hausse des prix passagère, ont été compensés en quelques années par la hausse des salaires. Mais depuis le milieu des années 1980, le prix du carburant a stagné par rapport au SMIC. Il fallait 9 heures de SMIC en 1986 pour faire un plein de 50 litres, contre 8 heures et demi début 2023. Pendant toute cette période, les moyennes annuelles des prix du pétrole ont fluctué entre 7 et 9 heures de SMIC. Ceci malgré la succession d'événements qui ont fait fluctuer les prix du pétrole (contre-choc, guerres d'Irak, exploitation de nouveaux gisements, crises ou expansions économiques).
Cette grande stagnation du pouvoir d'achat de carburant depuis le milieu des années 80 s'explique en grande partie par la relative stagnation économique et salariale: les Trente Glorieuses et leur haut niveau de croissance économique se sont achevées dans les années 1970, et les hausses de salaire ont marqué le pas à partir du milieu des années 1980, en raison des politiques de désinflation et du moindre partage de la valeur ajoutée vers les salaires.
Mais si les hausses ont été moindre, depuis cette période, le SMIC a néanmoins été régulièrement relevé, en grande partie en raison de son indexation à l'inflation et aux divers coups de pouce gouvernementaux. Ce qui lui a permis de rester corrélé au prix du carburant.
Étant donné que les distances moyennes parcourues en voiture par personne s'est accru depuis cette période en raison de l'étalement urbain, les dépenses de carburant ont eu tendance à peser davantage. Au grand dam du pouvoir d'achat des ménages et de l'environnement. Les émissions de gaz à effet de serre en provenance du secteur automobile ont très largement augmenté dans l'intervalle. Réchauffer la planète en consommant du carburant n'est peut-être pas suffisamment cher.

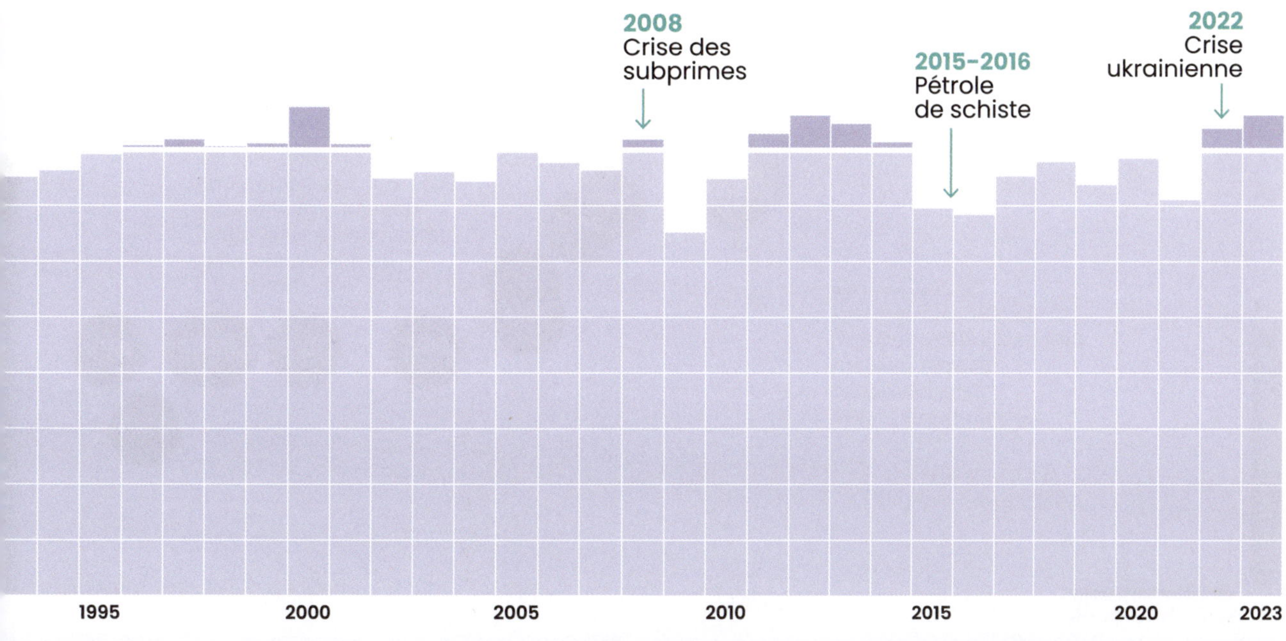

Faut-il taxer les voitures au poids ?

Depuis 30 ans, les performances énergétiques des véhicules ont augmenté, mais ceux-ci se sont alourdis, annulant une grande partie des gains en termes d'émission de gaz à effet de serre.

Ces trente dernières années, les voitures ont considérablement grossi. Leur masse moyenne a augmenté de près de 30 % depuis 1990, pour les véhicules diesel comme pour les essence. Or, la consommation et les émissions de CO_2 d'une voiture sont fortement corrélées à son poids*. Plus un véhicule pèse lourd, plus il émet de CO_2. Depuis les années 1990, les constructeurs ont fortement augmenté l'efficacité des moteurs, mais ce progrès a été en partie enrayé par l'alourdissement des voitures. Depuis 2009, la prise de poids a été particulièrement importante, et les gains en termes de réduction d'émissions faibles. En grande partie à cause de l'augmentation des parts de marché des SUV, généralement plus lourds, plus hauts et donc moins aérodynamiques que les berlines. Selon l'Agence internationale de l'énergie, ces véhicules représentent à présent 46 % des ventes de voitures neuves dans le monde, et sont responsables d'une

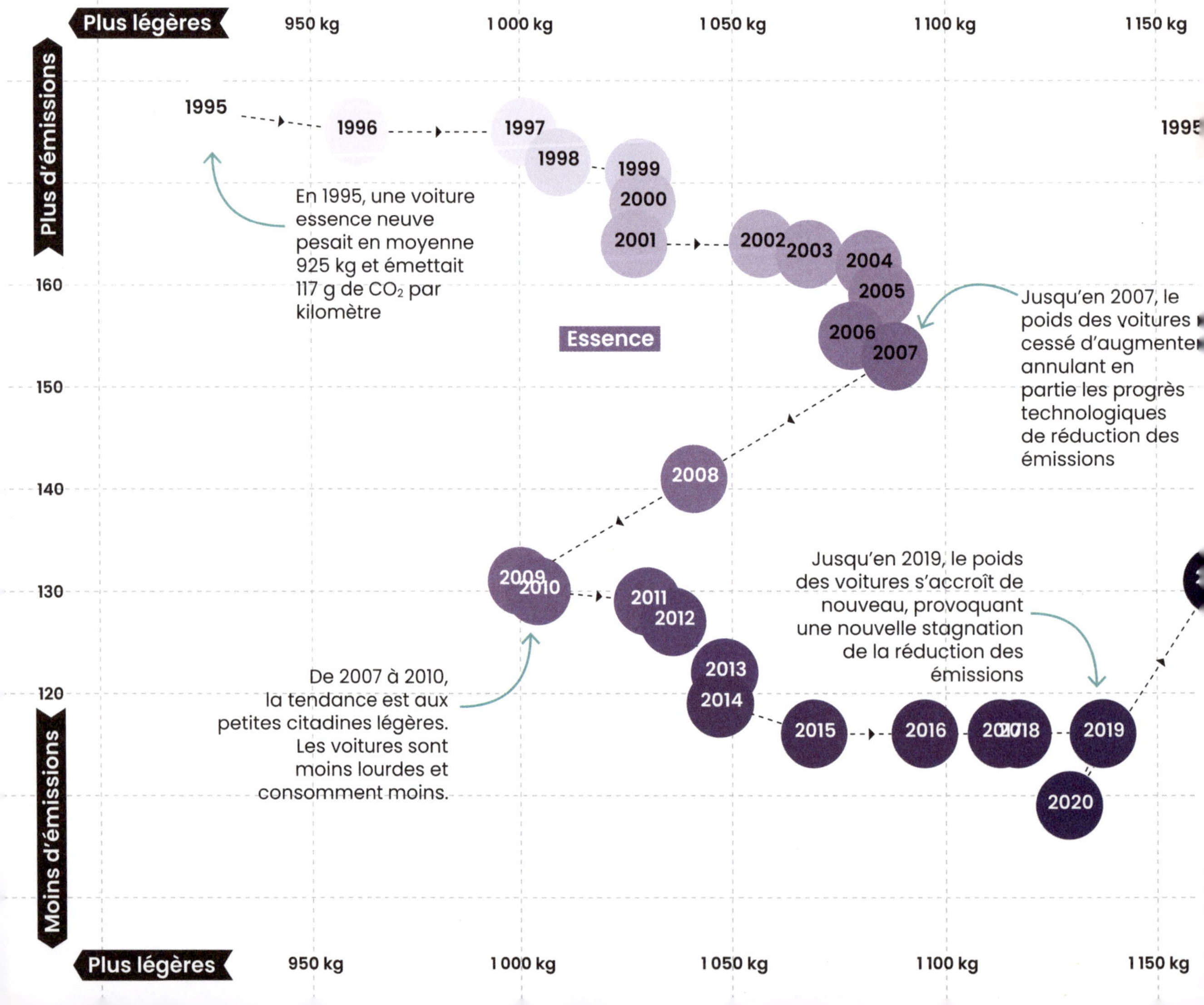

grande partie de l'augmentation des émissions de gaz à effet de serre dans le secteur des transports. Ce dernier, constitué à 60 % de véhicules particuliers, est le seul pour lequel l'Europe n'a pas encore réussi à diminuer ses émissions de CO_2. Sur 30 ans, elles ont même augmenté de plus de 25 %, en raison principalement de l'augmentation des distances parcourues en voiture. Pour inverser la tendance, l'électrification est aujourd'hui largement encouragée. Les véhicules électriques neufs (hors hybrides) représentaient en France 13 % des ventes en 2022, deux fois plus qu'en 2020.

Mais sans diminution du poids, les gains en termes de réduction des gaz à effet de serre risquent d'être réduits. Plus une voiture est lourde, plus le bilan carbone de sa fabrication est élevé, et plus elle consomme d'électricité, dont la production est loin d'être neutre d'un point de vue environnemental. Contrairement aux véhicules thermiques, le rendement d'un moteur électrique (en amélioration ces trente dernières années pour atteindre 90 %) est impossible à améliorer significativement. Pour réduire durablement les émissions de gaz à effet de serre, il faudra nécessairement tendre, ces prochaines années, vers la réduction du poids des voitures et vers l'essor de mobilités alternatives.

En 2019, les députés avaient déposé un amendement visant à taxer tous les véhicules dont le poids était supérieur à 1,3 tonne. Un des principaux opposants à cette proposition, finalement retoquée, était Gérald Darmanin, alors ministre de l'Action et des Comptes publics. Visiblement amateur de voitures lourdes, ce dernier s'est depuis fait acheter par le ministère de l'Intérieur, selon une information du *Canard enchaîné*, un SUV à 50000 euros pour usage « familial ».

*Il s'agit en réalité de la masse, le poids étant une force calculée en Newton (la masse étant en kg), mais nous nous sommes conformés à l'usage en employant le terme poids au lieu de masse.

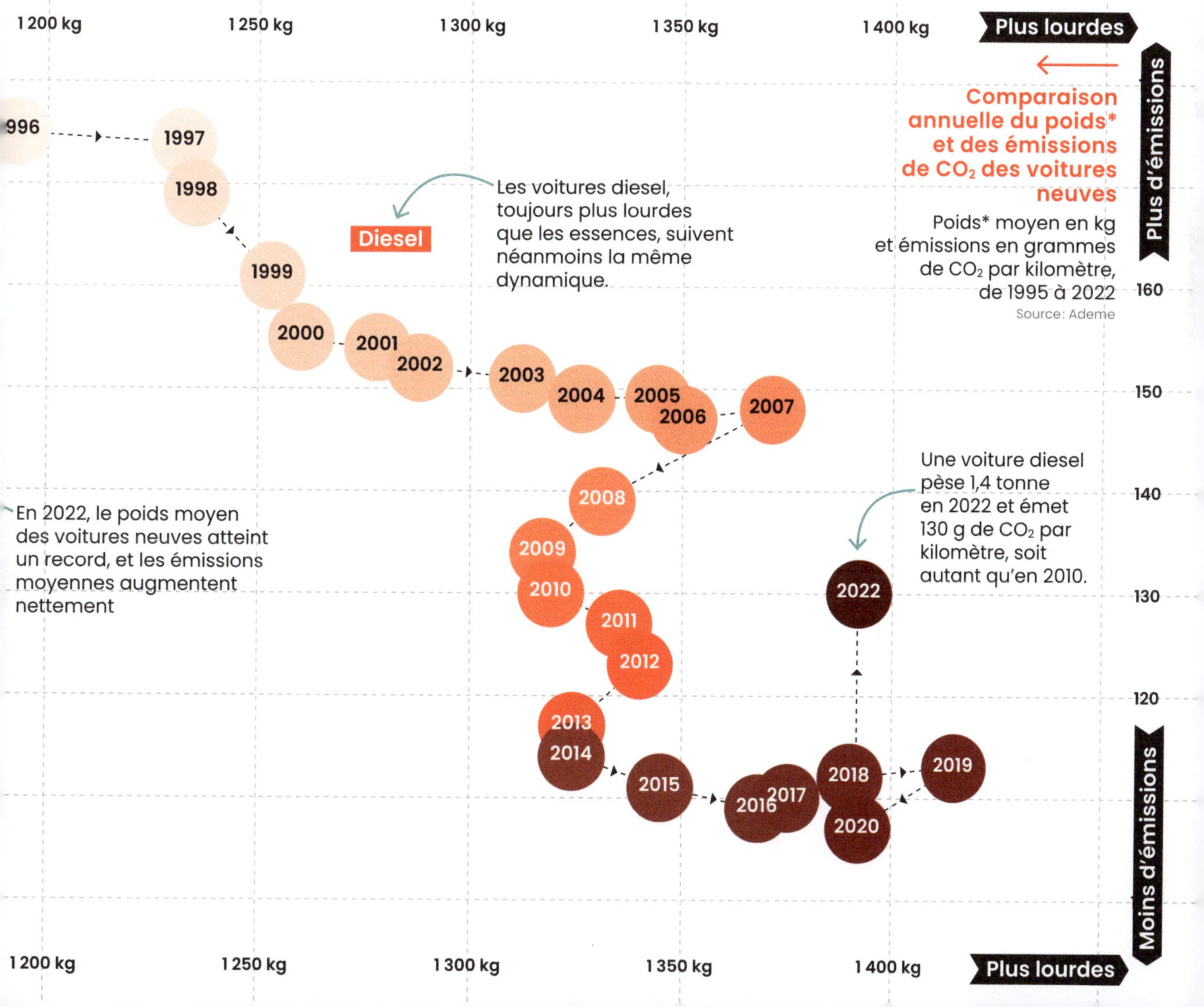

Les automobilistes respectent-ils les limitations de vitesse ?

On a l'habitude de pester contre les cyclistes qui grillent les feux rouges, les trottinettistes qui roulent sur les trottoirs, les piétons qui traversent le nez collé au smartphone ou les camionnettes garées sur les pistes cyclables, mais une des infractions les plus banales et les moins visibles du Code de la route, c'est bien l'excès de vitesse.

En France, les politiques de sécurité routière ont démarré au début des années 70 avec l'instauration de plusieurs mesures successives, que l'on qualifierait aujourd'hui de bon sens, comme les limitations de vitesse en ville et sur les différents types de route, le port de la ceinture de sécurité ou le seuil d'alcoolémie. À l'époque, jusqu'à 18 000 personnes périssaient chaque année sur les routes.
Ces dernières années, la place de la voiture en ville est remise en question et la plupart des agglomérations appellent à adoucir le trafic,

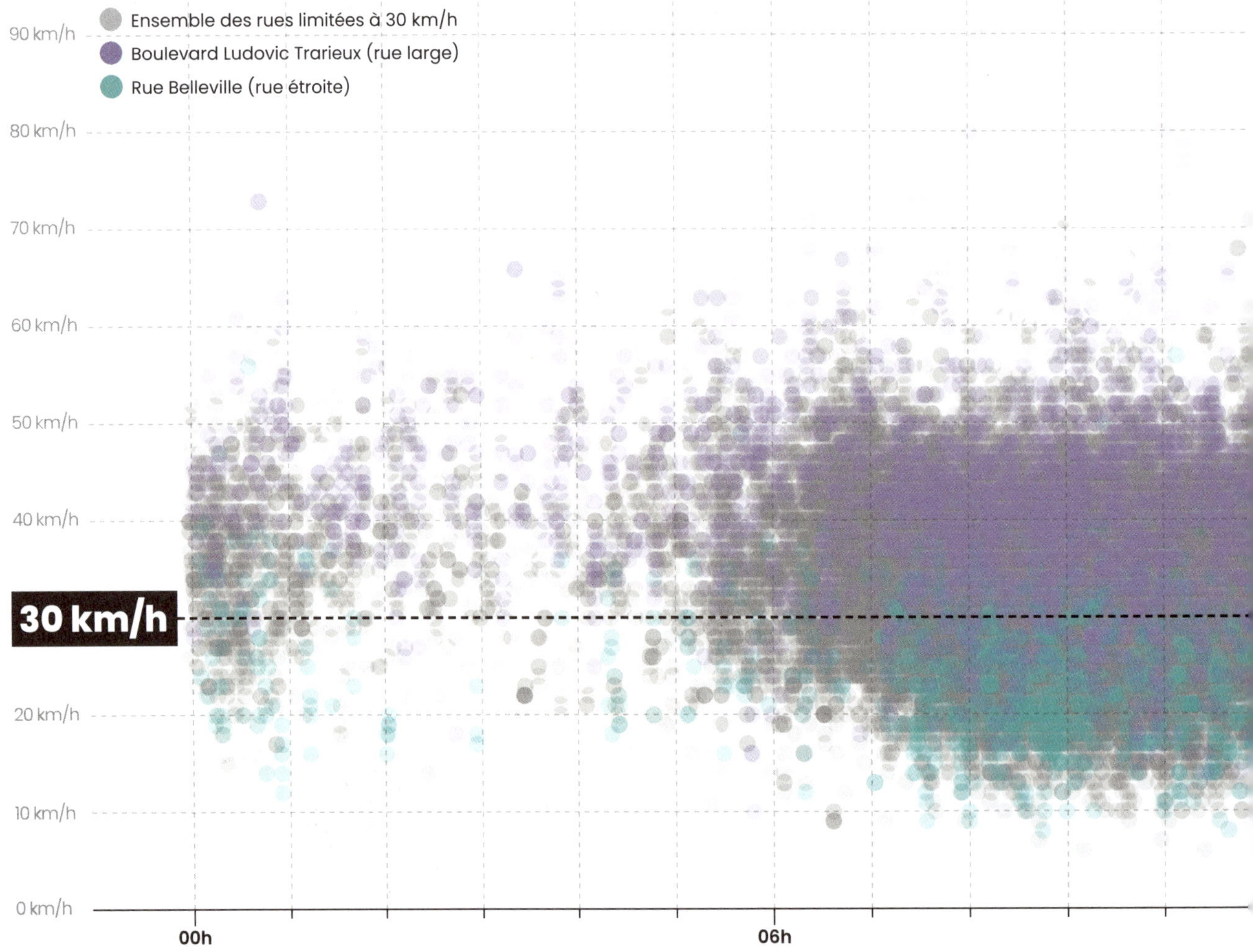

notamment par des limitations de vitesse à 30 km/h. C'est par exemple le cas de Bordeaux, qui est également une des rares villes à mettre à disposition en open data les mesures des radars pédagogiques installés dans la ville.

En compilant les données de neuf radars entre le 22 et le 24 mai 2023, et en positionnant 100 000 mesures sur les deux axes du graphique, on peut constater visuellement la masse des véhicules flashés au-delà de la limite fixée à 30 km/h. On pourrait dès lors viser les automobilistes inconscients et en appeler à la responsabilité de chacun.

Responsabilité individuelle ou problème systémique

Mais en zoomant sur deux radars particuliers – au niveau du 131 de la rue Belleville, plutôt étroite avec une voie de circulation générale dans un sens et une voie cyclable en sens inverse; et au niveau du 29 du boulevard Ludovic Trarieux, axe large avec deux voies générales bidirectionnelles et deux bandes cyclables latérales –, on constate que les excès de vitesse sont très minoritaires dans la première (points verts sur le graphique) et quasi systématiques dans le second (points mauves).

En réalité, l'infrastructure est la clé. Si l'on installe un panneau de limitation à 30 km/h sur une autoroute, il a très peu de chance d'être respecté car les conducteurs s'adaptent avant tout à leur milieu. Si on fait passer les voitures dans des rues étroites sans grande visibilité, leurs conducteurs seront naturellement plus prudents.

La stabilité des chiffres de la mortalité routière depuis une dizaine d'années montre bien qu'il n'y a pas d'« accident de la route » et qu'on ne peut se contenter de blâmer quelques chiens fous. La réalité, c'est que l'insécurité routière est systémique et qu'il est temps de s'attaquer aux causes (véhicules trop rapides, routes encourageant la vitesse…) avant de pointer du doigt les comportements individuels.

Vitesses enregistrées par les radars pédagogiques dans les rues de Bordeaux limitées à 30 km/h

100 000 mesures prises par 9 radars en 48 h, entre le 22 et le 24 mai 2023

Source : Open Data Bordeaux métropole

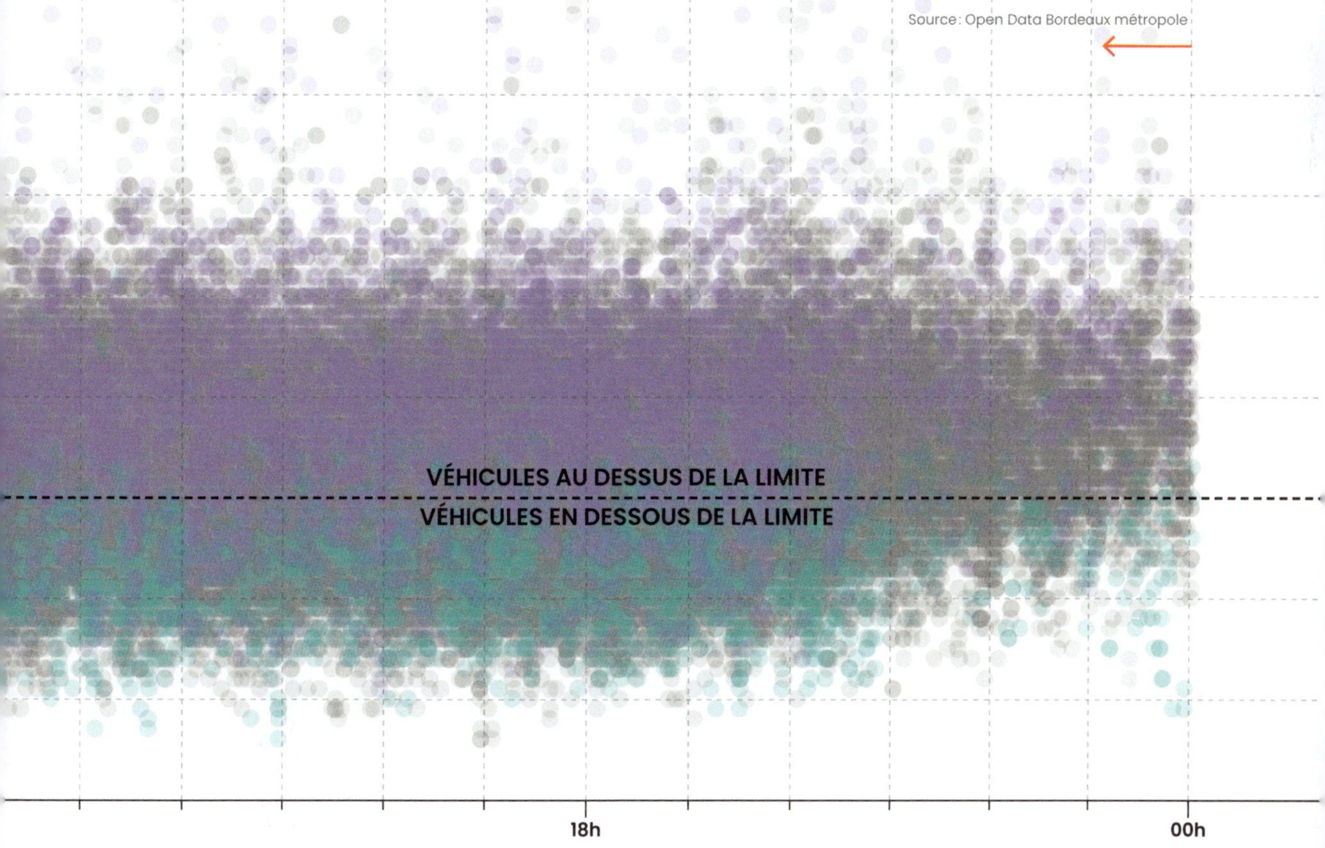

Les trottinettes sont-elles dangereuses pour les piétons ?

Rarement véhicule aura connu un tel rejet dans la société. C'est l'ennemi commun de tous les autres modes de déplacements : des piétons aux automobilistes en passant par les cyclistes. Pourtant, les premières victimes des trottinettes sont ses usagers.

La participation a beau avoir été extrêmement faible (7,4 %), le résultat était sans équivoque : en avril 2023, les Parisiens ont rejeté à 89 % le maintien des opérateurs de trottinettes électriques partagées dans la capitale. Pourtant, leur pouvoir de nuisance est dérisoire comparé aux autres véhicules.

Si l'on regarde la période récente qui a vu l'avènement des trottinettes partagées dans les grandes villes, on s'aperçoit que 97 % des piétons tués l'ont été par une collision avec un véhicule motorisé (voiture, poids lourd, utilitaire, deux-roues motorisé).

En France, les utilisateurs de trottinettes ont causé la mort de quatre piétons entre 2018 et 2021. Un chiffre à mettre en regard des 1 249 tués par des automobilistes.

Si l'on se focalise uniquement sur les piétons tués directement sur le trottoir, ce sont là aussi les automobilistes les premiers bourreaux : depuis 2005, 476 piétons ont été tués en France alors qu'ils se trouvaient sur le trottoir : 474 par des conducteurs de véhicules motorisés, deux par des conducteurs de trottinette.

Le danger des trottinettes pour les autres usagers de l'espace public est donc très mesuré, ce qui n'est pas le cas pour les conducteurs de trottinette eux-mêmes. Les premières victimes de la trottinette sont ses usagers eux-mêmes. L'Académie de médecine a détaillé dans un rapport une augmentation de 180 % du nombre d'utilisateurs d'engins de déplacements personnels motorisés (EDPM) blessés entre 2019 et 2022.

Si l'on se concentre sur l'Île-de-France où l'usage de ces engins est certainement plus répandu que dans le reste de la France, on constate une mortalité équivalente à celle des cyclistes, soit environ une dizaine en 2022. Il y a pourtant beaucoup plus de cyclistes que de trottinettistes.

Part de piétons tués par mode de transport

Comparaison entre la France métropolitaine et Paris, de 2018 à 2021

Source : ONISR

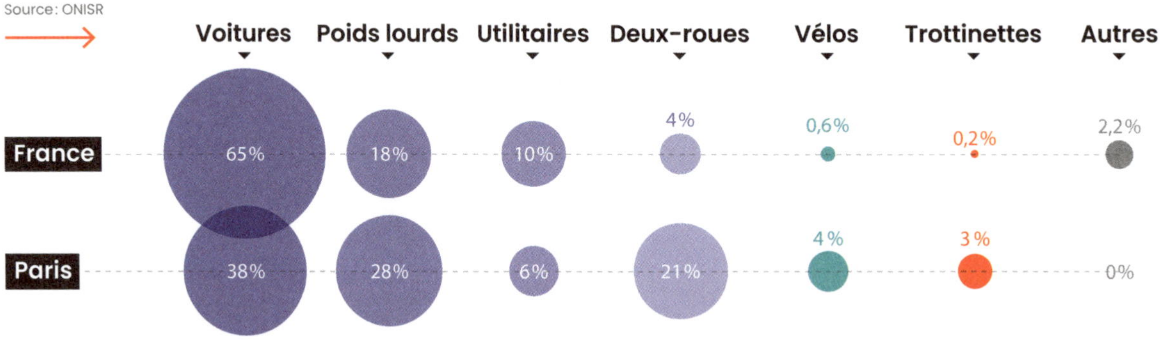

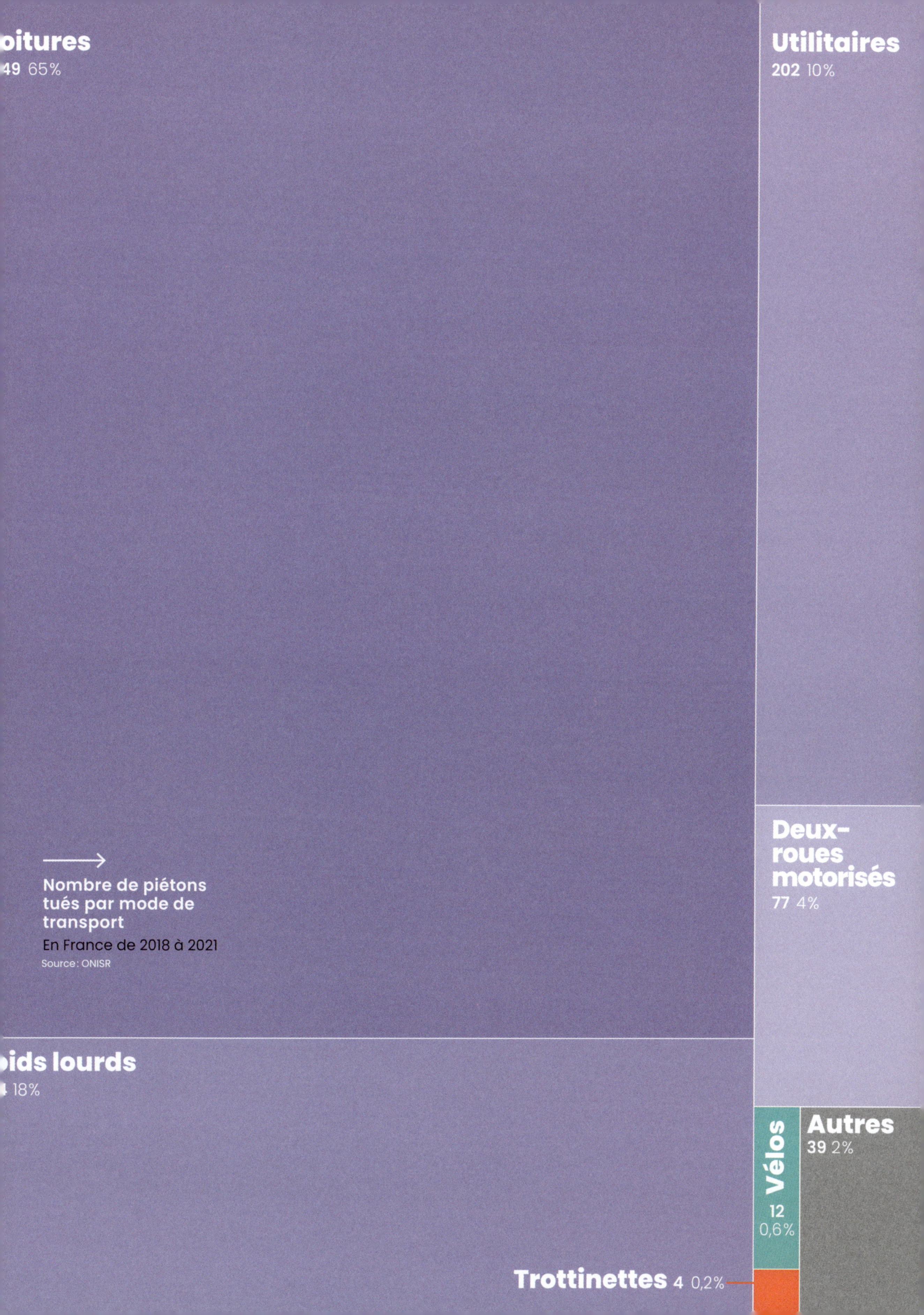
oitures
49 65%
Utilitaires
202 10%
Nombre de piétons tués par mode de transport
En France de 2018 à 2021
Source : ONISR
Deux-roues motorisés
77 4%
ids lourds
18%
Vélos
12
0,6%
Autres
39 2%
Trottinettes 4 0,2%

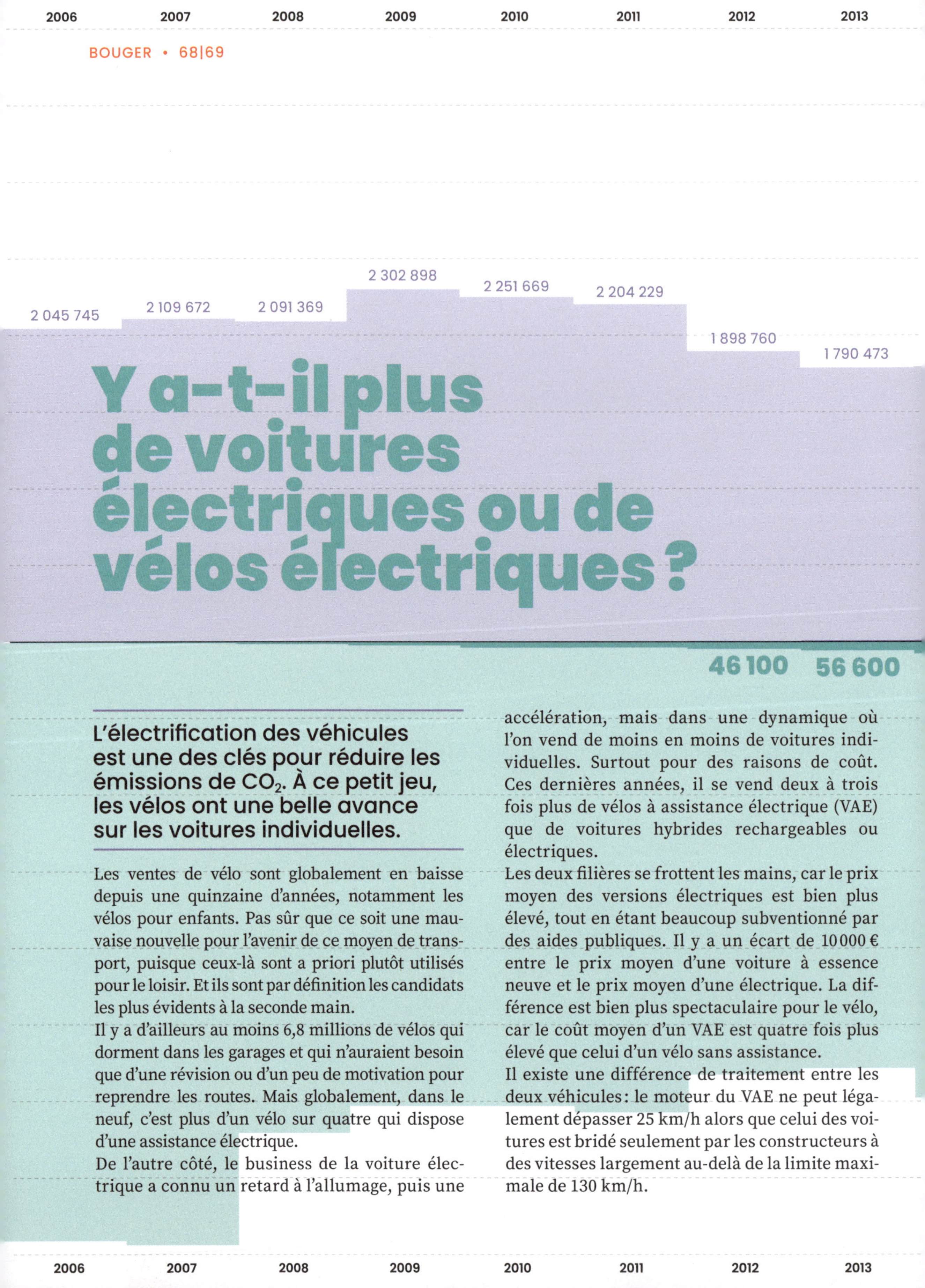

Y a-t-il plus de voitures électriques ou de vélos électriques ?

L'électrification des véhicules est une des clés pour réduire les émissions de CO_2. À ce petit jeu, les vélos ont une belle avance sur les voitures individuelles.

Les ventes de vélo sont globalement en baisse depuis une quinzaine d'années, notamment les vélos pour enfants. Pas sûr que ce soit une mauvaise nouvelle pour l'avenir de ce moyen de transport, puisque ceux-là sont a priori plutôt utilisés pour le loisir. Et ils sont par définition les candidats les plus évidents à la seconde main.

Il y a d'ailleurs au moins 6,8 millions de vélos qui dorment dans les garages et qui n'auraient besoin que d'une révision ou d'un peu de motivation pour reprendre les routes. Mais globalement, dans le neuf, c'est plus d'un vélo sur quatre qui dispose d'une assistance électrique.

De l'autre côté, le business de la voiture électrique a connu un retard à l'allumage, puis une accélération, mais dans une dynamique où l'on vend de moins en moins de voitures individuelles. Surtout pour des raisons de coût. Ces dernières années, il se vend deux à trois fois plus de vélos à assistance électrique (VAE) que de voitures hybrides rechargeables ou électriques.

Les deux filières se frottent les mains, car le prix moyen des versions électriques est bien plus élevé, tout en étant beaucoup subventionné par des aides publiques. Il y a un écart de 10 000 € entre le prix moyen d'une voiture à essence neuve et le prix moyen d'une électrique. La différence est bien plus spectaculaire pour le vélo, car le coût moyen d'un VAE est quatre fois plus élevé que celui d'un vélo sans assistance.

Il existe une différence de traitement entre les deux véhicules : le moteur du VAE ne peut légalement dépasser 25 km/h alors que celui des voitures est bridé seulement par les constructeurs à des vitesses largement au-delà de la limite maximale de 130 km/h.

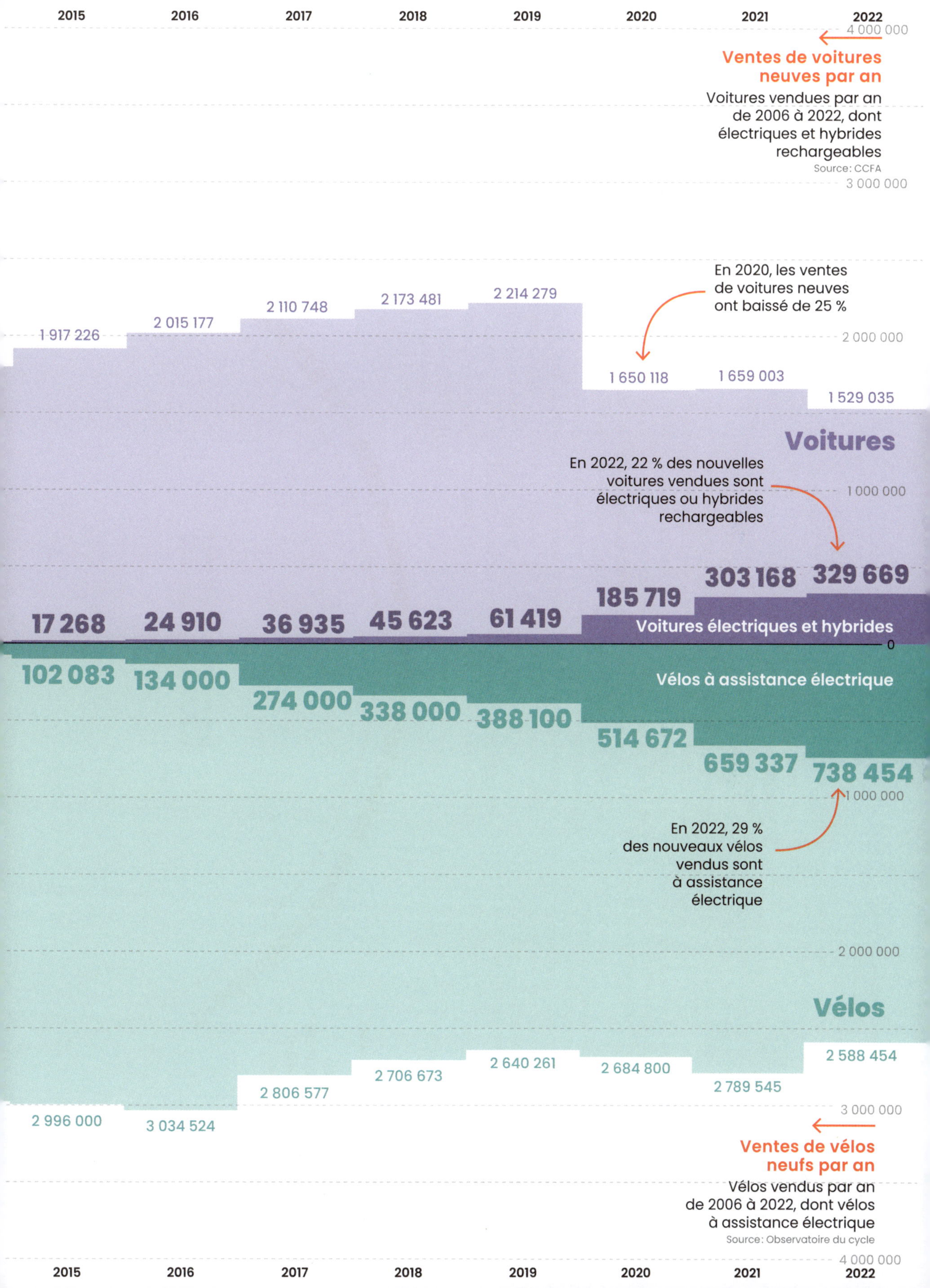
2015
2016
2017
2018
2019
2020
2021
2022
4 000 000
Ventes de voitures neuves par an
Voitures vendues par an de 2006 à 2022, dont électriques et hybrides rechargeables
Source: CCFA
3 000 000
En 2020, les ventes de voitures neuves ont baissé de 25 %
1 917 226
2 015 177
2 110 748
2 173 481
2 214 279
2 000 000
1 650 118
1 659 003
1 529 035
Voitures
En 2022, 22 % des nouvelles voitures vendues sont électriques ou hybrides rechargeables
1 000 000
17 268
24 910
36 935
45 623
61 419
185 719
303 168
329 669
Voitures électriques et hybrides
0
Vélos à assistance électrique
102 083
134 000
274 000
338 000
388 100
514 672
659 337
738 454
1 000 000
En 2022, 29 % des nouveaux vélos vendus sont à assistance électrique
2 000 000
Vélos
2 996 000
3 034 524
2 806 577
2 706 673
2 640 261
2 684 800
2 789 545
2 588 454
3 000 000
Ventes de vélos neufs par an
Vélos vendus par an de 2006 à 2022, dont vélos à assistance électrique
Source: Observatoire du cycle
4 000 000
2015
2016
2017
2018
2019
2020
2021
2022

Les transports sont la principale source d'émissions de gaz à effet de serre en France. Et dans les transports, c'est l'usage de la voiture individuelle qui est en tête. Pour réduire nos émissions dues au transport, le choix privilégié par les gouvernements français successifs est l'encouragement à remplacer le parc automobile thermique par le même en électrique. Au-delà des questions de faisabilité, puisqu'il convient de remplacer 38 millions de véhicules en circulation et que le prix d'une voiture à moteur électrique est aujourd'hui en moyenne de 37 000 euros, ce choix implique que notre société reste organisée autour de l'usage de la voiture individuelle.
Or, on sait qu'une grande partie des trajets effectués en voiture sont des distances que l'on peut largement envisager de remplacer par l'usage du vélo (lire page 54). Mais ne soyons pas cruels avec nos mollets et envisageons plutôt le vélo à assistance électrique (VAE), qui permet de gravir des montagnes en fournissant moins d'efforts que Thibaut Pinot.

Imaginons que plutôt que de passer de 38 millions de voitures thermiques à 38 millions de voitures électriques, on transitionne plutôt vers une flotte de 60 millions de VAE. Quels seraient les besoins en électricité pour ces véhicules?

←
Comparaison des besoins énergétiques de différents véhicules pour la production et pour l'utilisation et production annuelle d'électricité éolienne

En mégawattheures pour un an de charge

Sources : EDF, ministère de l'Écologie

La conclusion est que si tous les Français se déplaçaient en VAE, le parc éolien déjà installé serait largement suffisant pour recharger toutes les batteries quotidiennement. Quand bien même, notre production électrique actuelle étant encore majoritairement nucléaire, l'impact carbone de ces recharges resterait de toute façon négligeable.
Si l'on continue comme d'habitude avec la voiture, même électrique, on aura besoin de beaucoup plus d'électricité. Sans compter les externalités négatives de la voiture (insécurité routière, embouteillages, étalement urbain…).
Et ajoutons les enjeux énormes de la fabrication de ces véhicules. L'impact carbone de 60 millions de VAE est plus de 30 fois moindre que celui des 38 millions de voitures. Le choix qui s'offre à nous est donc limpide, mais sans doute utopique.

Le ministère de l'Écologie estime le parc automobile circulant en France à 38 millions de voitures. La distance moyenne parcourue en voiture chaque année est de 12 000 km (ce qui correspond à une moyenne journalière d'un peu plus de 30 kilomètres).

Nous avons retenu une capacité de batterie de 41 kWh pour les voitures électriques et de 0,250 kWh pour les vélos à assistance électrique.

Dans cette hypothèse, on estime une recharge complète quotidienne pour les vélos et une tous les neuf jours pour les voitures (pour une autonomie d'environ 300 km).

Les estimations d'impact carbone pour la fabrication des véhicules sont de 165 kg éq. CO_2 pour un vélo à assistance électrique (contre 100 kg pour un vélo traditionnel) et de 8 500 kg pour une berline électrique.

Combien d'éoliennes faudrait-il pour que tous les Français roulent en vélo à assistance électrique ?

La transition vers des véhicules électriques implique un surplus de production minime dans le cas des VAE et significative dans le cas des voitures individuelles.

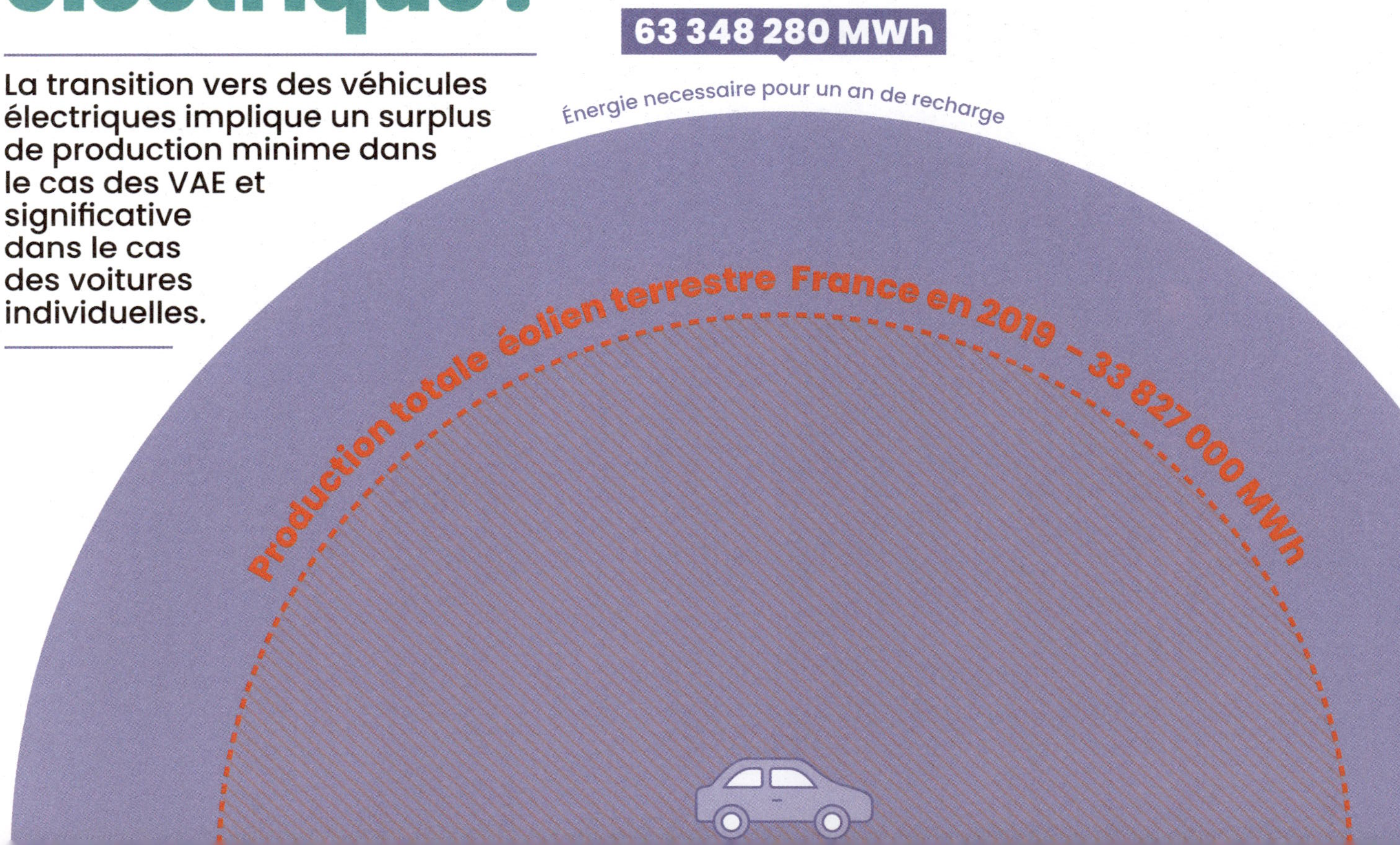

Un grand nombre de personnes sont disponibles pour trouver un emploi, quitte à faire davantage que traverser la rue. Et contrairement à une idée reçue, les Français ne travaillent pas moins que les Allemands. À côté de ça, les actionnaires ont été bien servis, les ultra-riches sont encore plus riches et les inégalités entre les sexes persistent. Les géants de la tech rachètent, les Gafam grossissent, le secteur des cryptomonnaies est un croisement entre une monstrueuse usine à gaz (à effet de serre) et un casino géant.

03

Produire

Suffit-il de traverser la rue pour trouver un emploi ?

Le coup de semonce d'Emmanuel Macron à un horticulteur au chômage restera comme le « Casse-toi, pauv'con » de Nicolas Sarkozy ou le « What do you want ? » de Jacques Chirac. Il témoigne de l'idéologie libérale du politicien, qui suppose à tort que l'accès à l'emploi ne dépend que de la volonté individuelle.

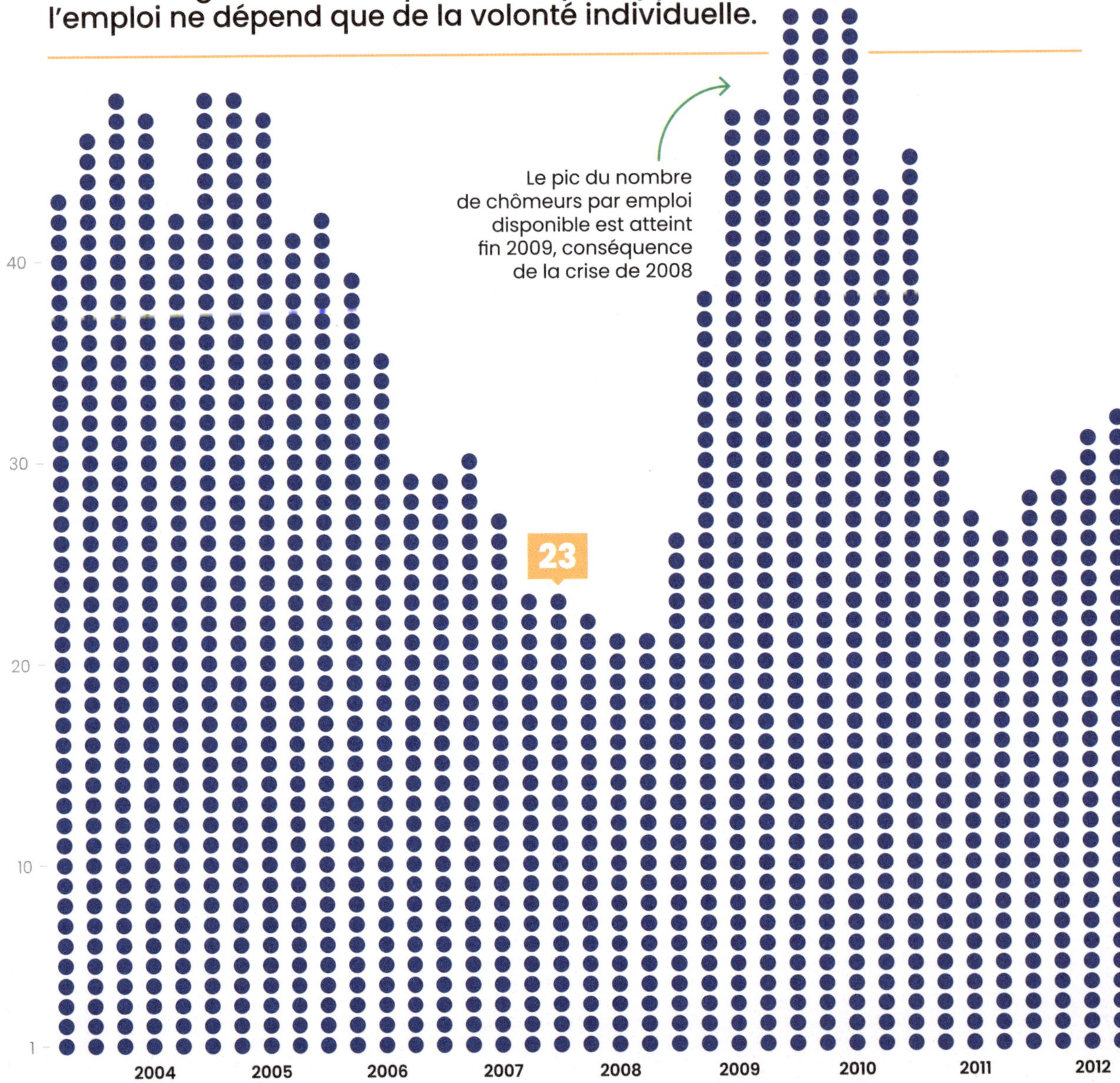

« Il y a des tas de métiers. Il faut y aller ! Maintenant, hôtels, cafés, restaurants, je traverse la rue, je vous en trouve ! » Dans ce fameux échange sur le vif de septembre 2018, le Président de la République parle bien du secteur de la restauration qui peine à recruter.

Et il a raison, car selon la Direction de l'Animation de la Recherche, des Études et des Statistiques (Dares), c'est le secteur qui propose le plus d'emplois vacants, et encore plus depuis la pandémie de Covid-19 et les confinements successifs.

En 2022, presque 100 000 emplois vacants sur environ 350 000 au total concernent la catégorie « commerce de gros et de détail, transports, hébergement et restauration ». Les autres secteurs qui recrutent sont notamment ceux de l'enseignement, de la santé, de l'action sociale et aussi de l'industrie.

En France, le nombre total d'emplois vacants a presque doublé depuis cette fameuse phrase. Mais ce chiffre n'a de sens que si on le rapporte au marché du travail. D'un côté, il est très marginal par rapport au nombre d'emplois pourvus (26,8 millions). De l'autre, on peut le comparer au nombre de demandeurs d'emploi.

8 personnes pour un emploi vacant

Si on le compare aux demandeurs d'emploi de catégorie A, c'est-à-dire ceux qui n'ont pas du tout travaillé le mois précédent, on compte environ 8 personnes pour un emploi vacant. Si l'on ajoute les catégories B et C (qui ont exercé une activité réduite le mois précédent) on obtient alors plutôt une quinzaine de chômeurs pour un poste vacant. Bref, si l'on applique la maxime présidentielle à la lettre, il convient de traverser la rue au moins 8 fois pour trouver un emploi.

De plus, le chiffre du nombre d'emplois vacants est probablement moins élevé dans la réalité. Au total seulement la moitié des postes dits « vacants » le sont réellement. Un quart sont des postes nouvellement créés et un cinquième des postes sur le point de se libérer. En 2022, il y avait environ 200 000 postes dits « vacants » dans le tertiaire marchand, 70 000 dans le tertiaire non marchand, 50 000 dans l'industrie et 25 000 dans la construction. Souvent des métiers pénibles, mal rémunérés et avec des horaires morcelés.

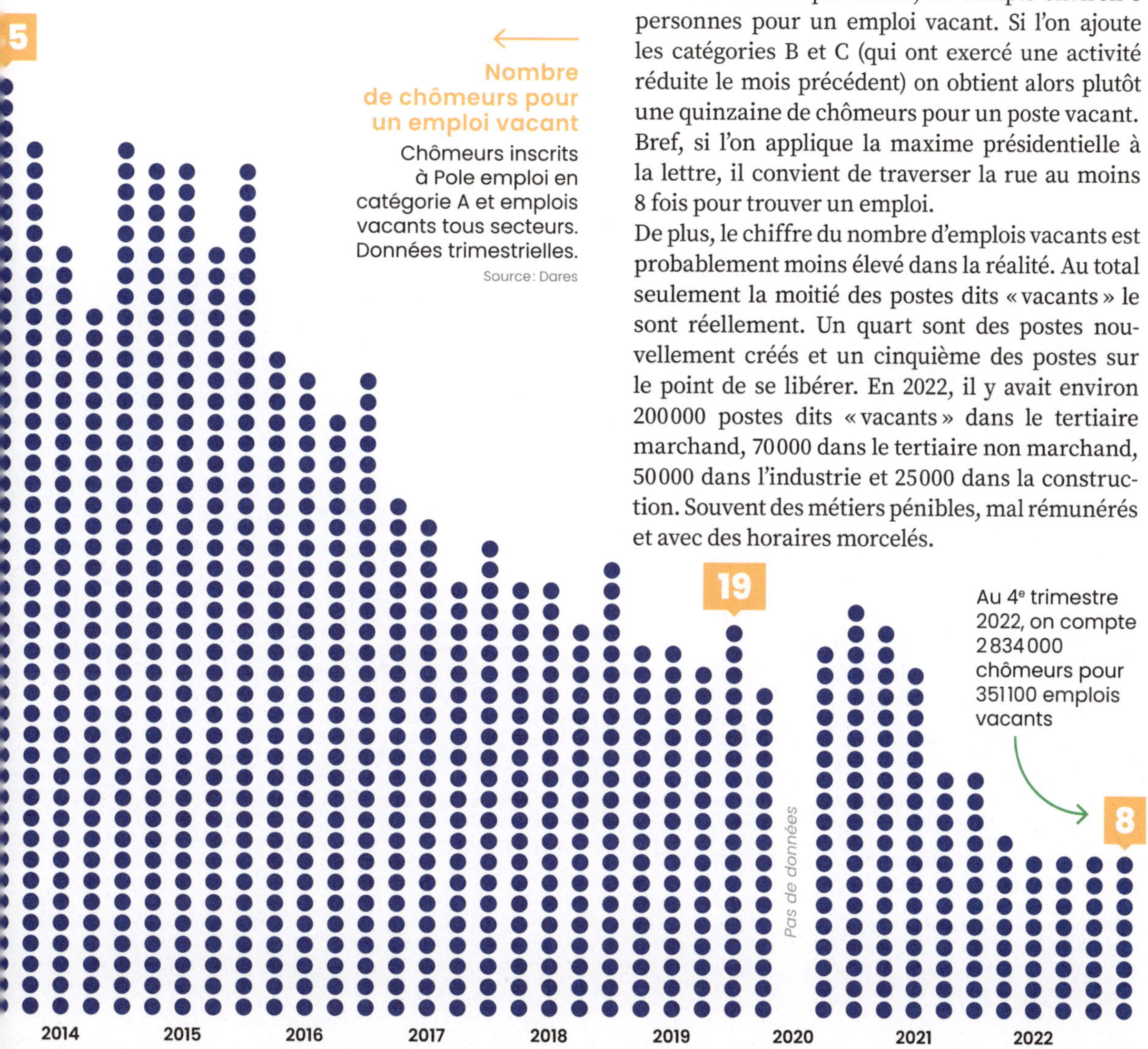

A-t-on vraiment atteint le plein-emploi en France ?

Le taux de chômage est inférieur à 7 %, mais plus de 16 % de la population en âge de travailler souhaiterait trouver un emploi

Le taux de chômage en France fin 2022 était inférieur à 7 %, selon le Bureau international du travail (BIT)*, soit un peu plus de 2 millions de personnes. Il s'agit du plus faible taux de ces 20 dernières années. Mais le pays reste très loin d'une situation de plein-emploi. Toute une partie de la population n'est pas considérée comme étant au chômage, mais souhaiterait travailler.

Il s'agit tout d'abord de la catégorie de population faisant partie du halo autour du chômage. Un peu moins de 2 millions de personnes inactives ne sont pas comptabilisées dans les chiffres du chômage, mais sont proches du marché du travail. Il s'agit de personnes sans emploi qui recherchent un emploi mais ne sont pas disponibles dans les deux semaines pour travailler. Mais également de celles et ceux qui n'ont pas effectué de démarche active de recherche d'emploi le mois précédent mais souhaitent travailler, qu'elles soient disponibles dans les deux semaines ou non.

Ce halo représente environ 5 % des 15-64 ans. Leur nombre avait fortement augmenté en 2020 durant le premier confinement: une part importante des personnes qui auraient dû être considérées comme chômeuses a basculé dans le halo en raison des difficultés à trouver un emploi.

On peut également ajouter à ce chiffre le nombre de personnes en situation de sous-emploi. Il s'agit tout d'abord des employés à temps partiel souhaitant travailler à temps plein. Mais également de personnes en situation de chômage technique ou de chômage partiel. Ce qui explique que pendant le pic de la crise du Covid, le nombre de membres de cette catégorie était particulièrement élevé: plus de 4 millions. Fin 2022, ce chiffre était retombé à 1,3 millions.

En additionnant chômage, halo et sous-emploi, on obtient 16,5 % de la population active, soit 5,5 millions de personnes qui souhaitent soit travailler davantage, soit travailler tout court. Ce qui fait une importante armée de réserve pour les potentiels employeurs. Et beaucoup de monde disponible pour traverser la rue.

Taux de chômage, halo et sous-emploi
En part de la population active, par trimestre

Source: BIT
*La définition du BIT concernant le chômage est plus restrictive que celle de Pôle emploi

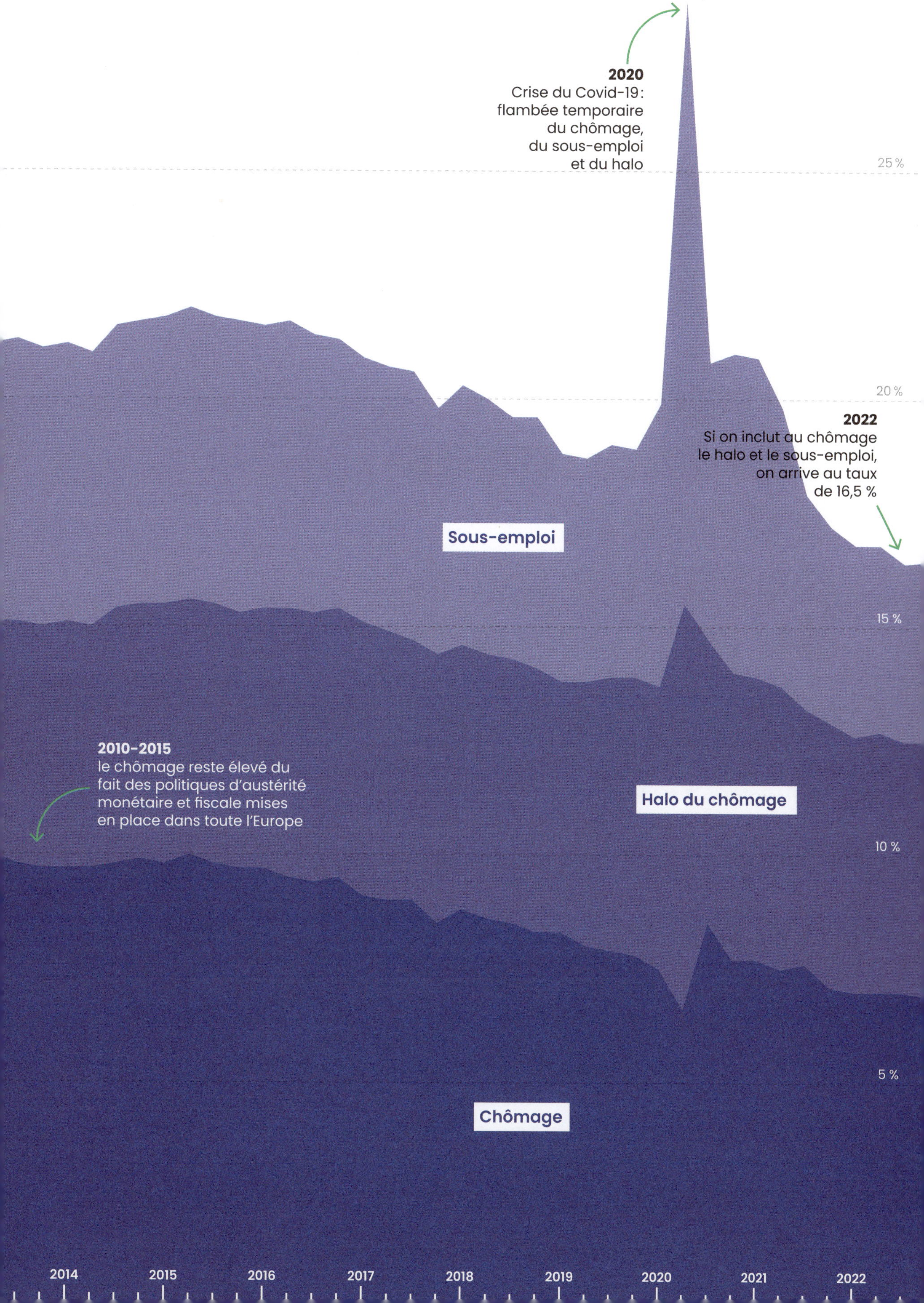

2020
Crise du Covid-19 : flambée temporaire du chômage, du sous-emploi et du halo
25 %
20 %
2022
Si on inclut au chômage le halo et le sous-emploi, on arrive au taux de 16,5 %
Sous-emploi
15 %
2010-2015
le chômage reste élevé du fait des politiques d'austérité monétaire et fiscale mises en place dans toute l'Europe
Halo du chômage
10 %
5 %
Chômage
2014
2015
2016
2017
2018
2019
2020
2021
2022

Répartition de la masse totale de patrimoine entre les ménages français en 2021

Patrimoine total, immobilier, financier et professionnel

Source : Étude Insee Focus 287

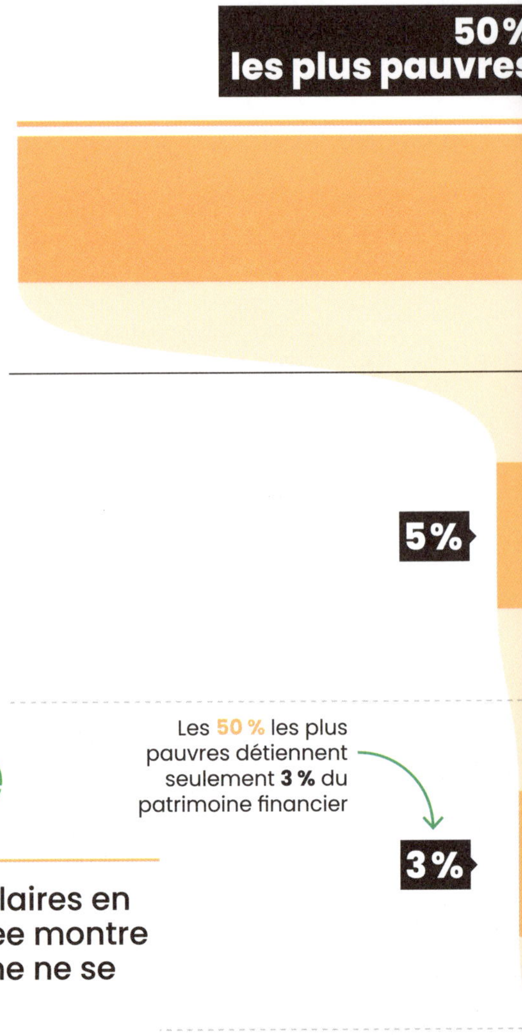

La moitié des ménages français possède 92 % du patrimoine

Les inégalités de patrimoine sont spectaculaires en France. Une étude publiée en 2021 par l'Insee montre que la moitié de la population la moins riche ne se partage que 8 % des avoirs.

Si l'on sépare la population française en deux parties équivalentes, la moitié la plus pauvre possède un patrimoine inférieur à 177 500 € par ménage, et la moitié la plus riche possède un patrimoine supérieur à cette valeur.

Quand on regarde plus en détail, on se rend compte que plus on monte dans l'échelle sociale, plus la part du patrimoine est importante. Par exemple, les 10 % de la population française les plus riches possèdent un patrimoine d'au moins 716 300 €.

Les 1 % les plus riches possèdent un patrimoine d'au moins 2 239 200 €. Quant à l'autre bout de l'échelle, celui des 10 % les plus pauvres est inférieur à 4 400 €.

Le type de patrimoine est important : le patrimoine immobilier est le plus répandu, avec plus de 6 Français sur 10 qui sont propriétaires. Leur patrimoine brut moyen est 8,6 fois plus élevé que celui des locataires.

Le patrimoine financier est encore un peu plus inégalitaire. Chez les plus pauvres, il s'agit du compte courant ou du livret A, alors que les plus riches tendent à diversifier leurs investissements (comptes épargnes, assurances-vie, valeurs mobilières).

Mais le plus spectaculaire, c'est le patrimoine professionnel (terres, machines, bâtiments, cheptel, stocks, titres d'entreprise détenus par ses dirigeants, etc.), qui est quasi exclusivement dans les mains des 10 % des ménages les plus riches.

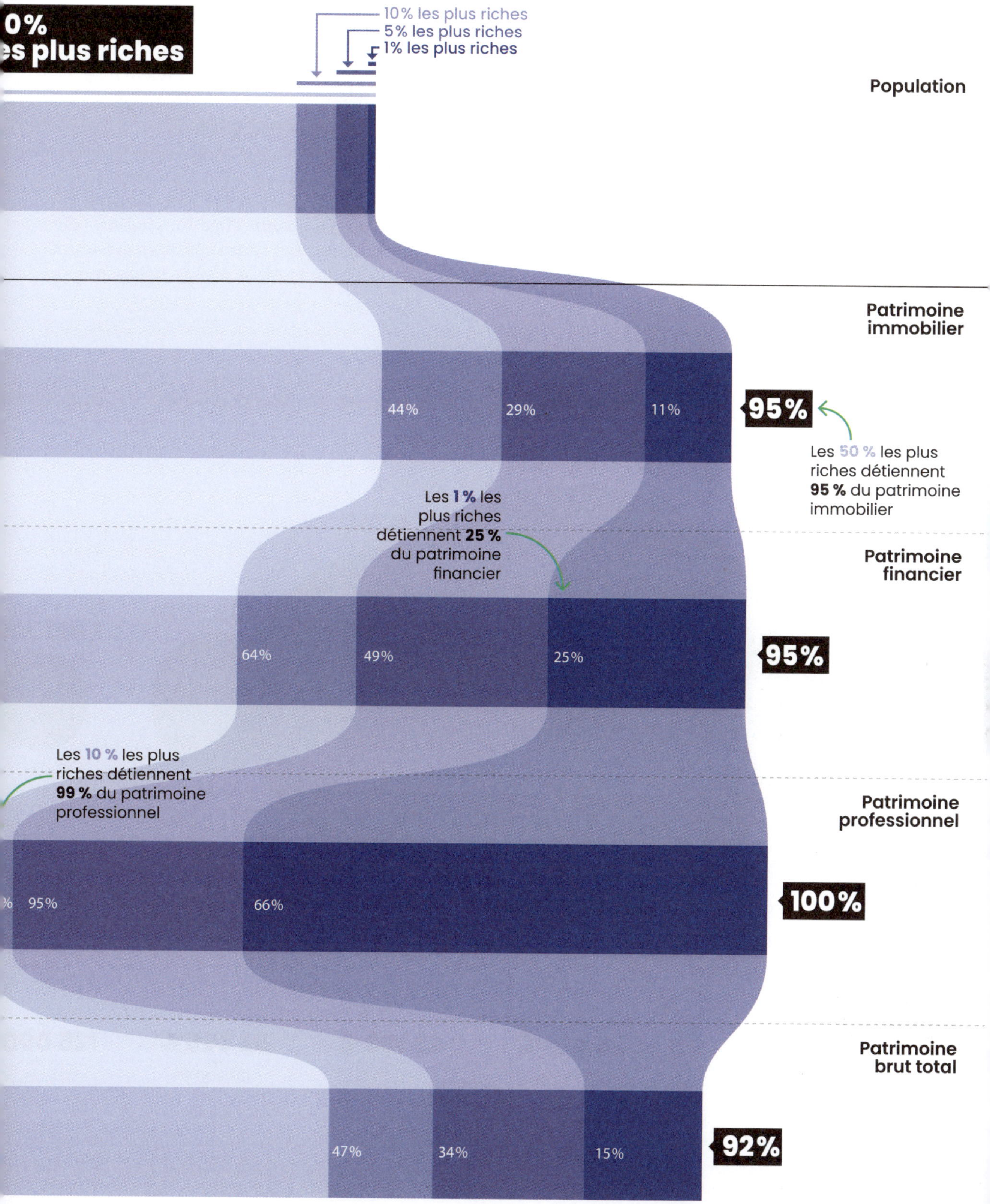

0%
es plus riches
10% les plus riches
5% les plus riches
1% les plus riches
Population
Patrimoine immobilier
44%
29%
11%
95%
Les 50 % les plus riches détiennent 95 % du patrimoine immobilier
Les 1 % les plus riches détiennent 25 % du patrimoine financier
Patrimoine financier
64%
49%
25%
95%
Les 10 % les plus riches détiennent 99 % du patrimoine professionnel
Patrimoine professionnel
95%
66%
100%
Patrimoine brut total
47%
34%
15%
92%

Vaut-il mieux être ultra-riche ou giga-riche ?

Les 0,0002 % les plus riches paient moins d'impôts que les 0,1 % les plus riches, alors que la logique voudrait qu'ils paient au moins autant, si ce n'est plus.

L'estimation de l'impôt selon les revenus n'est pas aisé, il faut avoir accès aux données fiscales, ce qu'a pu obtenir l'Institut pour les politiques publiques pour l'année 2016, en mesurant le revenu économique des plus riches qui va

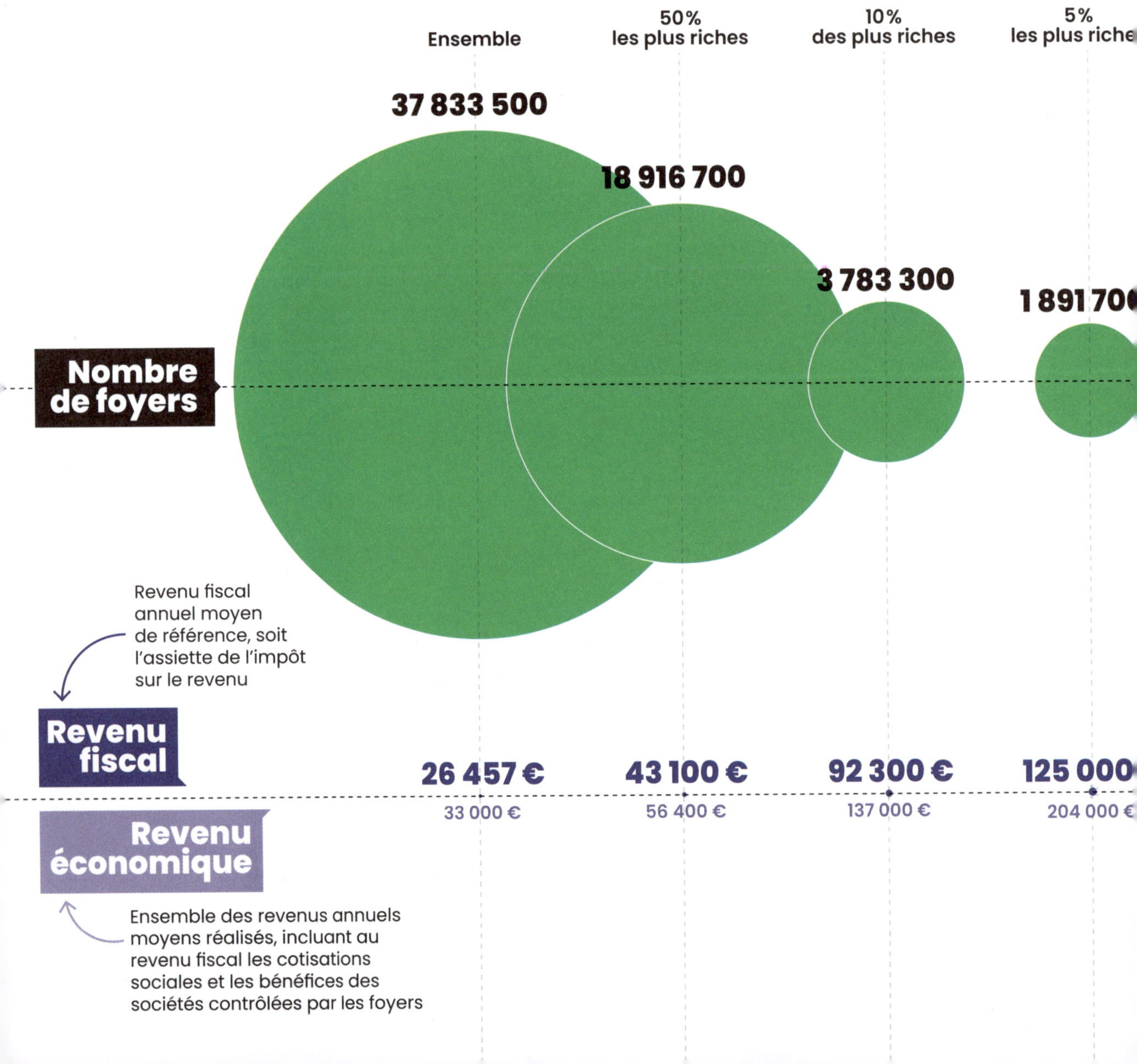

au-delà du revenu fiscal de référence en y intégrant les revenus des sociétés qu'ils possèdent.
Dès lors, le taux d'imposition réel est de 46 % pour les 0,1 % les plus riches contre 26 % pour les 0,0002 % les plus riches. En effectifs, la première catégorie compte 37800 foyers, la seconde 75. L'impôt est progressif jusqu'à 627000 euros de revenu annuel (52500 euros par mois). Au-delà, la dynamique s'inverse et l'on paie de moins en moins.
Ces mesures datent d'avant l'arrivée au pouvoir d'Emmanuel Macron dont une partie de la politique a consisté à réduire les taxes sur les plus fortunés. Selon un calcul d'Anne-Sophie Lechevallier dans *Libération*, imposer justement les giga-riches permettrait en théorie de récupérer 33 milliards d'euros. En théorie, car si l'impôt sur le revenu s'appliquait comme à tout citoyen, ces petits filous trouveraient sans doute des moyens d'y échapper, par l'intermédiaire de paradis fiscaux, par exemple.

Répartition de la population française par palier de richesse et revenu fiscal et économique

Source : IPP. Données 2016

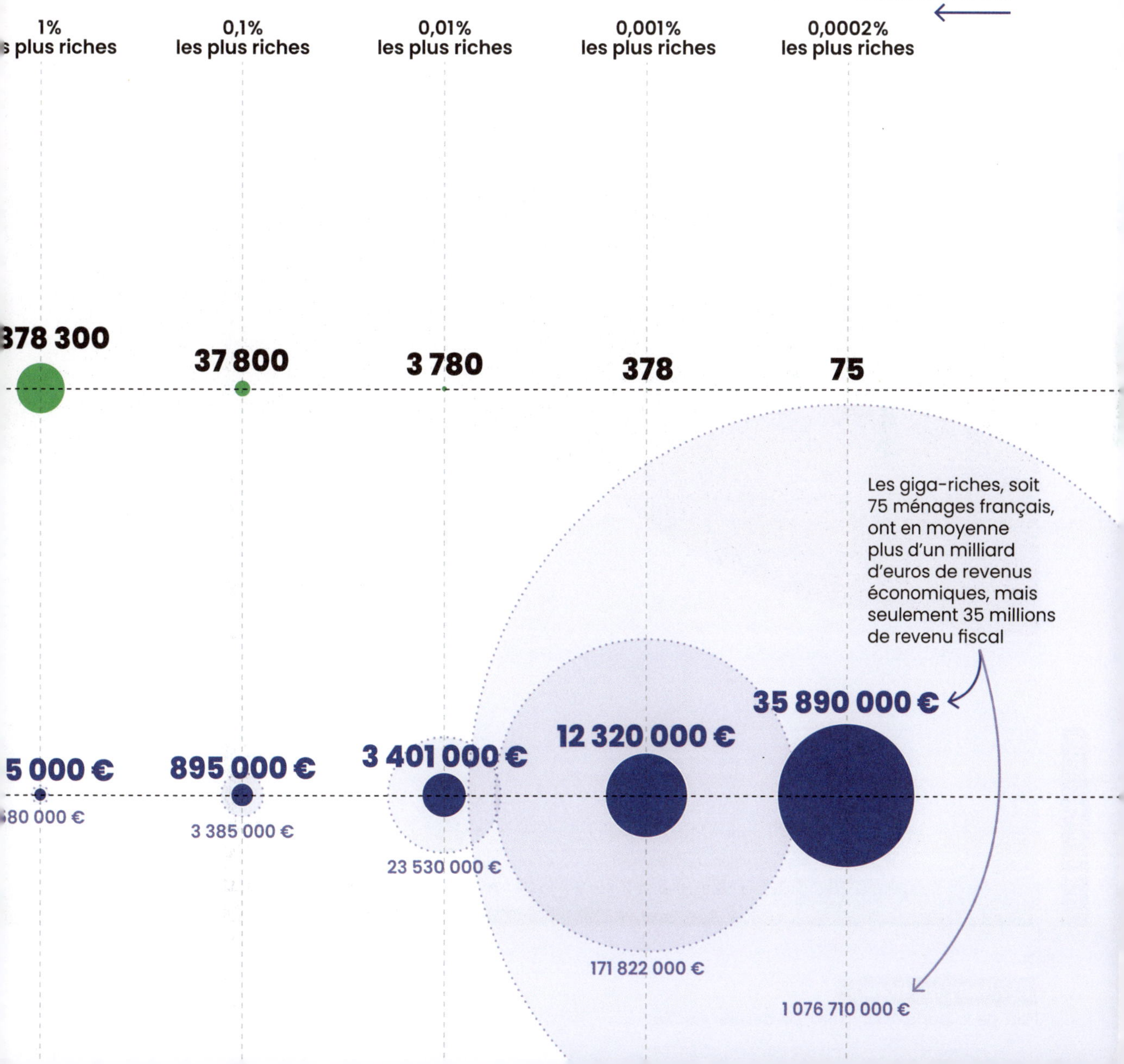

Taux d'imposition des foyers dont les revenus économiques annuels sont supérieurs à 61 900 €

Découpage des différents impôts appliqué à l'ensemble des revenus des foyers. Données 2016.

Source : IPP

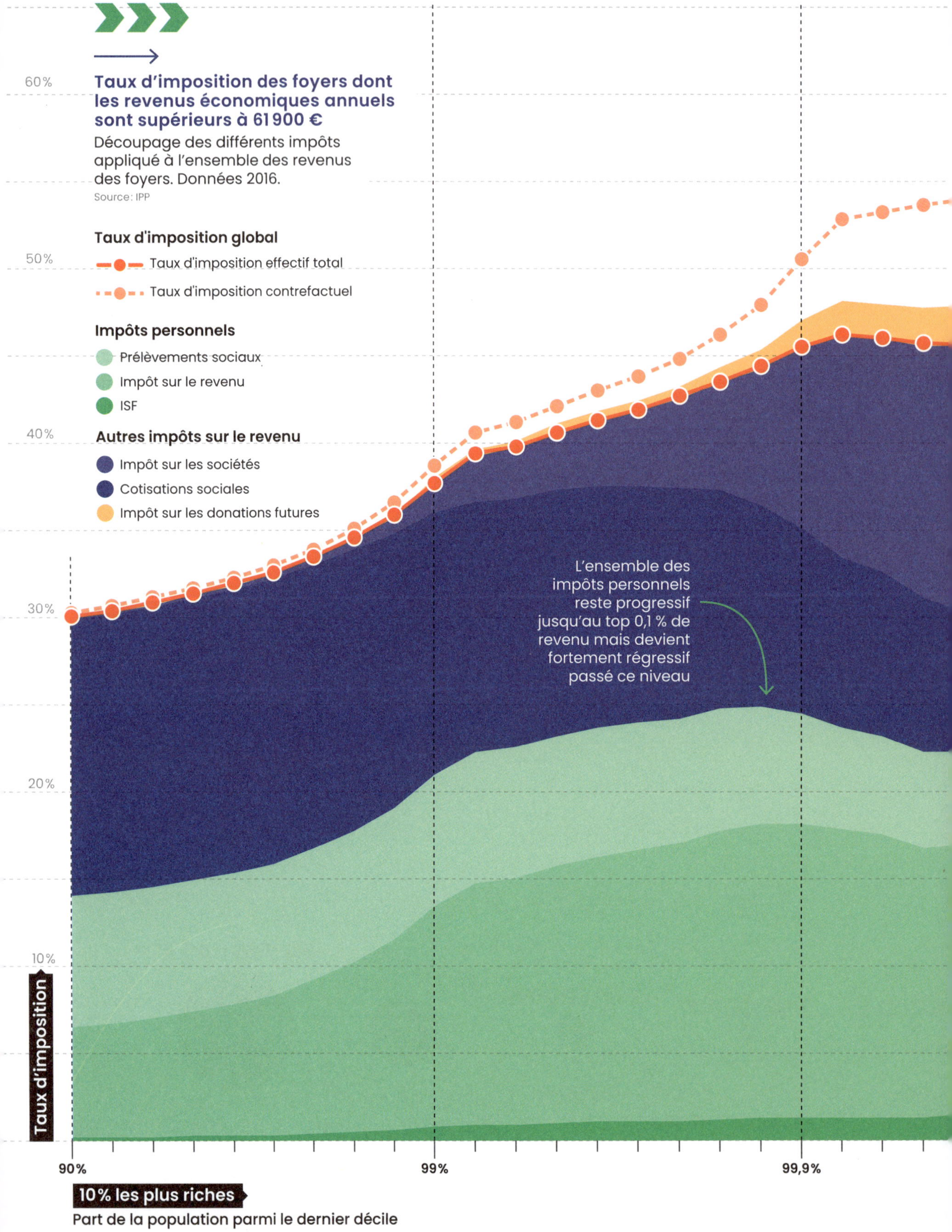

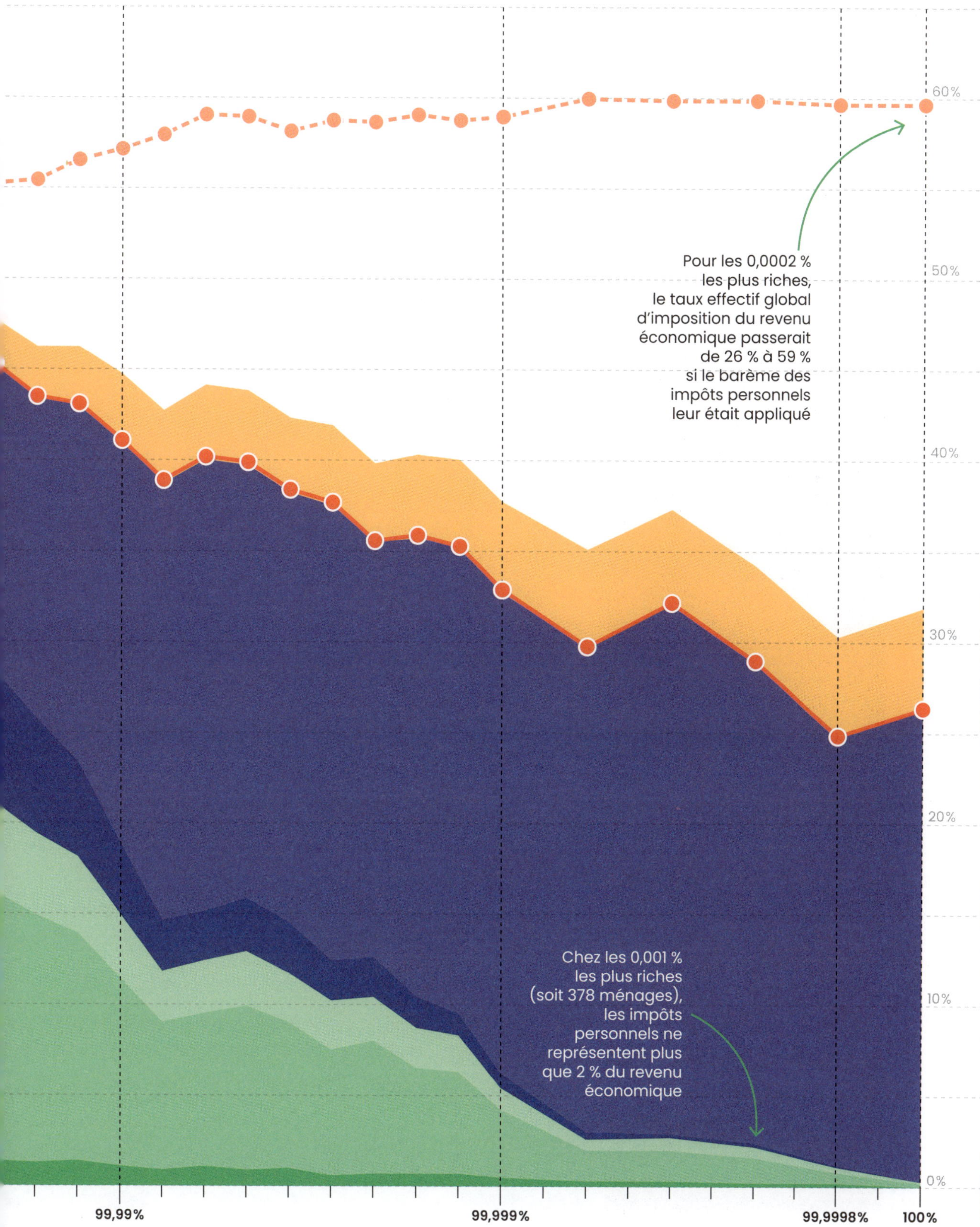

60%
50%
40%
30%
20%
10%
0%
99,99%
99,999%
99,9998%
100%
Pour les 0,0002 % les plus riches, le taux effectif global d'imposition du revenu économique passerait de 26 % à 59 % si le barème des impôts personnels leur était appliqué
Chez les 0,001 % les plus riches (soit 378 ménages), les impôts personnels ne représentent plus que 2 % du revenu économique

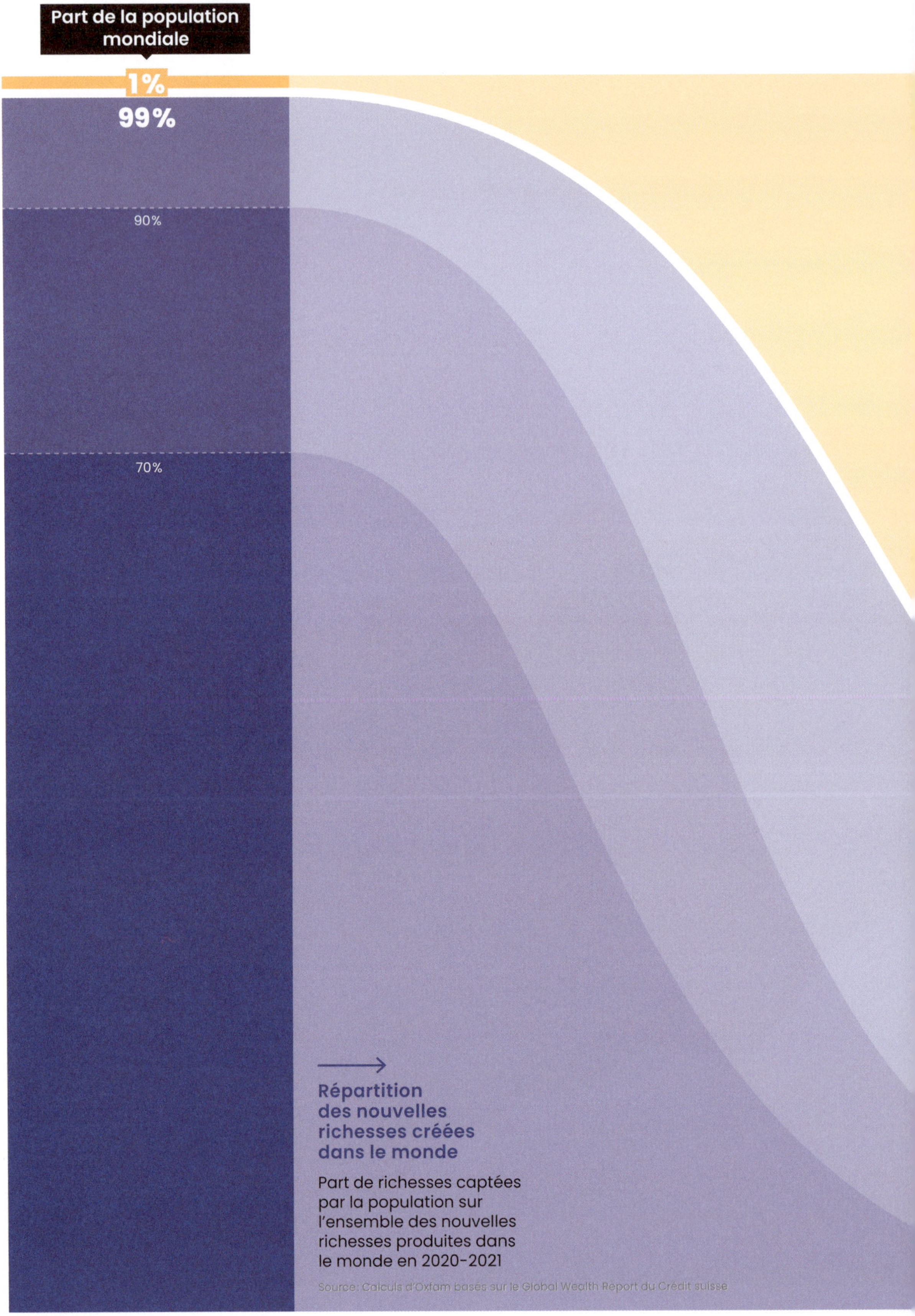

Répartition des nouvelles richesses créées dans le monde

Part de richesses captées par la population sur l'ensemble des nouvelles richesses produites dans le monde en 2020-2021

Source : Calculs d'Oxfam basés sur le Global Wealth Report du Crédit suisse

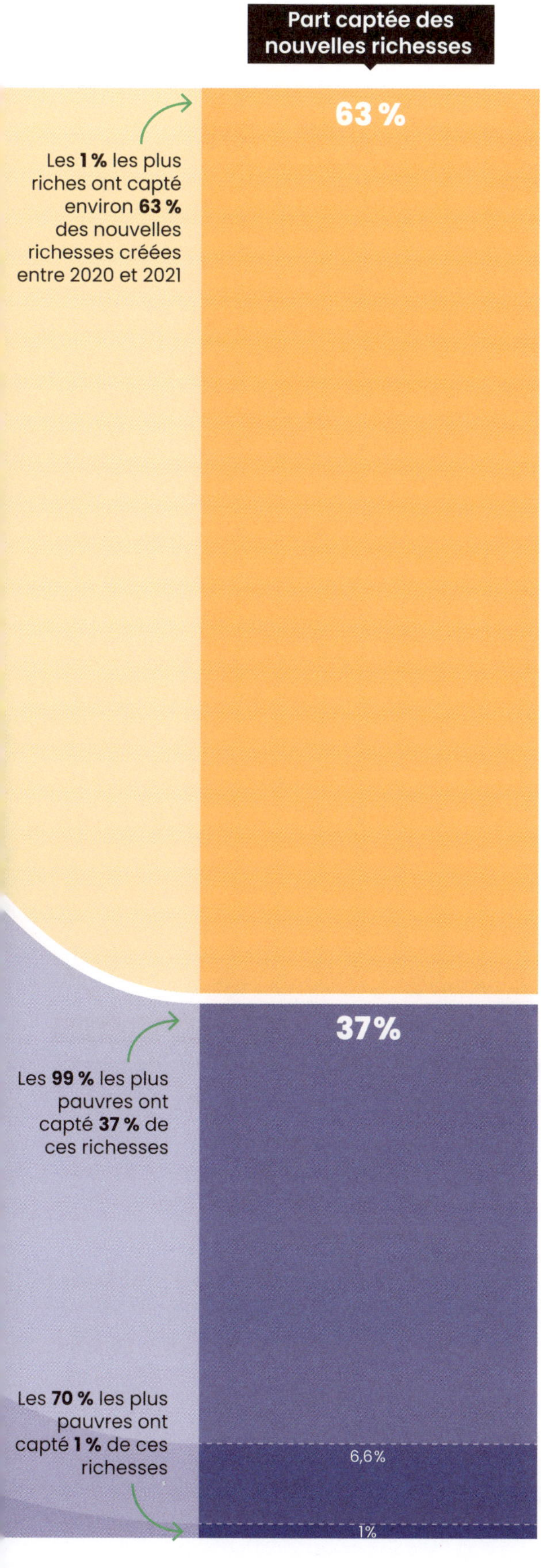

Est-ce que l'argent des riches ruisselle ?

En 2020 et 2021, les ultra-riches sont toujours plus riches. Près de deux tiers des nouvelles richesses ont été accaparées par les 1 % de la population mondiale la plus riche.

D'après le rapport Oxfam « La loi du plus riche », publié en janvier 2023, les inégalités mondiales se creusent. En effet, au plus fort de la pandémie de Covid-19, les plus riches touchaient en moyenne l'équivalent de 2,7 milliards de dollars par jour. Et à l'inverse, plus des deux tiers les plus pauvres n'ont capté que 1 % de ces nouvelles richesses. L'homme le plus riche du monde en 2022 est Français : Bernard Arnault a doublé sa fortune qui atteint 179 milliards d'euros.

L'hypothèse de la théorie du ruissellement popularisée par Ronald Reagan et Margaret Thatcher dans les années 80 doit rejoindre la catégorie des légendes urbaines. Et tous ses dérivés comme l'expression « Premiers de cordée », popularisée par Emmanuel Macron.

Pour mettre fin à ces inégalités, les solutions proposées par l'ONG relèvent de la taxation progressive. Par exemple, une taxation sur les bénéfices exceptionnels en période de crise, une application d'un taux d'imposition plus fort sur les dividendes et un impôt de solidarité sur la fortune.

Les riches sont-ils généreux ?

En analysant les données fiscales des ménages soumis à L'ISF, des économistes se sont rendu compte que sa suppression avait provoqué une baisse des dons aux organisations caritatives, mais une augmentation des contributions aux partis politiques.

Évolution des dons aux associations par les assujetis à l'impôt sur la fortune, avant et après la réforme

Personnes soumises à l'ISF jusqu'en 2016, puis personnes soumises ou non à l'IFI dès 2017. Évolution par rapport à 2016

Source : Institut des politiques publiques

Les économistes Julia Cagé et Malka Guillot ont analysé les données fiscales des ménages initialement soumis à l'impôt sur la fortune entre 2013 et 2019. Elles se sont rendu compte que sa suppression en 2017 a provoqué une baisse significative des dons caritatifs. Pour cette étude, les économistes ont comparé deux groupes différents de contribuables initialement assujettis à l'impôt sur la fortune.

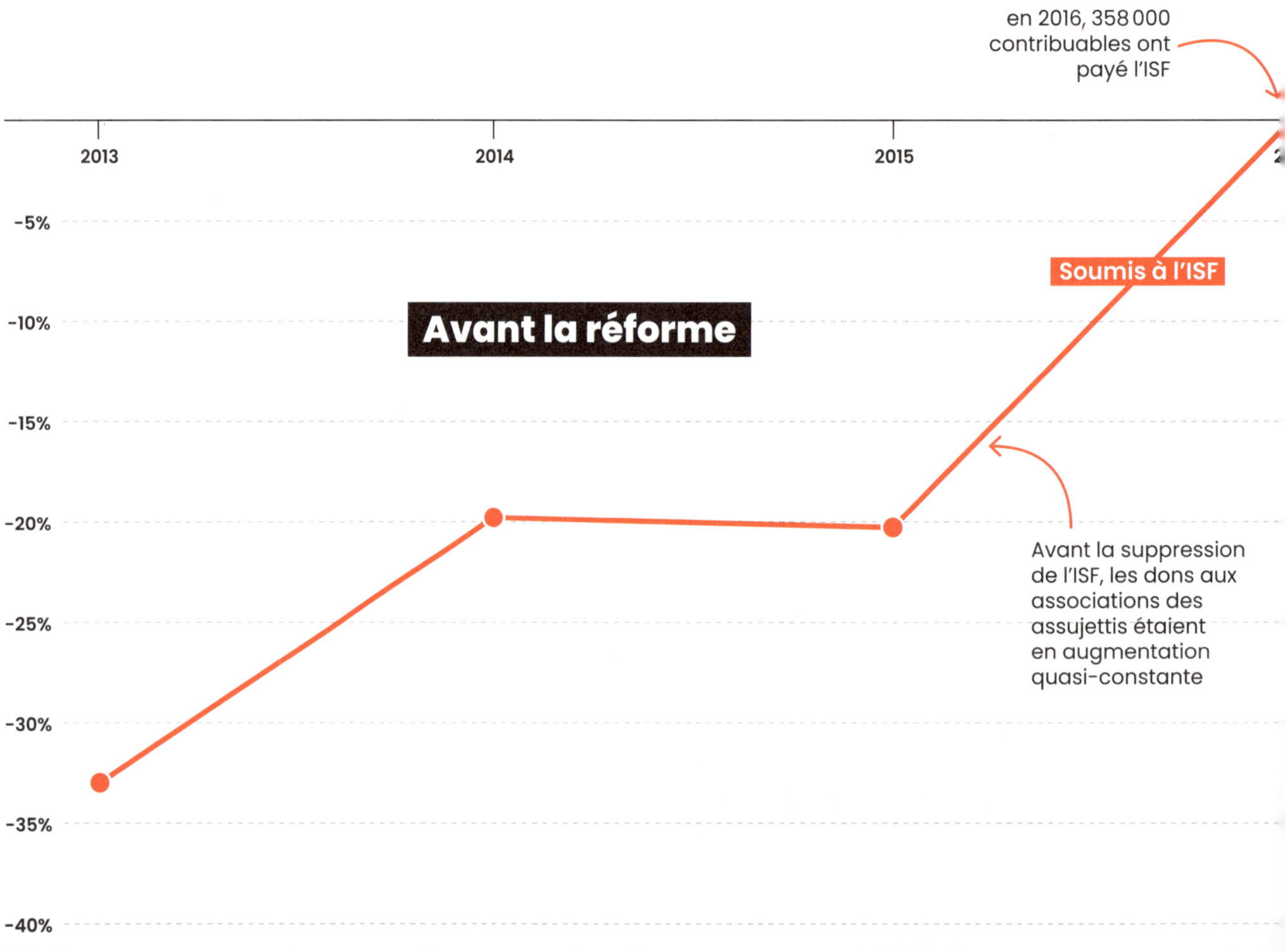

D'une part, ceux qui ont été, après la suppression de l'ISF, assujettis à l'IFI (impôt sur la fortune immobilière), remplaçant de l'ISF mais concernant moitié moins de contribuables. De l'autre, ceux qui n'ont pas été par la suite assujettis à l'IFI. Elles se sont aperçues que les trajectoires sont similaires jusqu'en 2017, mais qu'à partir de cette année-là (suppression de l'ISF), elles se sont mises à diverger. Le groupe pour lesquels l'IFI a remplacé l'ISF est resté sur la même tendance au niveau de l'évolution de ses dons caritatifs, alors que le groupe désormais exonéré d'impôt sur le capital a diminué ses contributions.

L'explication tient en grande partie à des réductions d'impôts : les contribuables assujettis à l'ISF ou à l'IFI peuvent obtenir une réduction d'impôt à hauteur de 75 % des dons versés à des organisations caritatives. Alors qu'un ménage ne payant que l'impôt sur le revenu ne bénéficie que de 66 % de réduction d'impôts en cas de dons. Ce qui fait que, pour un contribuable ne payant plus d'impôt sur le capital, donner 100 à une organisation coûte réellement 34 contre 25 précédemment. Résultat, les contribuables concernés ont baissé le niveau de leurs dons quasiment autant que la baisse de leurs exonérations. Et n'ont pas profité de leurs baisses d'impôts pour être plus généreux.

Les économistes se sont rendu compte que le groupe concerné par la suppression de l'ISF mais non assujetti à l'IFI a significativement augmenté ses dons aux partis politiques à partir de 2017 par rapport au groupe payant l'IFI. Parmi les partis politiques, selon une analyse des dons au niveau communal, les principaux gagnants de ce redéploiement ont été les partis de droite, en particulier les Républicains (LR).

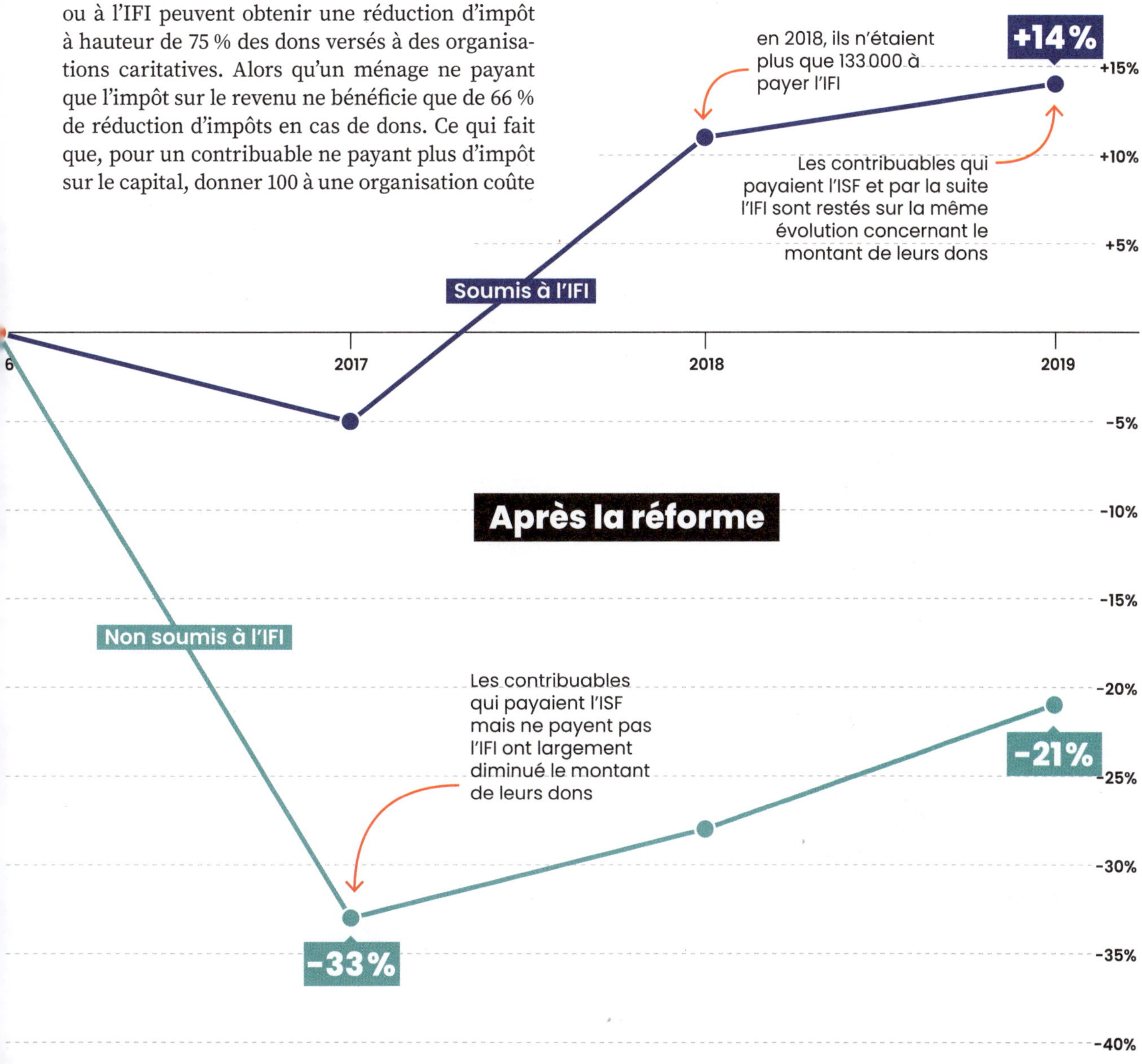

L'Île-de-France, région la plus riche de France

Dans beaucoup de pays, le PIB se concentre dans les capitales ou les grands centres urbains. C'est la même chose en France, où la région parisienne est non seulement la plus peuplée, mais est encore plus la première créatrice de richesses.

Classement des régions de France
Tailles relatives par superficie, population et PIB
Source : Insee

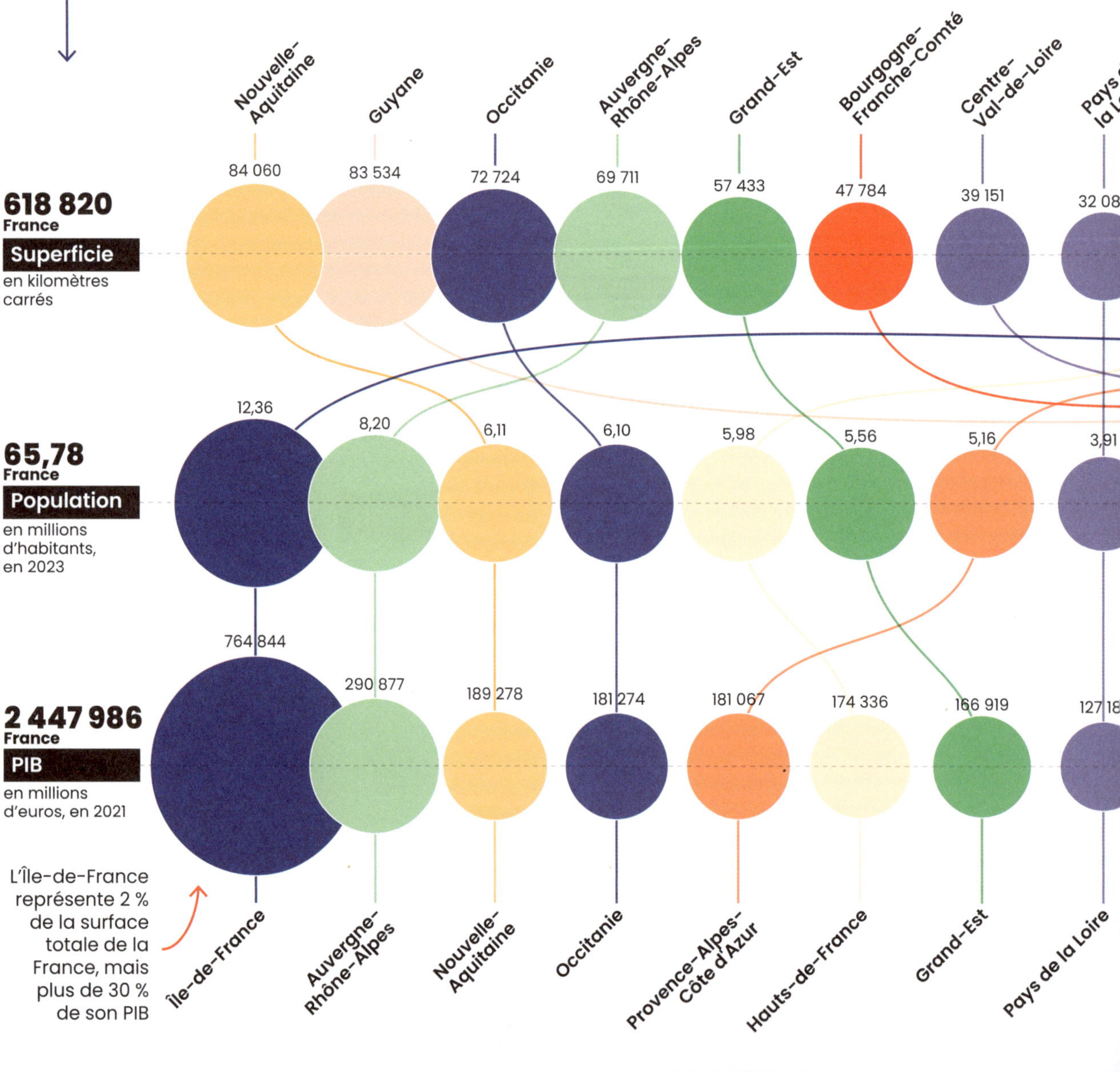

L'Île-de-France abrite un cinquième de la population française et concentre presque un tiers du produit intérieur brut (PIB). Cela reflète l'extrême concentration de l'activité économique dans la région de la capitale.
Si elle était un pays, ce serait le cinquième plus riche de l'Union européenne derrière l'Allemagne, la France, l'Italie, l'Espagne et les Pays-Bas, mais devant la Pologne, la Belgique ou la Suède. Au-delà de la richesse produite, l'Île-de-France héberge aussi 43 % des 1 % les plus riches. C'est là également que les inégalités de revenus sont les plus fortes en France.
Par ailleurs, c'est également la région du monde qui a fourni le plus grand nombre de joueurs natifs (29) à la Coupe du monde de football masculine en 2022. Largement de quoi créer une équipe composée uniquement de Franciliens.
Dans cette infographie, nous avons décidé de montrer trois données pour chacune des régions françaises : la superficie, la population et le PIB. Nous aurions pu les représenter sur une carte qui a l'avantage d'attirer l'œil. Mais sur une carte traditionnelle, la superficie de l'Île-de-France ne reflète pas son poids à la fois démographique et économique. À l'inverse, on constate que les territoires d'outre-mer représentent moins de 2 % du PIB pour un peu plus de 3 % des habitants du pays. La Guyane est quasiment la région la plus vaste, mais aussi la moins peuplée de France.

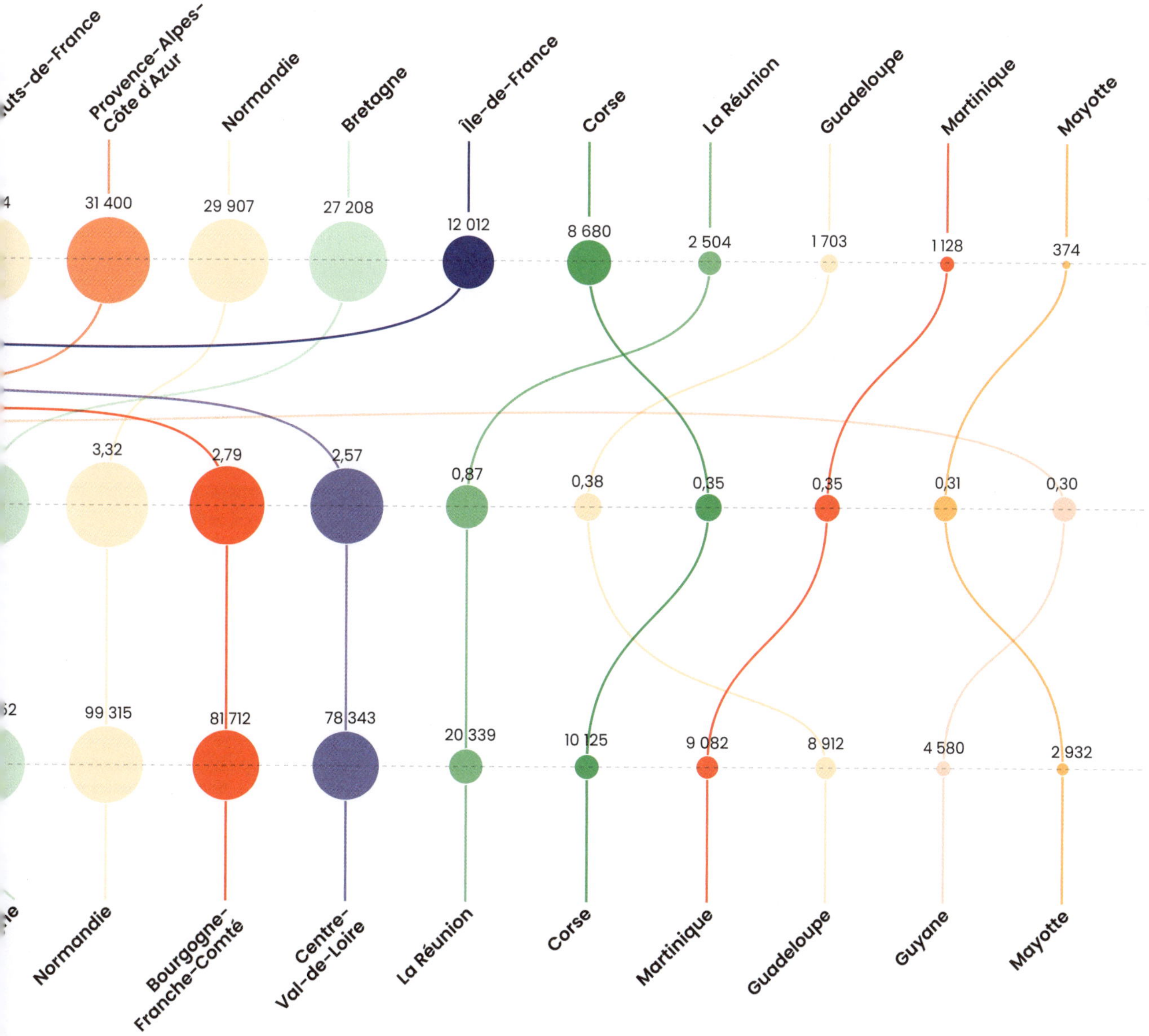

Pourquoi les femmes gagnent-elles moins que les hommes ?

L'écart de revenu entre les hommes et les femmes a tendance à se réduire au fil de temps, mais reste conséquent : en moyenne les revenus des femmes sont de 25 % inférieurs à ceux des hommes. Un écart en grande partie attribuable à la différence de rôle entre les deux sexes à partir de la naissance des enfants.

En 2018, date du dernier recensement, la différence de revenus entre hommes et femmes adultes, toute catégorie sociale et tout âge confondu, était de 600 euros bruts, soit 25 % des revenus. Cet écart a cependant tendance à se réduire : de 2010 à 2018, la différence de rémunération entre hommes et femmes d'âge moyen a baissé de 28 % selon une étude de l'organisme France stratégie. Pour deux raisons principales : le niveau de diplôme des femmes augmente plus rapidement que celui des hommes et le taux d'activité des femmes rejoint peu à peu celui des hommes : les femmes travaillent de plus en plus. Une partie de l'écart salarial entre sexes s'explique par un plus grand volume d'heures travaillées et un plus grand taux d'emploi des hommes. En revanche, le niveau de diplôme moyen des femmes est plus élevé. Mais les spécialités choisies par les hommes sont plus rémunératrices, et davantage sont diplômés de grandes écoles. Cependant, un très gros écart (70 %) de rémunération entre sexes n'est pas explicable par les seuls facteurs de diplôme et de temps de travail. En observant, cette fois, l'évolution de la rémunération des hommes et femmes à partir de la naissance du premier enfant, on distingue une importante chute de la rémunération moyenne des femmes, tandis que celle des hommes augmente de manière continue. En partant de l'année d'avant la naissance (année de la maternité) comme année 0, on s'aperçoit que six ans plus tard, la rémunération moyenne des femmes a baissé de près de 22 %, tandis que celle des hommes a augmenté de 3 % environ. On estime que sans enfant, les femmes gagneraient environ 10 % de moins que les hommes, contre 25 % avec enfant. On considère aujourd'hui qu'entre 60 et 70 % de l'écart de rémunération entre hommes et femmes s'explique par cet « effet enfant ». Ce type d'écart est observé pour toutes les catégories sociales. Il est expliqué dans un premier temps par des sorties du marché du travail et des passages à temps partiel plus importants chez les femmes à partir du premier enfant. Et à plus long terme par un effet de freinage sur l'évolution professionnelle en raison de la vie familiale.

⟶

Évolution du salaire des femmes et des hommes avant et après la naissance du premier enfant

Évolution par rapport à une base un an avant la naissance

Source : Meurs, D. & Pora, P. (2019). Gender Equality in the Labour Market in France : A Slow Convergence Hampered by Motherhood.

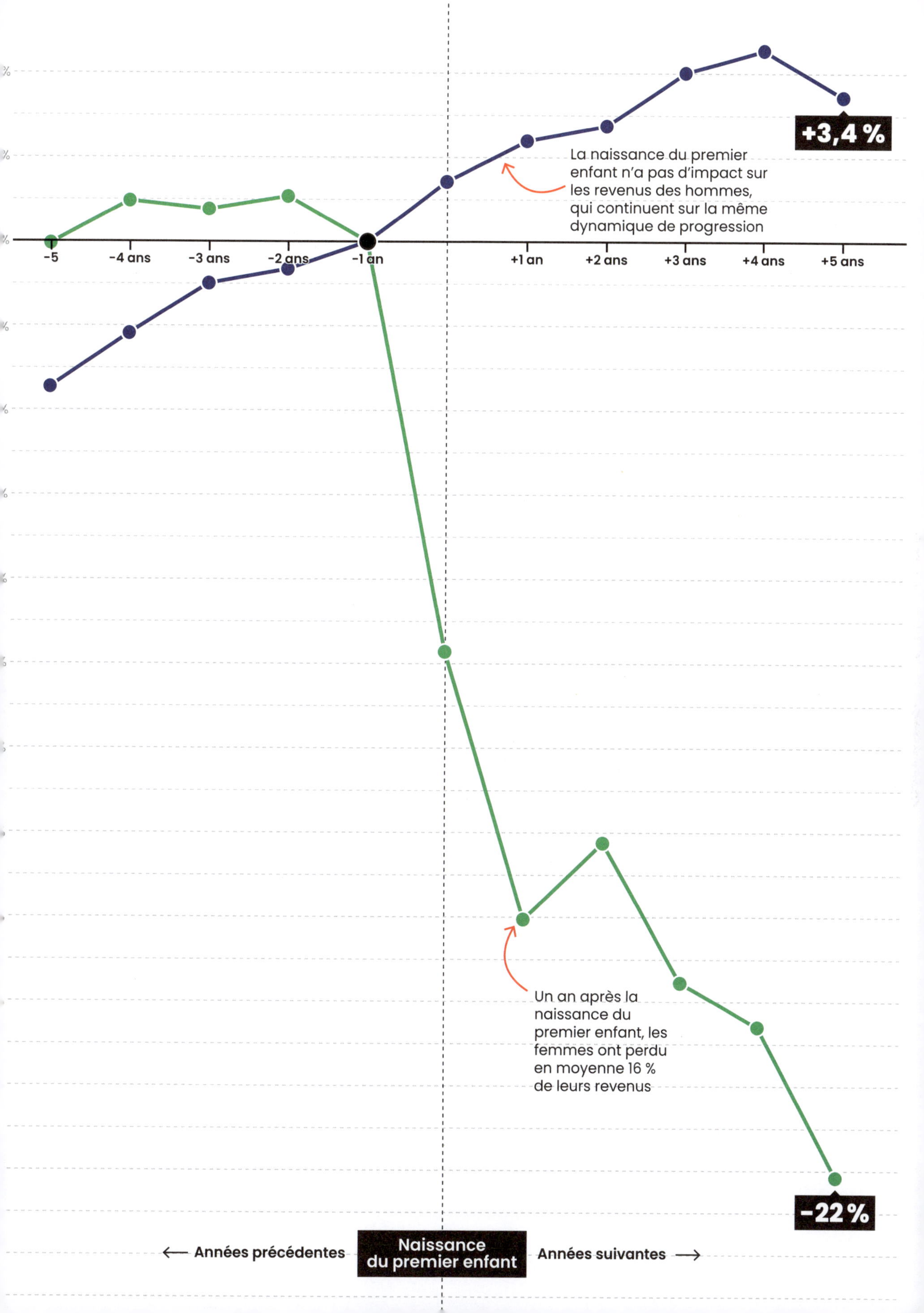

+3,4 %
La naissance du premier enfant n'a pas d'impact sur les revenus des hommes, qui continuent sur la même dynamique de progression
-5
-4 ans
-3 ans
-2 ans
-1 an
+1 an
+2 ans
+3 ans
+4 ans
+5 ans
Un an après la naissance du premier enfant, les femmes ont perdu en moyenne 16 % de leurs revenus
-22 %
Années précédentes
Naissance du premier enfant
Années suivantes

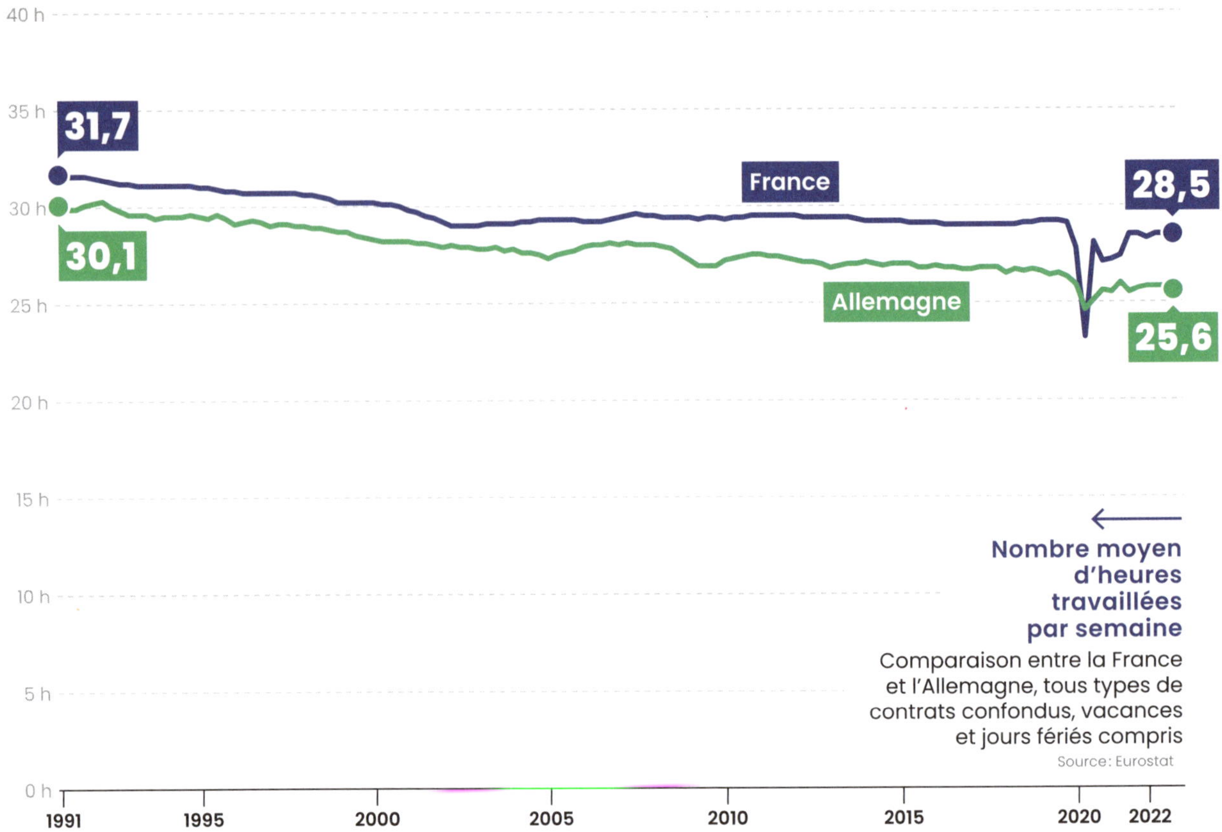

Nombre moyen d'heures travaillées par semaine
Comparaison entre la France et l'Allemagne, tous types de contrats confondus, vacances et jours fériés compris
Source : Eurostat

Les Français sont-ils des fainéants par rapport à leurs voisins d'outre-Rhin ?

Un cliché a la vie dure, celui de l'Allemand travailleur face au Français fainéant. Cela ne transparaît pourtant absolument pas lorsqu'on observe les données sur le nombre d'heures travaillées.

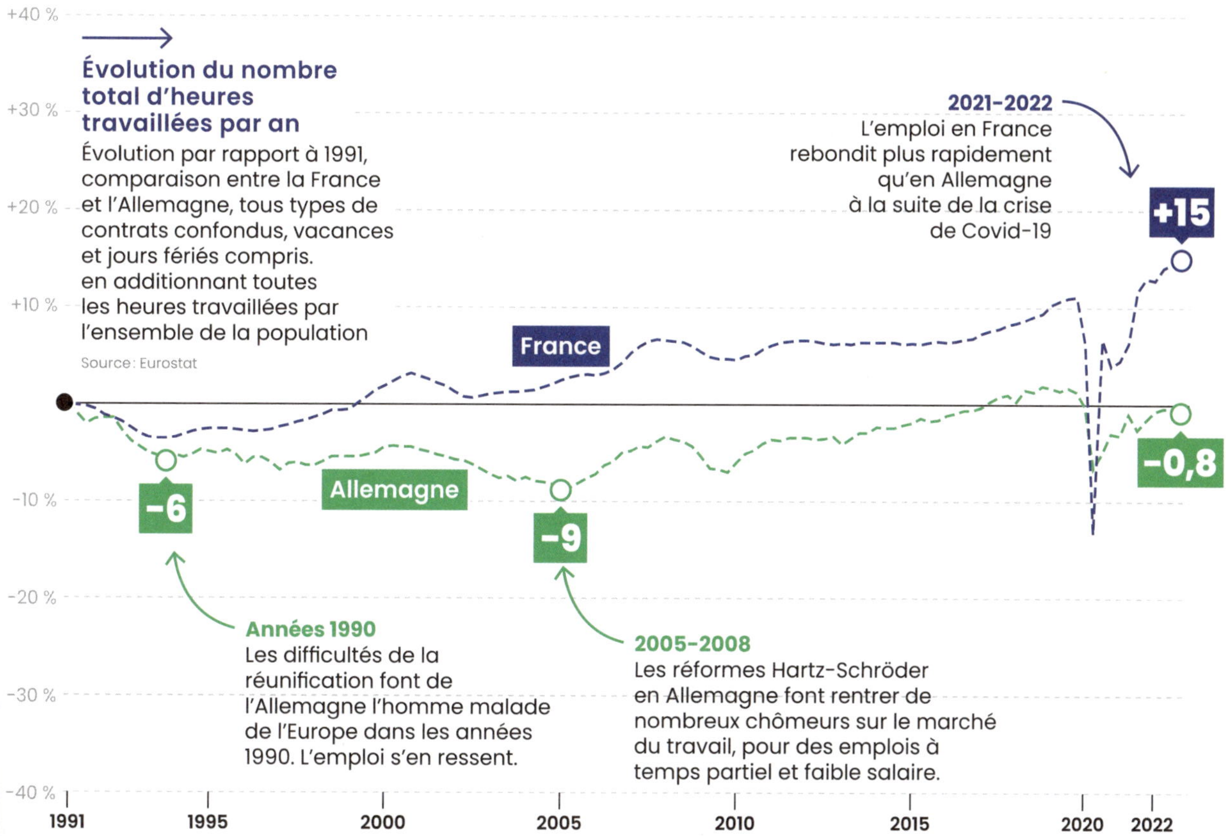

Selon les dernières données de l'OCDE, les travailleurs français exercent leur activité en moyenne environ 1 500 heures par an, soit 10 % de plus que les Allemands (et les Grecs 30 % de plus). Cela s'explique essentiellement par le nombre important de salariés d'outre-Rhin à temps partiel, en grande partie des femmes. Sachant que dans les deux cas, ainsi que dans la quasi-totalité des pays riches, sur une période de 30 ans, les actifs travaillent plus d'une centaine d'heures de moins en moyenne par an et par personne.

En raisonnant également sur une période longue et en additionnant toutes les heures travaillées annuellement par tous les travailleurs, on s'aperçoit que la France a progressé, et l'Allemagne stagné. Les Allemands travaillent au total le même nombre d'heures aujourd'hui qu'en 1991, tandis qu'en France, ce chiffre a augmenté de 15 %. Une partie de cet écart date des années 1990, quand l'Allemagne de la réunification était considérée économiquement comme l'homme malade de l'Europe. Suite à la crise de 2008-2010, l'Allemagne a regagné du terrain sur ce domaine… Qu'elle a reperdu suite à la crise du Covid.

Le nombre d'actifs a progressé presque au même rythme dans les deux pays en 30 ans. Mais le taux d'emploi (nombre de personnes en emploi par rapport à la population en âge de travailler) est nettement plus élevé en Allemagne qu'en France, sachant qu'il y a une grande part de temps partiels. Ceci est principalement dû à l'essor rapide, mis en place en 2005 par le chancelier Gerhard Schröder, de « minijobs », ou emplois à temps partiel à moins de 520 euros mensuels sans assurance chômage, sans nécessairement d'assurance santé, et avec un très faible taux de cotisation retraite. Ces réformes sont aujourd'hui fortement controversées, en raison de leur effet sur le creusement des inégalités salariales et l'augmentation du taux de pauvreté en Allemagne.

Vaut-il mieux être salarié ou actionnaire ?

Avec 80 milliards d'euros distribués aux actionnaires, l'année 2022 a constitué pour les entreprises du CAC 40 un record absolu. Sur une longue période, les dividendes distribués aux ménages en France ont été multipliés par 4, tandis que les salaires n'ont augmenté que de 20 %.

Les bénéfices des entreprises sont redistribués aux actionnaires sous deux formes: les dividendes et les rachats d'actions. Dans le premier cas, de l'argent arrive directement sur le compte en banque de l'actionnaire. Dans le second, l'entreprise rachète une partie de ses propres actions. L'actionnaire en bénéficie parce que les distributions de dividendes pour chaque action restante augmentent, mais également en cas de vente des ses actions, parce qu'une telle mesure a tendance à faire monter les cours de bourse.

Il y a vingt ans, les entreprises du CAC 40 avaient distribué pour 20 milliards d'euros de dividendes. En 2022, ce chiffre avait été multiplié par quatre. Sur une longue période, la tendance a largement été à l'augmentation, même si celle-ci n'a pas été régulière: la crise économique de 2009 et la crise du Covid de 2020 ont provoqué une chute dans les versements de dividendes.

Pour toutes les entreprises, aussi bien celles du CAC 40 que les autres, nous n'avons pas le détail des rachats d'actions, mais nous avons en revanche accès à l'historique de 25 ans de distribution de dividendes aux ménages français. Sur cette période, le total des dividendes distribués augmente de 360 % en termes réels, contre seulement 20 % pour le salaire moyen. La tendance de distributions de dividendes est donc largement orientée à la hausse, mais de manière

Évolution des dividendes reçus par les ménages possédant des actions et évolution des salaires de l'ensemble de la population

Évolution en pourcentage par rapport à une base en 1996

Source: Insee

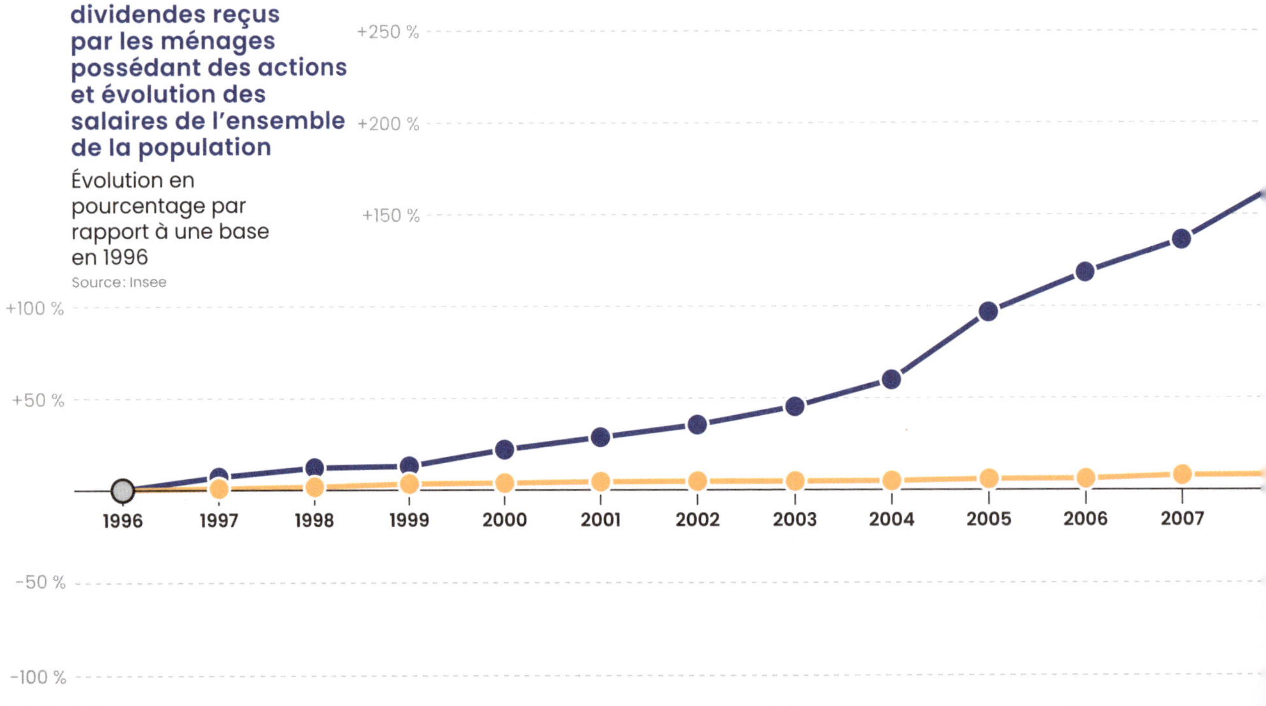

discontinue. La chute la plus brutale de versements de dividendes aux ménages français a eu lieu entre 2012 et 2013. Il s'agit de l'année de la réforme fiscale de François Hollande, ramenant l'imposition des dividendes au régime de l'impôt sur le revenu. Résultat, les dividendes étaient plus imposés donc moins intéressants pour les actionnaires aisés. De nombreuses entreprises ont alors gardé leurs bénéfices en réserve, attendant une fiscalité plus favorable pour les distribuer. Cette dernière est arrivée en 2017, avec l'instauration par Macron du prélèvement forfaitaire unique, une *flat tax* pour les dividendes. Ce qui a provoqué dès 2018 un important rebond dans la distribution des profits aux actionnaires.

Il semblerait donc que les actionnaires français aient été largement mieux traités que les salariés sur une longue période*. Il faut cependant rappeler que salaires et dividendes ne sont pas équivalents : un salaire ouvre des droits (retraite, chômage, assurance maladie), ce qui n'est pas le cas d'un dividende. Et l'actionnaire perd sa mise si une entreprise dont il possède des parts fait faillite.

*La comparaison entre salaire moyen et total de distributions de dividendes au ménage est critiquable dans le sens où on compare ici une moyenne à un total. Elle reste cependant valable dans une large mesure parce que le nombre total d'actionnaires en France a relativement peu varié sur une longue période.

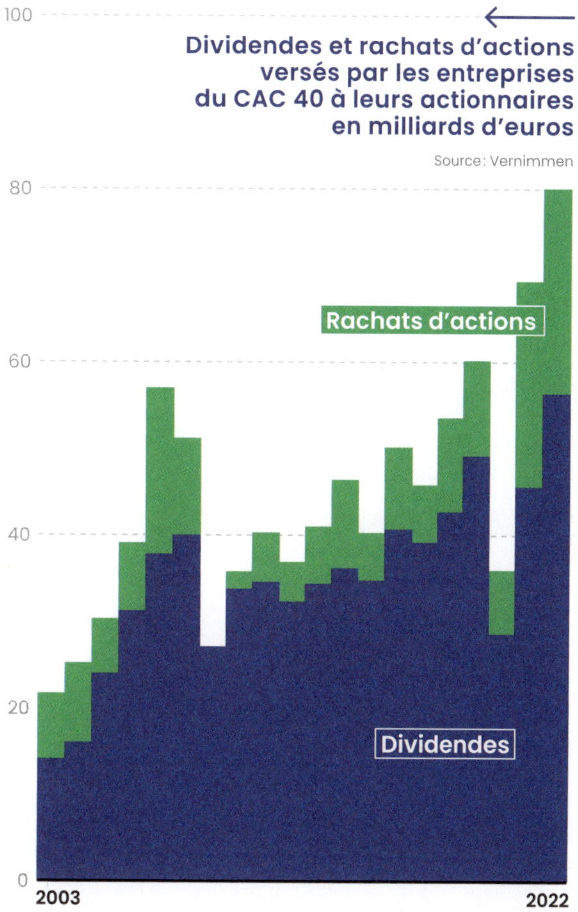

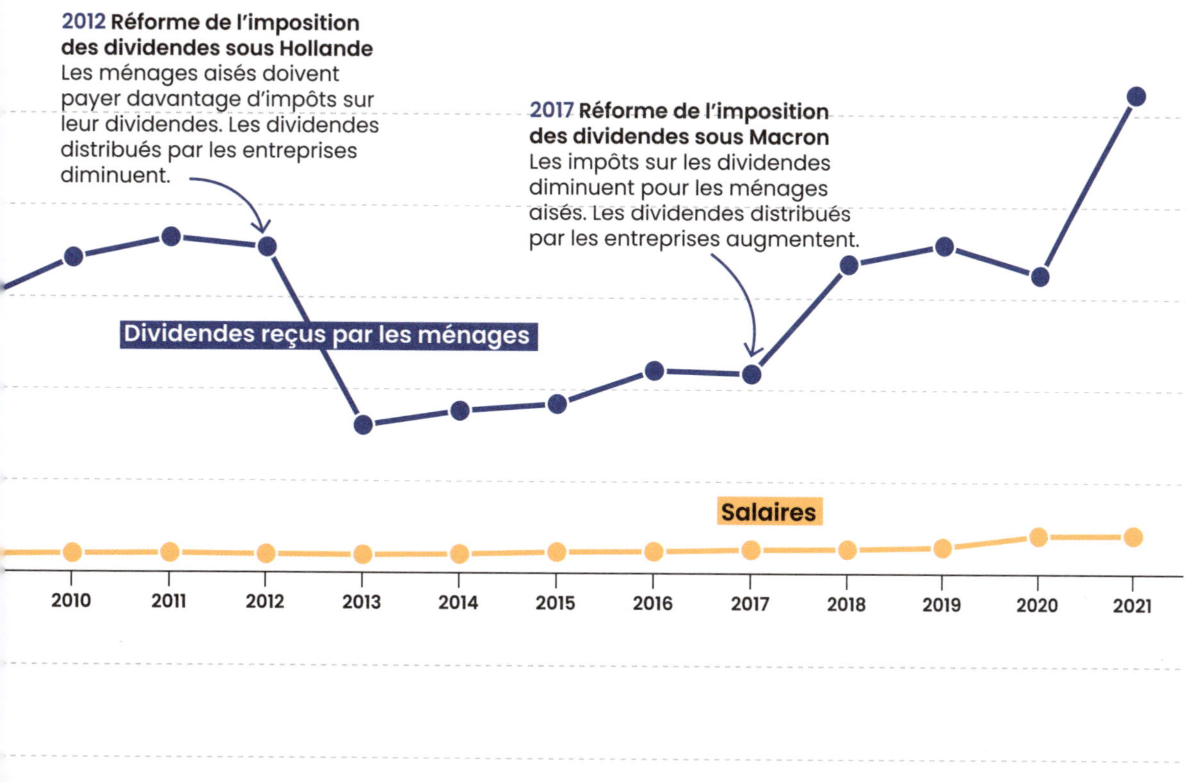

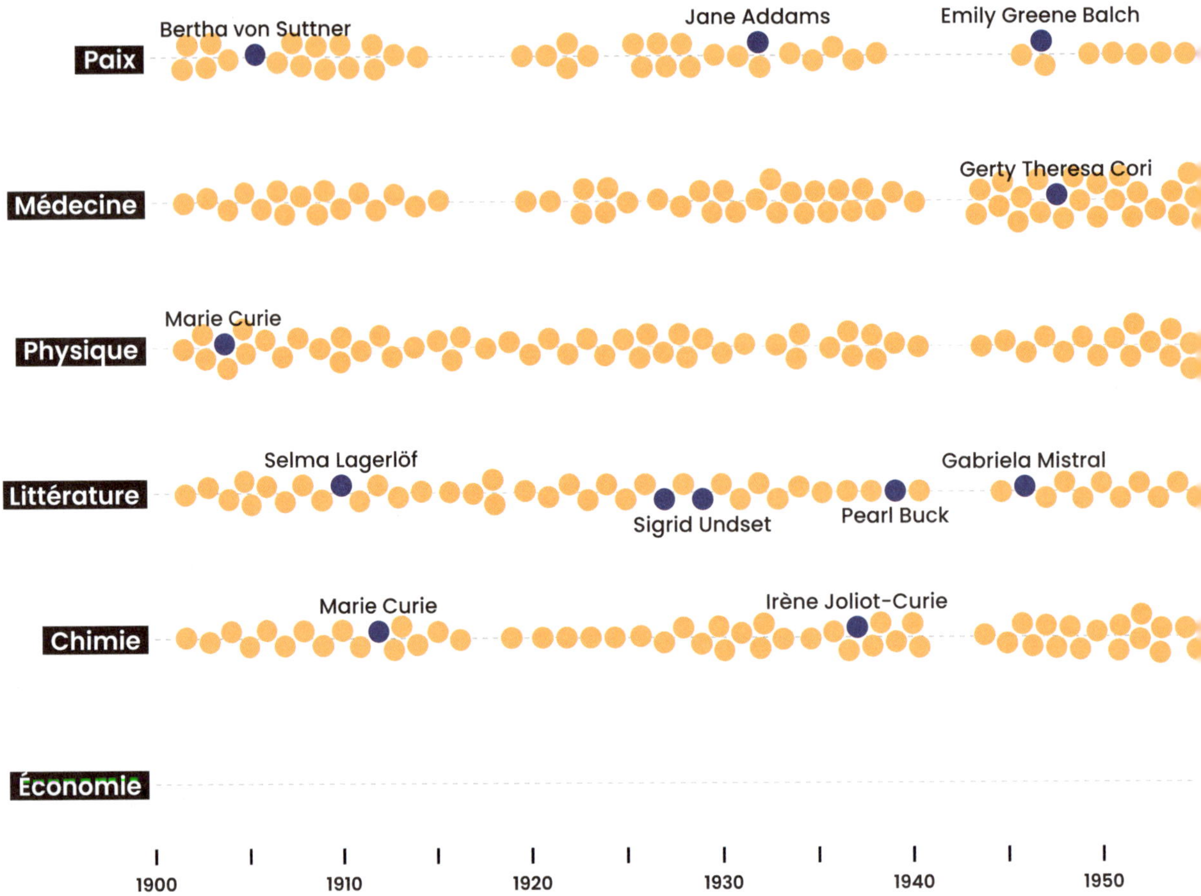

Des prix Nobel toujours très masculins

Depuis leur fondation, à peine 6 % de ces récompenses ont été attribuées à des femmes, principalement dans les domaines de la Paix et la Littérature.

Les lauréats du Nobel sont masculins à près de 94 %. Depuis la création du prix en 1901, il y a eu 961 lauréats, dont 61 femmes, soit à peine plus de 6 %. Et c'est dans les disciplines non scientifiques que la proportion de femmes est la plus importante : elles représentent 16 % des prix Nobel de littérature. Contre seulement 5 % en médecine, 4 % en chimie, et moins de 2 % en physique.

Quant au prix de la Banque de Suède en sciences économiques en mémoire d'Alfred Nobel (considéré comme le prix Nobel d'économie), créé plus récemment (en 1968), le nombre de femmes lauréates a doublé en 2019… Avec la nomination d'Esther Duflo, seconde femme à obtenir la récompense, ce qui a fait monter la part de lauréates à 2 %.

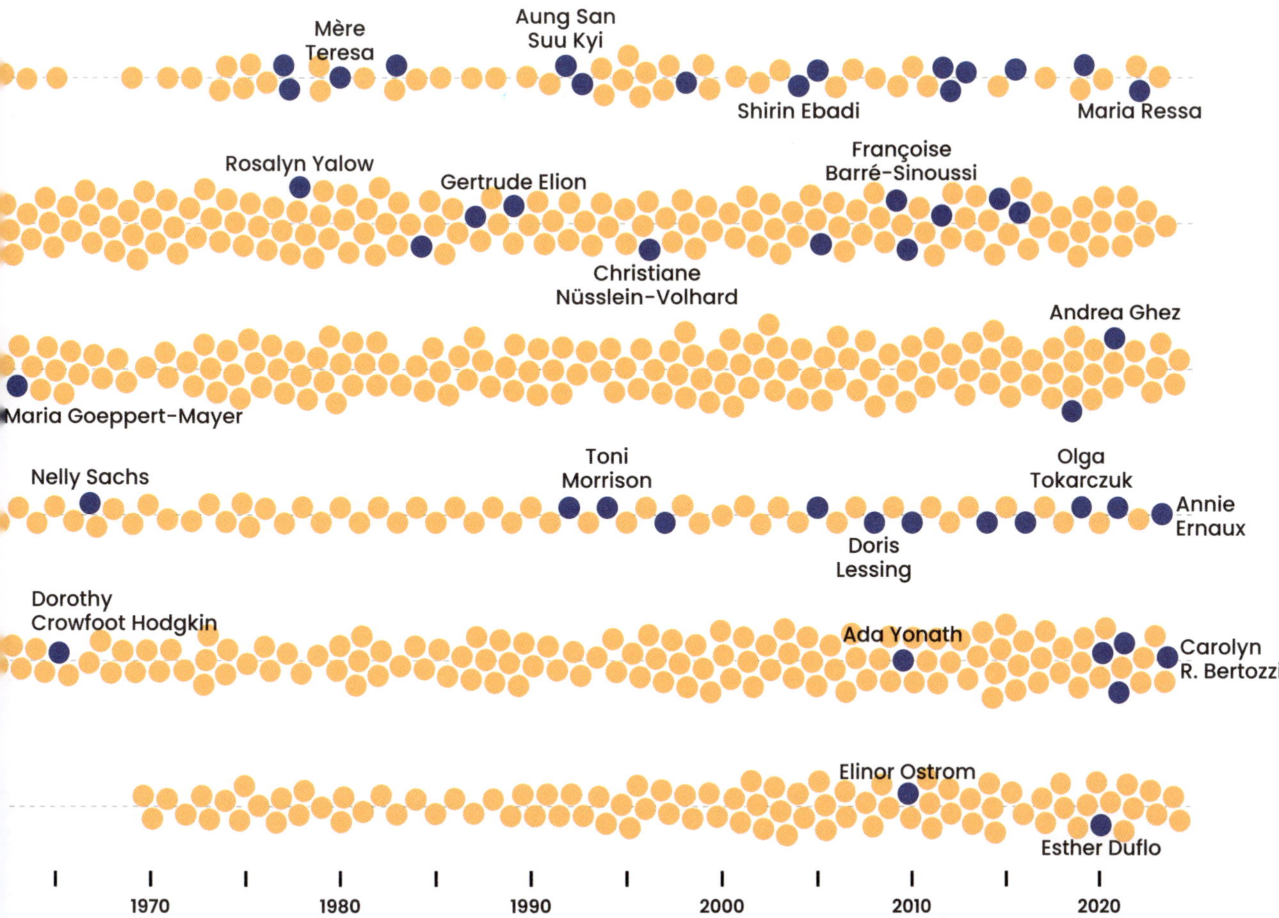

Genre des lauréats du prix Nobel par discipline
entre 1900 et 2022
Source : Fondation Nobel

Femme
Homme

Pendant 60 ans, Marie Curie a été la seule femme a avoir obteu le prix Nobel de physique, avant d'être rejointe en 1963 par Maria Goeppert-Mayer. En chimie, domaine dans lequel elle a également été la première à obtenir la prestigieuse récompense (en 1911), elle a été rejointe en 1936 par sa fille, Irène Joliot-Curie.

Mais la proportion de femmes primées a légèrement augmenté ces dernières années. Depuis 2000, elles représentent un peu plus de 11 % des lauréats, proportion qui monte jusqu'à un tiers dans les domaines de la paix et de la littérature, mais seulement 10 % pour la médecine, 8 % en Chimie, 3 % en physique et 4 % en économie.
La principale raison du faible nombre de femmes lauréates était à l'origine la quasi impossibilité pour une femme de se lancer dans une carrière scientifique de haut niveau, Marie Curie étant une des rares exceptions. Aujourd'hui, les causes seraient plutôt la persistance d'un plafond de verre important au sein des laboratoires scientifiques et grandes universités, mais également le faible taux de féminisation de nombreux domaines scientifiques. Et selon une étude statistique parue en 2019 dans la revue *Nature*, l'analyse des données d'attribution des prix met en évidence un important biais de genre en défaveur des femmes.

Le boom du trafic Internet a-t-il fait exploser la consommation d'énergie ?

Avec l'essor du streaming et les échanges de flux vidéos, la croissance du volume de données échangées mondialement a cru de manière quasi exponentielle. En 6 ans, le trafic a été multiplié par 5. Mais contrairement à une idée répandue, cela ne s'est pas traduit par un surplus important de consommation d'énergie.

Selon l'agence internationale de l'énergie, la consommation d'énergie des data centers a progressé de 0 à 20 % ces 6 dernières années, soit au maximum vingt fois moins vite que le trafic Internet. Quant à la consommation des infrastructures de réseaux qui font circuler les données (câbles, fibres optiques, routeurs, antennes relais...), elle n'a augmenté que de 40 %, dix fois moins vite que le trafic.

La raison ? Un gain continu d'efficacité énergétique des infrastructures du net. Depuis 2000, selon l'IEA, tous les deux ans et demi, le gain d'efficacité du parc de serveurs double. De même pour les réseaux. En Europe, la consommation de ces derniers a même stagné malgré l'explosion du trafic, selon une étude récente portant sur un tiers des réseaux télécom européens.

Des fausses représentations circulent régulièrement sur l'empreinte carbone d'un mail ou de la vidéo en streaming. Une erreur commise à l'occasion d'un entretien par un collaborateur du think tank Shift Project, qui s'est rétracté depuis, a largement contribué à faire circuler ces contre-vérités. Des chercheurs de l'agence internationale de l'énergie ont de leur côté refait les calculs. Selon leurs dernières analyses, une heure de vidéo Netflix émet l'équivalent en CO_2 d'un trajet de 5 à 75 mètres en voiture, selon le terminal utilisé. Et l'envoi d'un mail se chiffre en millimètres de trajet, encore moins pour un texto. Davantage que le réseau, c'est l'utilisation du terminal (smartphone, ordinateur ou grand écran) par l'utilisateur final qui compte. Plus il est petit, moins il consomme. Et le coût environnemental d'un appareil électronique vient principalement de sa fabrication. Aussi, le meilleur geste climat

Évolution du trafic internet comparé à l'augmentation de la consommation d'énergie

Évolution en pourcentage par rapport à une base 2015

Source : IEA

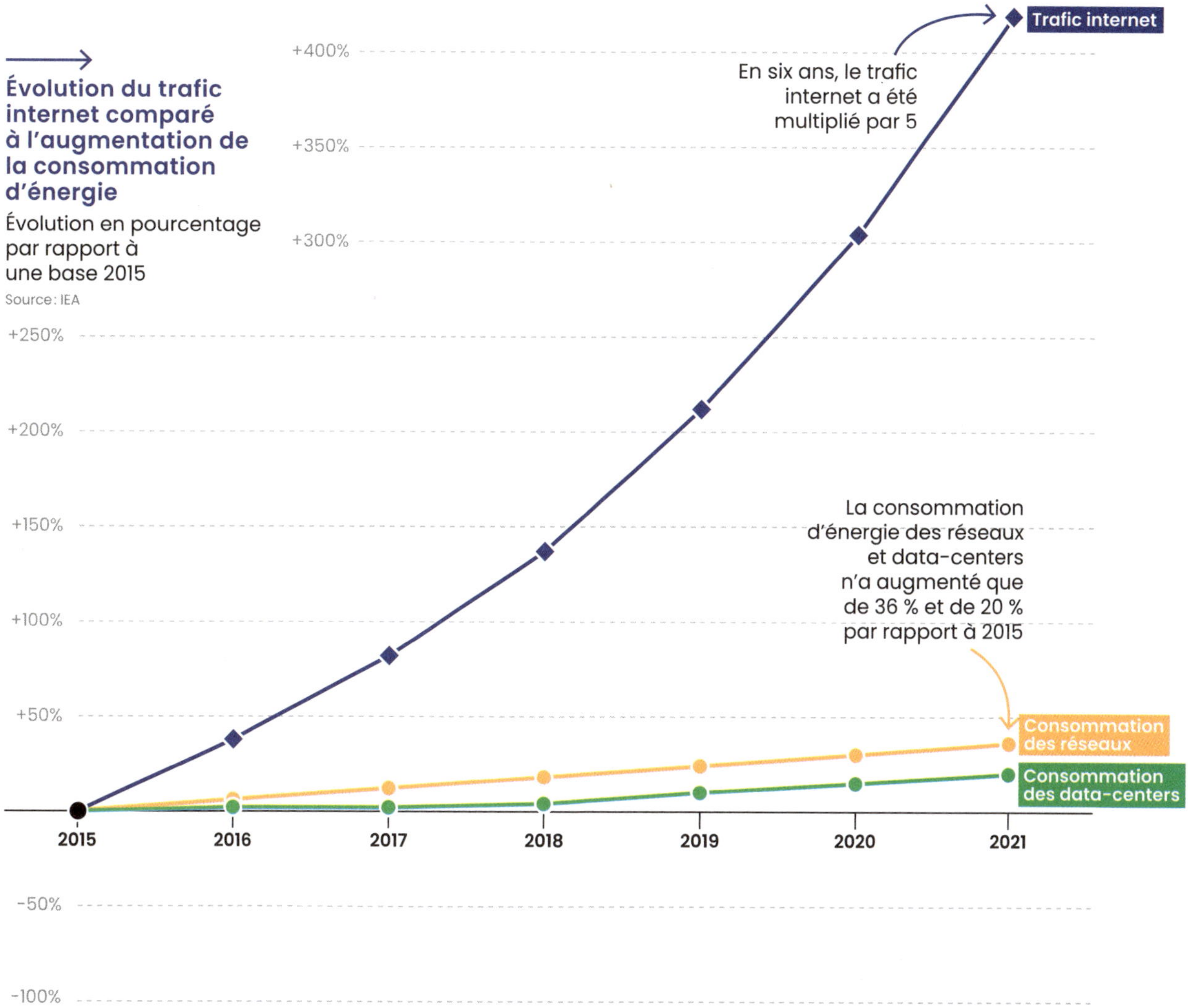

quant au numérique est de limiter et différer au maximum ses achats.

Le seul domaine numérique où la consommation d'énergie s'est accrue de manière exponentielle est le « minage » de cryptomonnaies (voir page 104). Dans ce domaine, la consommation d'énergie s'est accrue selon l'IEA de 3000 % en 6 ans, au point de représenter aujourd'hui plus de la moitié de la consommation des data centers.

Équivalent en mètres parcourus par une voiture d'usages courants d'Internet

1 kWh d'électricité est égal à 50 g de CO_2 soit 500 mètres parcourus par une voiture

Source : IEA

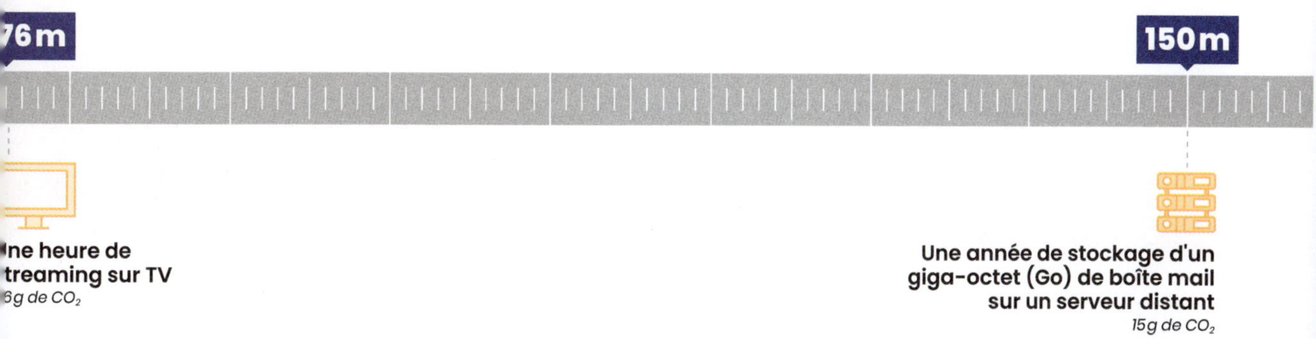

Les Gafam existent-elles ?

On les regroupe sous l'acronyme Gafa ou Gafam, mais leurs seuls points communs sont qu'elles sont dans le domaine de la technologie et qu'elles comptent parmi les plus grosses valorisations boursières. Si on regarde les chiffres, elles ne font pas les mêmes métiers.

À toujours les ranger dans le même sac, on croirait qu'elles partagent les mêmes objectifs. Et c'est vrai qu'elles se concurrencent sur une multitude de secteurs qui se chevauchent : Apple et Google vendent des téléphones, Google et Microsoft proposent un moteur de recherche, Microsoft et Meta disposent de réseaux sociaux, Meta et Amazon vendent des abonnements numériques à des services…

Des secteurs d'activité divers

Mais si l'on regarde les chiffres on peut résumer les vraies activités de chaque compagnie : Google et Meta tirent l'essentiel de leur revenu de leur régie publicitaire, ce qui leur permet de proposer des services gratuitement. L'essentiel de l'activité d'Amazon est la vente en ligne, et Apple est au premier chef un vendeur de téléphones.
Évidemment, ces positions ne sont pas figées, Apple était un grand fabricant d'ordinateurs bien avant de lancer l'iPhone, et si le chiffre d'affaires de Microsoft repose toujours sur Windows, Office et Xbox, c'est son activité de cloud Azure qui représente maintenant plus d'un tiers des revenus.
Toutes cherchent la diversification, à commencer par leur choix de nom. Google s'est rebaptisé Alphabet en 2015, tant ce patronyme est devenu synonyme de recherche sur internet. Et Facebook a choisi Meta en 2021 pour montrer qu'elle mise sur la réalité virtuelle comme futur secteur de développement.

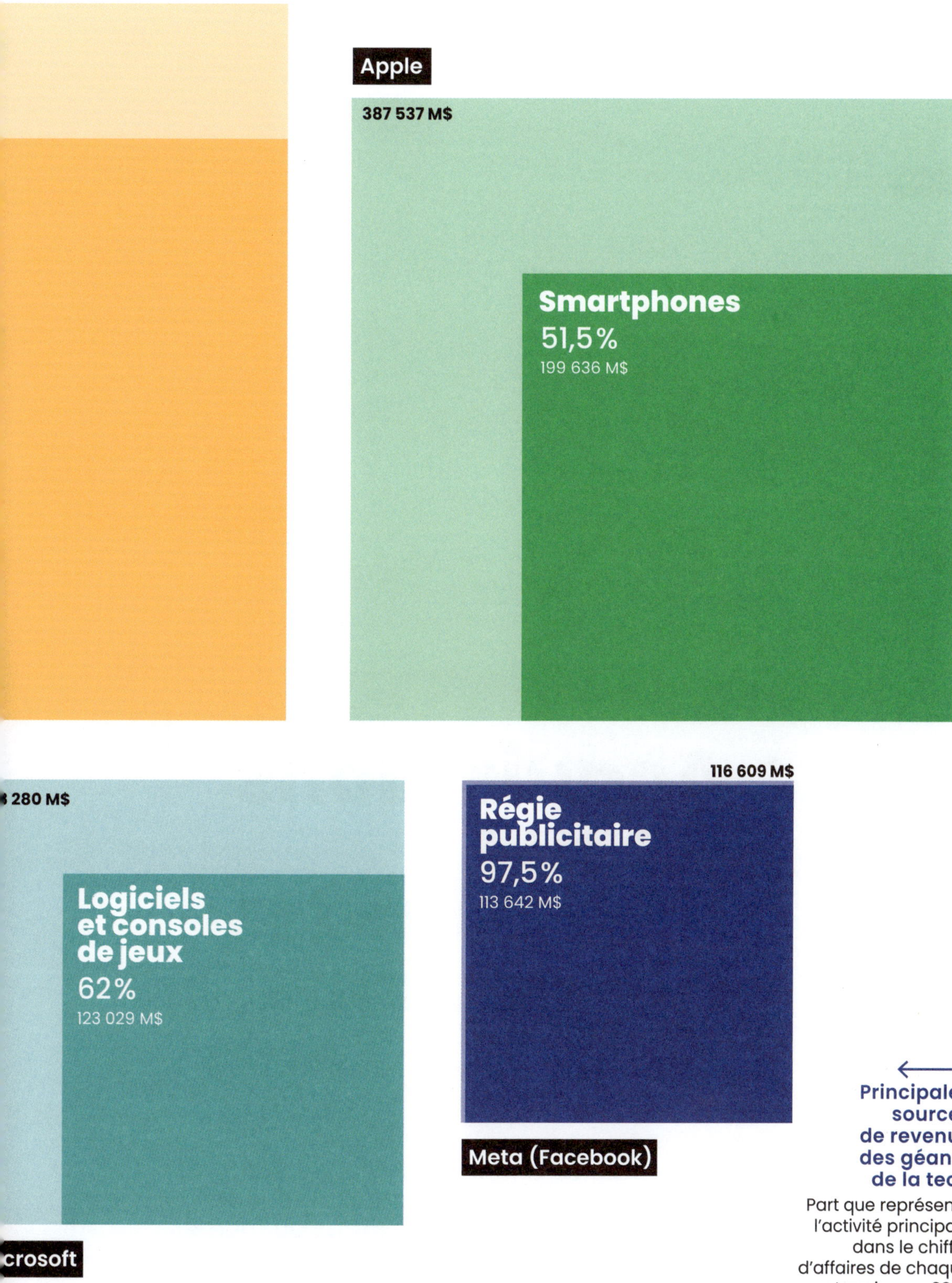

Principales sources de revenus des géants de la tech

Part que représente l'activité principale dans le chiffre d'affaires de chaque entreprise, en 2022

Sources : Alphabet, Amazon, Apple, Meta, Microsoft

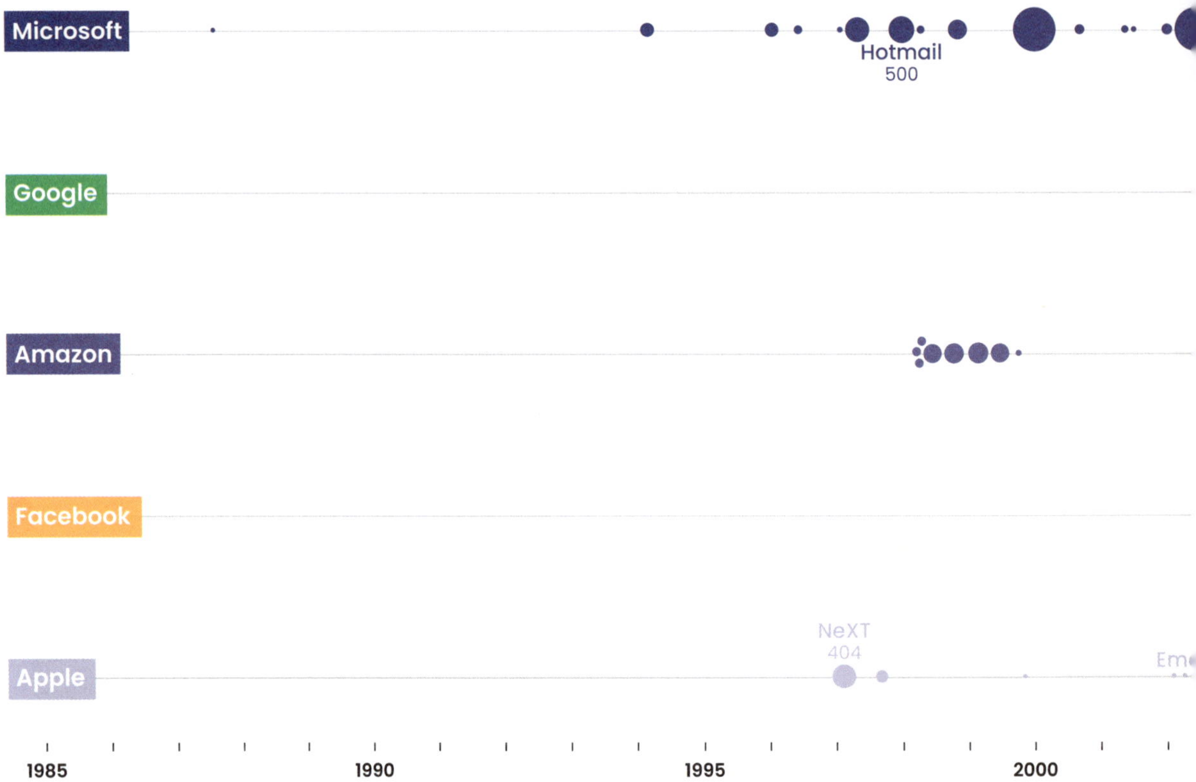

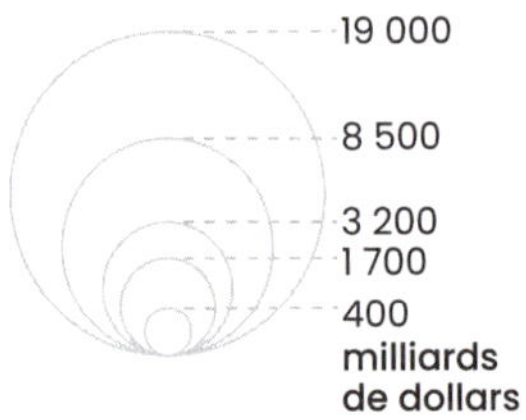

Montant des rachats d'entreprises par Amazon, Apple, Facebook, Google, et Microsoft

En milliards de dollars. Uniquement les acquisitions pour lesquelles le montant d'achat est connu, jusqu'en 2022.

Source : Wikipedia

Acquisitions à coup de milliards : les gloutons de la Big Tech

Ces dernières années, les cinq géants américains du secteur technologique ont multiplié les rachats de startups ou même d'entreprises concurrentes, avec des montants qui s'envolent.

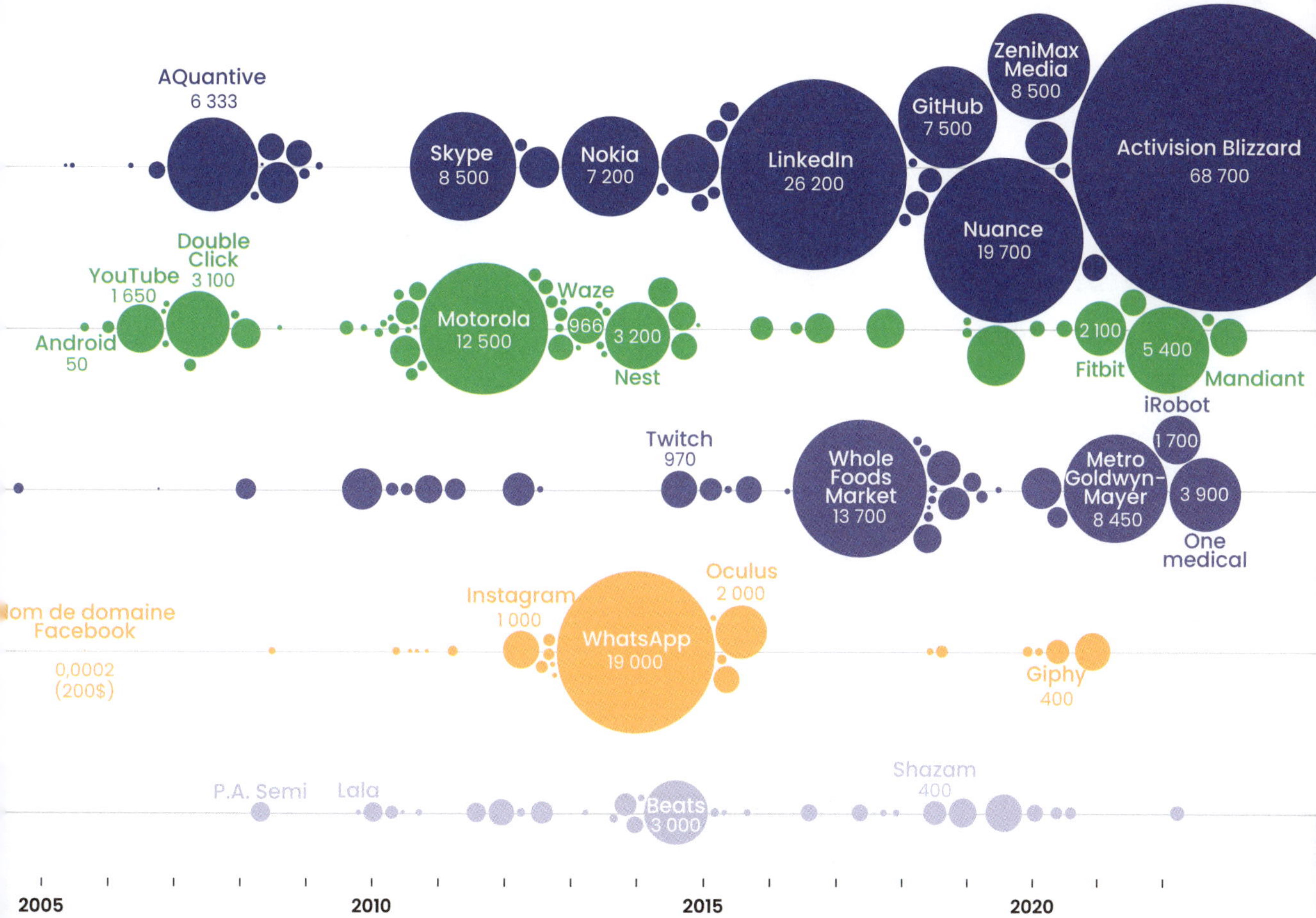

En compilant les données des différentes acquisitions d'Amazon, Apple, Facebook, Google et Microsoft, on constate une inflation record ces dernières années. Et encore, c'est en comptant uniquement celles où les montants ont été dévoilés publiquement, certaines passent sous les radars, sans doute pour des sommes bien moins importantes.

Impossible de lister ces montants délirants sans parler d'Elon Musk, qui a fait main basse sur Twitter en 2022 pour 44 milliards de dollars. La différence, c'est qu'il s'agit là d'un achat à titre personnel, retirant l'entreprise de la bourse, ce qui lui enlève l'obligation de publier ses résultats.

Les cinq entreprises ont des stratégies de rachat fort différentes. Pour Amazon et Microsoft, ces opérations leur permettent surtout de se diversifier dans des secteurs où ils sont absents. Avec des marques très fortes comme LinkedIn (réseau social professionnel) ou Whole Foods Market (chaîne de grandes surfaces bio).

Pour Google, la diversification est une clé, mais avec des factures plus mesurées. Et pour cause, le plus gros rachat de l'histoire de l'entreprise était en 2011 Motorola, ce qui n'a pas permis à l'époque à Google de s'imposer comme fabricant de smartphones. Microsoft avait d'ailleurs connu pareille mésaventure avec Nokia.

La stratégie de Facebook est plus carnassière, puisque ses plus gros achats sont des entreprises qui concurrencent directement les activités du réseau social comme Instagram et WhatsApp.

De son côté, Apple est la plus conservatrice et procède surtout à des achats de compétences qui doivent être intégrées dans les produits de la marque. Le plus gros rachat est la compagnie d'écouteurs Beats. Dans les achats stratégiques: NeXT, l'entreprise créée par Steve Jobs, qui a permis de ramener le boss à la maison, ou bien P.A. Semi, qui a lancé Apple dans la fabrication de microprocesseurs.

Parmi les plus grandes réussites de ces rachats, on peut lister le nom de domaine Facebook.com, acquis pour 200 dollars en 2005, bien moins cher que FB.com pour 8,5 millions cinq ans plus tard. Google a eu le nez creux avec YouTube (1,7 milliard en 2006) et surtout Android, qui a coûté seulement 50 millions en 2005.

Les cryptos sont-elles les monnaies du futur ?

Les cryptomonnaies comme le Bitcoin sont des actifs financiers liés à des blockchains. Elles ne sont pas liées à une autorité centrale (comme une banque) pour organiser les transactions, et ont recours à des protocoles complexes pour fonctionner. Le protocole le plus utilisé est la « preuve de travail » (*proof of work*).

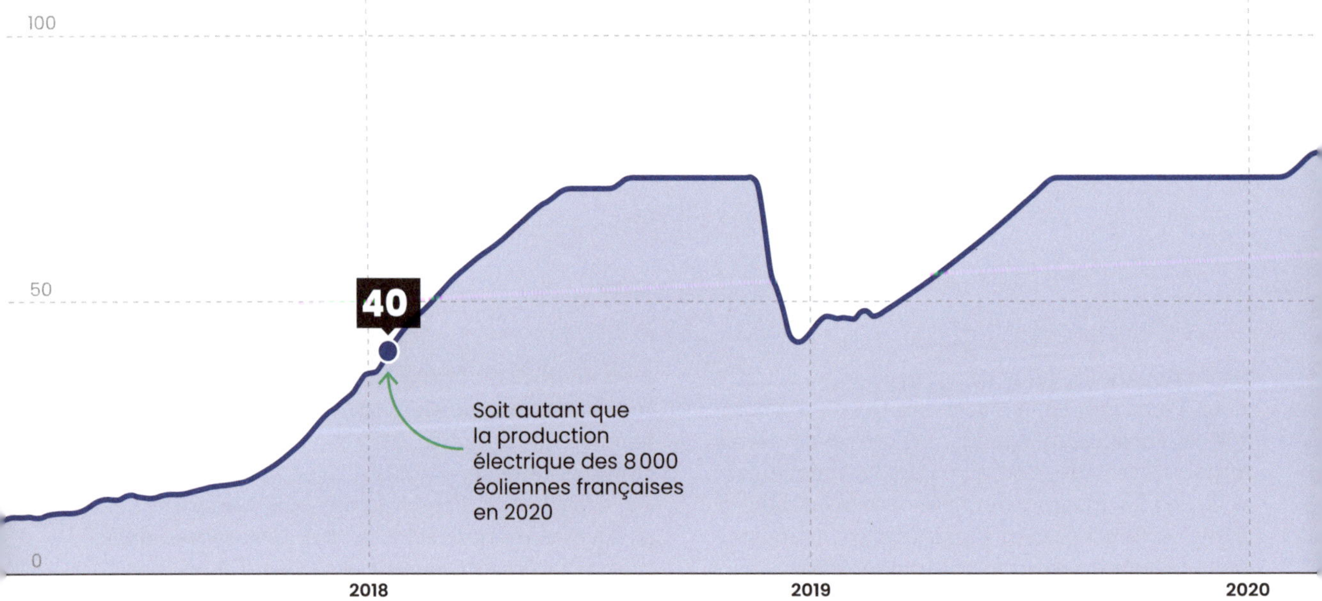

Le *proof of work* s'avère particulièrement gourmand en énergie. Aussi, le réseau Bitcoin utilise aujourd'hui pour fonctionner, autant d'électricité que la totalité des Pays-Bas. En raison de la lourdeur des processus (chaque transaction est répliquée à minima 10 000 fois), le réseau ne permet pas de procéder à plus de 5 transactions par seconde. Et ces dernières peuvent prendre un certain temps : de dix minutes à plusieurs heures. En terme de consommation, une seule transaction en bitcoin utilise l'équivalent du visionnage de 70 000 heures de vidéos sur YouTube, ou un million de paiements avec une carte Visa. L'électricité nécessaire pour faire tourner les blockchains a largement été produite dans des pays à l'électricité très carbonée (Chine, puis Kazakhstan, Iran, Canada, Afrique du Sud...).
En raison de toutes ces limites, les crypto-monnaies n'ont jamais réellement été utilisées comme monnaie. Le petit État dictatorial du Salvador a tenté un usage comme monnaie officielle en 2021, mais l'expérience a rapidement tourné au fiasco. Les cryptomonnaies ont aujourd'hui trois utilisations principales : la fraude, l'escroquerie et la spéculation. En raison de la discrétion des transactions et de la possibilité de ne pas passer par des circuits bancaires officiels, elles sont largement utilisées pour l'achat de biens

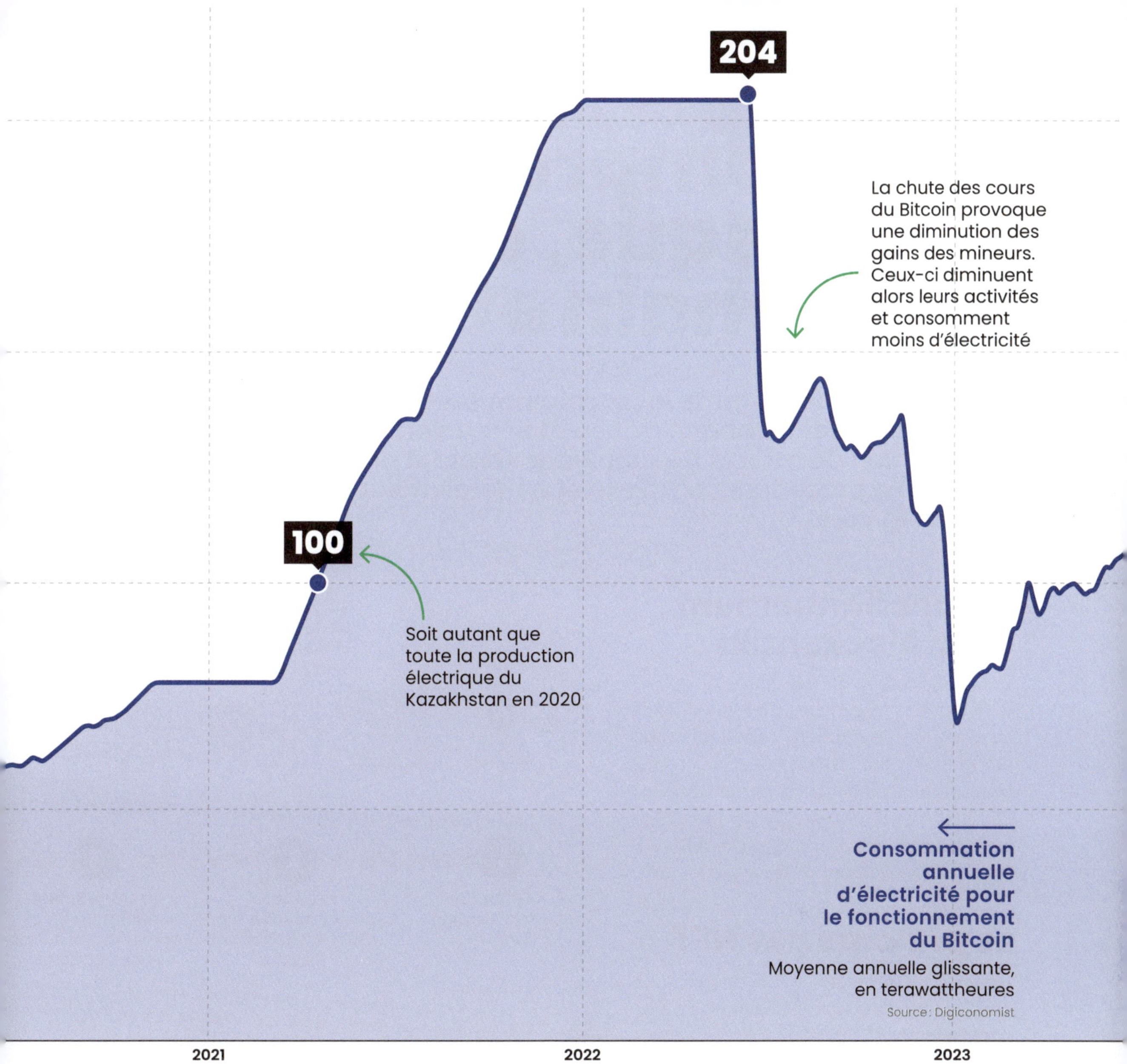

et services interdits et le blanchiment d'argent. De même pour les escrocs : l'arrivée des cryptomonnaies a coïncidé avec celle des rançongiciels, cyberattaques qui ont pour but d'extorquer une rançon. Des dizaines de milliers de structures ont été ainsi attaquées informatiquement contre paiement d'une somme en crypto : de nombreux hôpitaux, mais également des banques, des assurances, des pipe line pétroliers. Selon un rapport des Nations unies, ce type d'attaques aurait permis le financement d'une grande partie du programme de missile nord coréen.

Dernier et principal cas d'usage des crypto : la spéculation. Au point que le secteur s'est mis à ressembler à un casino géant, avec des espoirs fous de gains et des manipulations de cours. Une seule crainte pour ces spéculateurs : que tout le monde se retire du marché et que les cours s'effondrent, ce qui est déjà arrivé à de nombreuses cryptomonnaies.

D'autres nuages s'accumulent dans le secteur, notamment les procès qui visent actuellement aux États-Unis et en Europe les principales plateformes d'échange de cryptomonnaies : Binance et Coinbase notamment. Elles sont accusées de manipulation de cours, de transactions illégales et de facilitation d'opérations de blanchiment et d'escroquerie.

Tout comprendre, ou presque, à la blockchain et aux NFT

Les NFT sont, tout comme les cryptomonnaies, liées à une blockchain. Chaque transaction requiert la mobilisation de milliers de machines, mettant en œuvre une procédure complexe et généralement très énergivore.

Le fonctionnement de la blockchain

Une blockchain est une sorte de grand livre dans lequel sont inscrites une série de transactions de manière immutable (non modifiable), sans autorité centrale. Une transaction peut consister en un transfert de Bitcoin d'une adresse (l'équivalent d'un compte) vers une autre. Il existe des centaines de blockchains différentes.

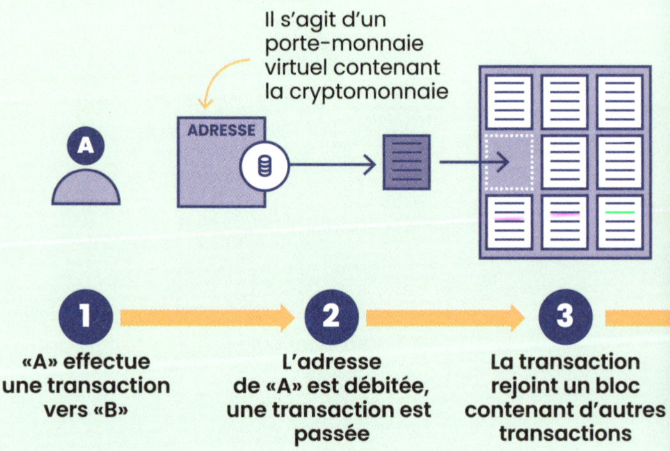

Le principe des NFT

Un NFT, de son côté, est un morceau de code inséré dans une blockchain. La plupart du temps, il s'agit d'un simple lien vers une image. Cette dernière est accessible à tous, mais le NFT permet à son détenteur de se considérer comme propriétaire de cette image. Le concept a été très à la mode de mi-2021 à mi-2022, la valeur de certains NFT ayant affiché des valorisations (réelles ou fictives) de plusieurs millions de dollars. Depuis, le nombre de transactions a largement chuté et l'intérêt s'est largement tari, façon feu de paille.

Mais ce dernier n'est pas totalement éteint: Donald Trump a vendu fin 2022 plusieurs milliers de NFT d'images très mal retouchées à ses adeptes, le représentant notamment sous la forme d'un super héros.

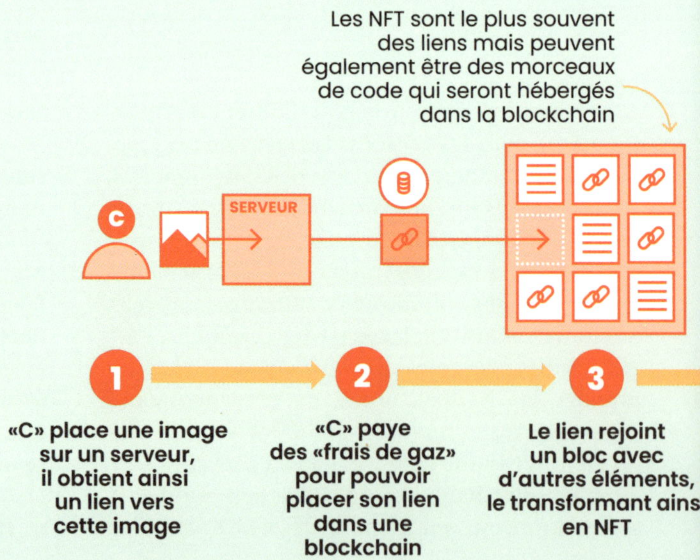

Le système de validation des transactions

La validation des transactions s'effectue par un réseau d'ordinateurs, des nœuds (*nodes*). Ces derniers, au nombre de 12 000 environ dans le cas du Bitcoin, disposent chacun d'une copie de la totalité des transactions de la blockchain depuis ses débuts. Ils valident toutes les dix minutes une nouvelle série (un bloc) de transactions, qu'ils ajoutent à la blockchain. En échange, ils ont une chance de percevoir une rémunération en cryptomonnaie. Selon la blockchain, il peut y avoir deux types de protocoles différents.

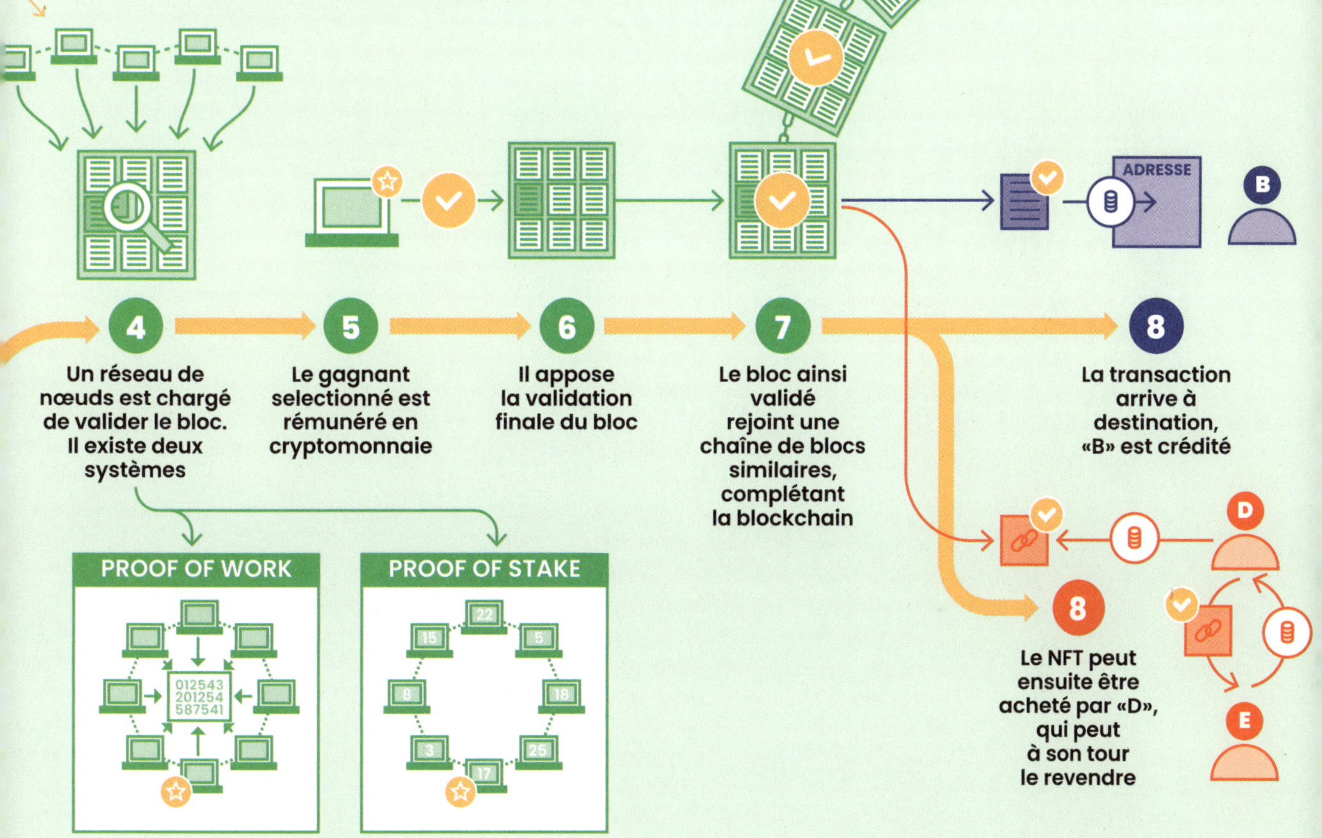

La « proof of work »

Tout d'abord, la « *proof of work* », ou preuve de travail : les nœuds tentent chacun de résoudre une opération demandant de nombreuses tentatives de calculs. Le gagnant reçoit une rémunération en cryptomonnaie. Ce qui est l'équivalent d'une loterie toutes les dix minutes, pour laquelle plus on possède de processeurs et plus on utilise d'électricité pour les faire tourner, plus on a de chances de gagner. On appelle ces opérations le « minage », particulièrement gourmand en ressources. Selon les calculs de Digiconomist, une simple transaction en Bitcoin serait, du fait de la proof of work, l'équivalent en consommation électrique du visionnage de 70 000 heures de vidéos sur YouTube.

La « proof of stake »

Second protocole, la « *proof of stake* » ou preuve d'enjeu : les nœuds participants montrent leur richesse en cryptomonnaie. Plus ils sont riches, plus ils ont de chance de gagner de nouvelles unités de cryptomonnaie à la loterie. Ce protocole est largement moins gourmand que le précédent, et a été adopté par l'Ethereum, seconde cryptomonnaie en termes de capitalisation après le Bitcoin.

Les loisirs évoluent, les modes de consommation changent et avec le streaming, l'industrie musicale et audiovisuelle est en pleine mutation, la lecture pollue peu, quel qu'en soit le support. Mais l'Eurovision continue depuis 67 ans et ses notes reflètent les accointances locales.
En France et dans le monde,
on continue à boire et à fumer,
mais beaucoup moins qu'avant.
Et à la montagne, on meurt plus
en marchant qu'en skiant.

04

S'enjailler

Vaut-il mieux lire un livre sur papier ou sur écran ?

D'un côté une bibliothèque remplie de livres fabriqués avec du papier venant d'arbres et transportés par des camions jusqu'à destination, de l'autre une liseuse numérique de la taille d'un livre de poche qui peut contenir des milliers d'ouvrages. Qui est le plus écolo ? La réponse n'est pas simple.

Impact carbone de la lecture de livres pendant 1 an en fonction du support

Liseuse d'une durée de vie de 5 ans incluant les émissions de la production et de l'utilisation. Livres papier à usage unique ou de seconde main incluant les émissions de la production, du transport et de la fin de vie.

Source : Ademe

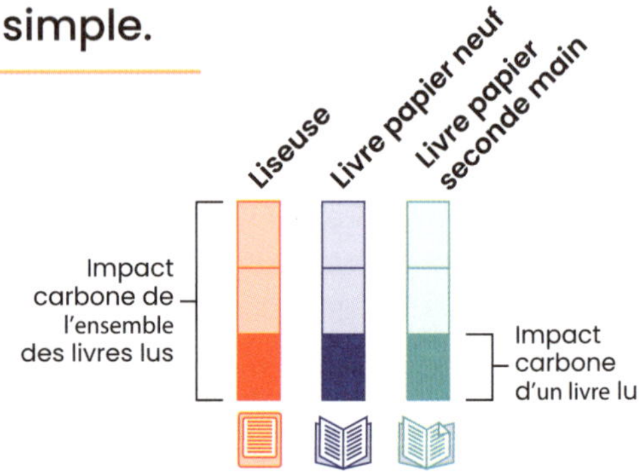

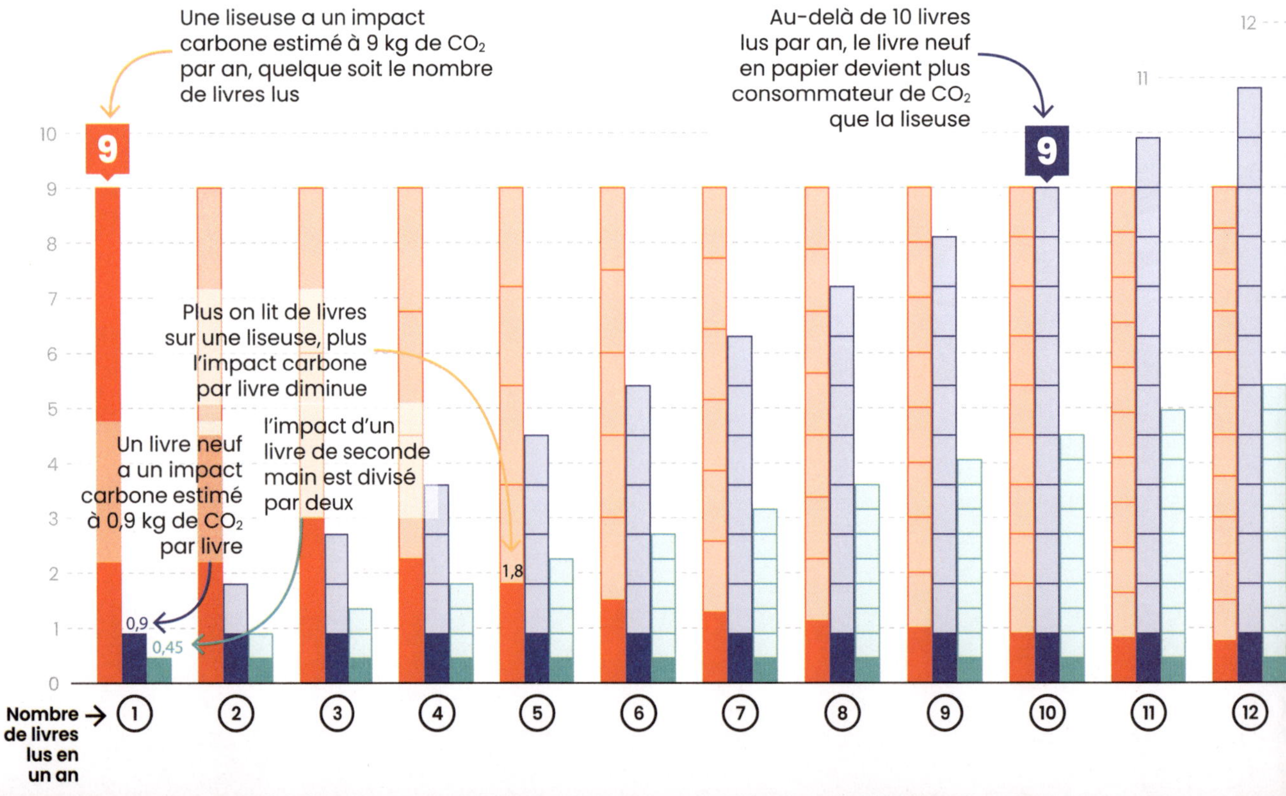

Dans la consommation d'objets culturels, la clé c'est l'usage. Acheter un DVD ou un Blu-Ray pour regarder un film une fois dans sa vie n'est pas un bon calcul. Inversement, regarder le même film 100 fois sur un service de streaming est tout aussi absurde. C'est la même chose pour la lecture de livres.

Sur toute la durée de vie estimée d'une liseuse (ici 5 ans), elle est rentabilisée d'un point de vue de son impact carbone à partir de l'équivalent de 50 livres neufs dans le cas où chaque livre n'est lu qu'une fois. (Et par conséquent, au bout de 100 livres lus dans le cas où chaque livre est lu deux fois, etc.)

Si vous n'êtes pas un gros lecteur, le livre papier est beaucoup plus vertueux, mais pour un boulimique de romans, une liseuse peut devenir un investissement raisonnable d'un point de vue écologique.

Si l'on prend en compte les ressources minérales et métalliques, le tableau est moins glorieux pour la liseuse, il faut lire 45 livres par an sur la durée de vie de l'appareil pour avoir le même impact que les livres neufs.

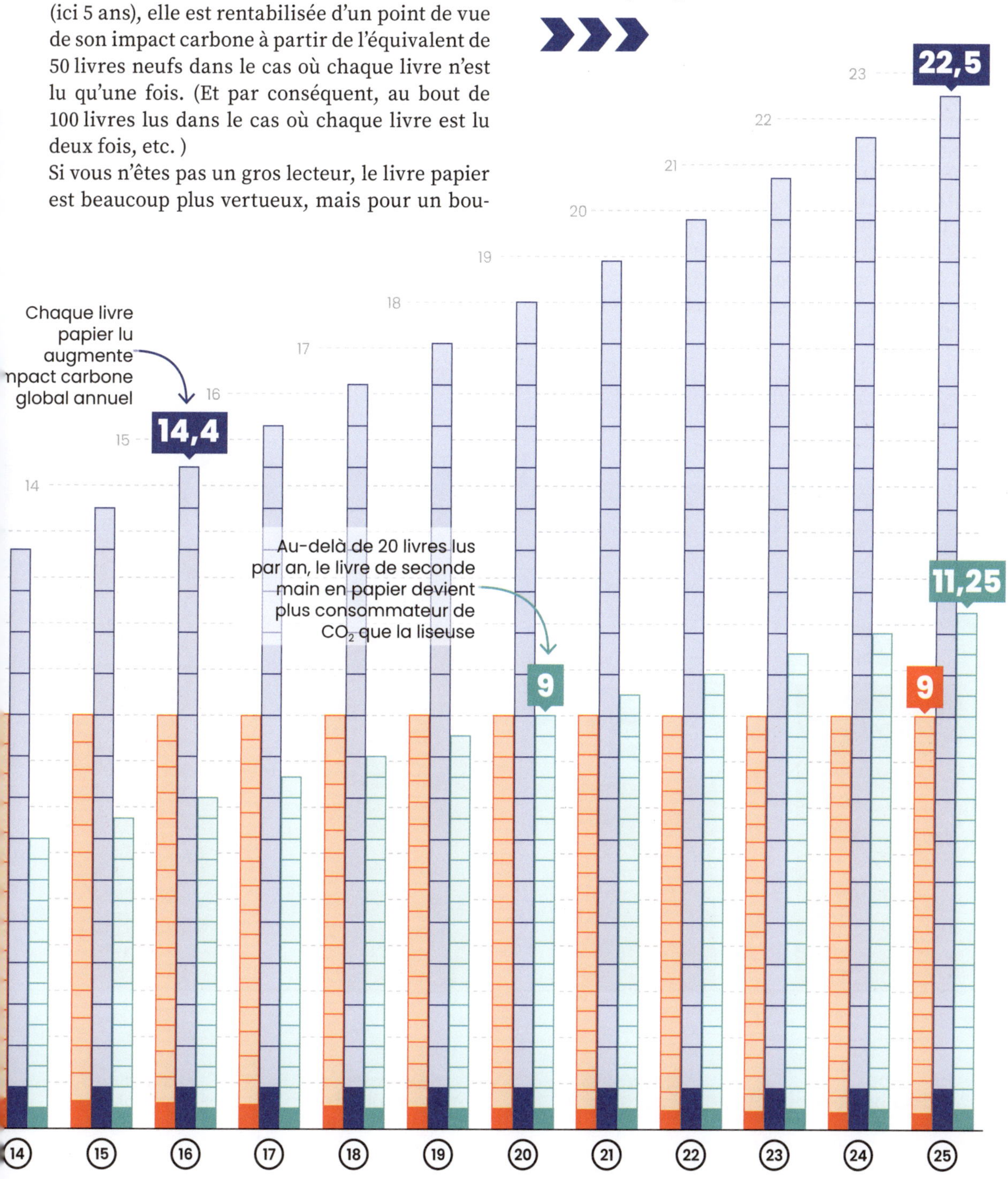

Pour les usages numériques en général : le poste d'émissions de CO_2 ultra-majoritaire est situé dans la fabrication des terminaux (liseuse, smartphone, tablette, ordinateur, téléviseur...). Donc, pour moins émettre et moins épuiser les ressources, il faut avant tout ne pas troquer son appareil pour un nouveau.
Pour l'écoute de musique, le streaming audio est un peu plus vertueux au niveau carbone que le CD, sachant que l'essentiel de l'impact vient alors du smartphone et très peu des datacenters et de la transmission réseau. Pour la vidéo, le DVD a un impact beaucoup plus important que le streaming vidéo.
On peut conclure de ces comparaisons que les évolutions des usages numériques n'apportent pas forcément de progrès sensibles sur l'impact carbone, un indice sur les limites du solutionnisme technologique.

Impact carbone de l'écoute d'une heure de musique selon différents usages

Comparaison entre l'usage d'un support physique CD et du streaming sur différents matériels. Estimations pour une utilisation moyenne. En grammes d'équivalent CO_2 pour une heure

Source : Ademe

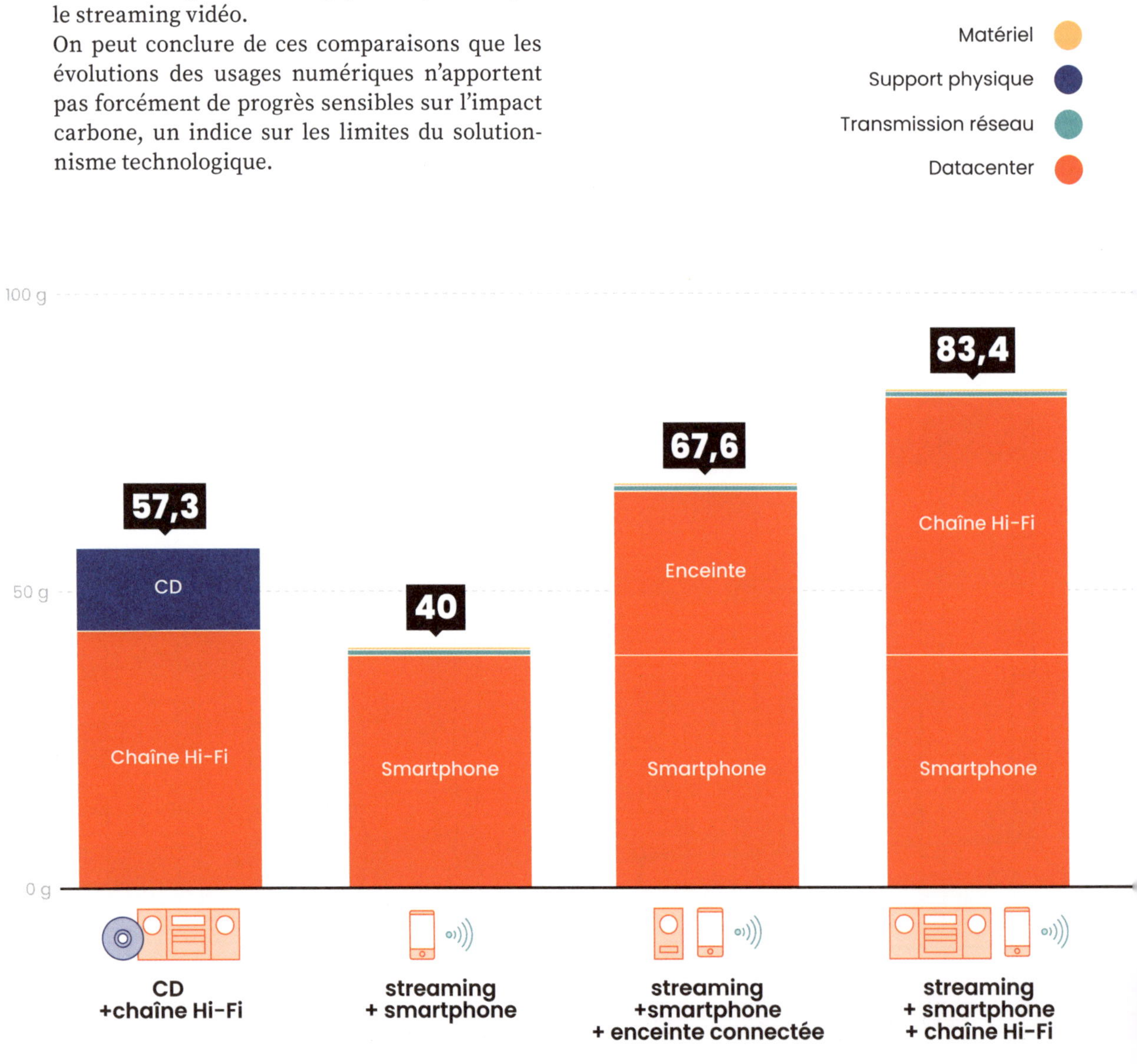

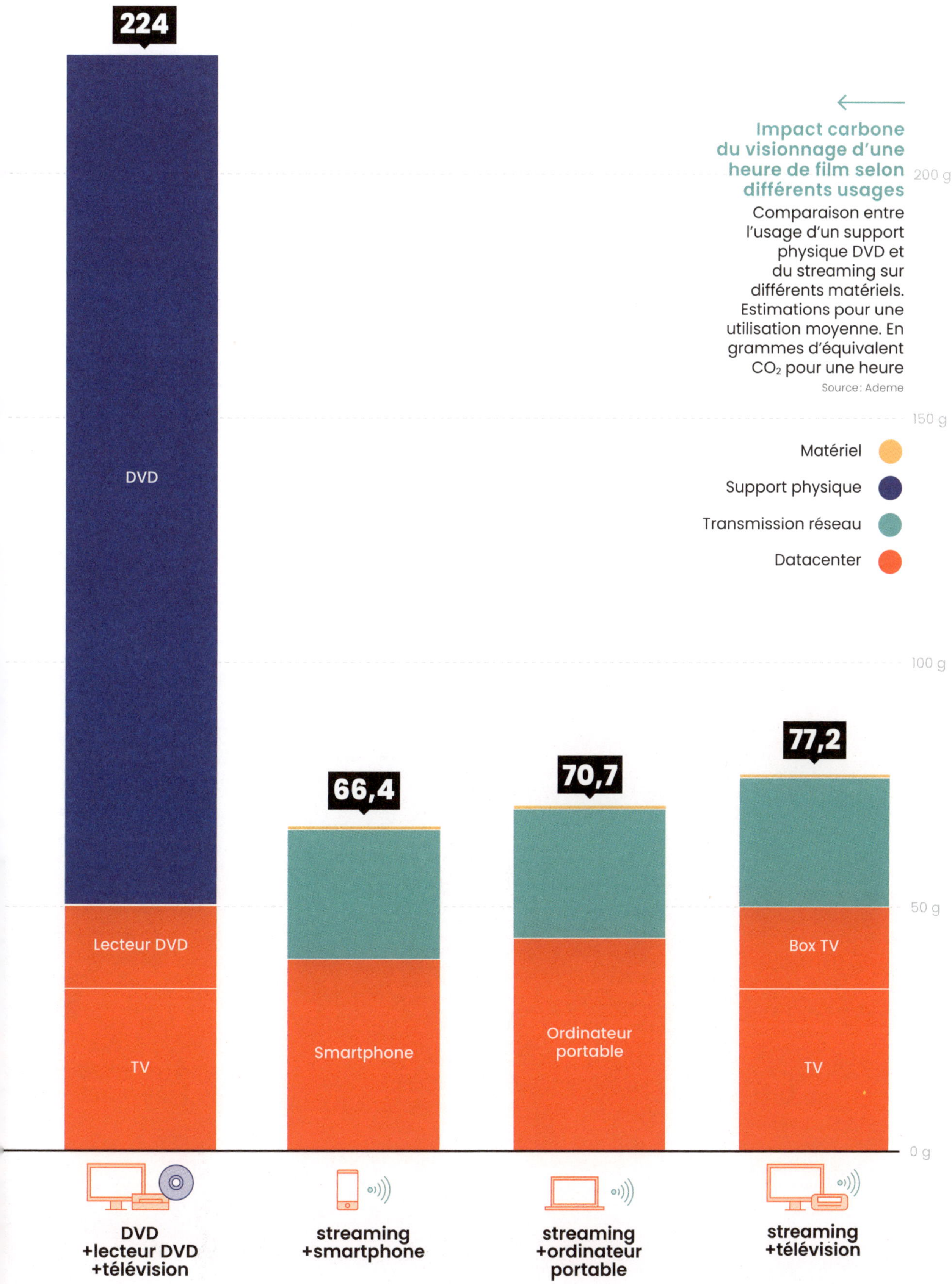

Impact carbone du visionnage d'une heure de film selon différents usages
Comparaison entre l'usage d'un support physique DVD et du streaming sur différents matériels. Estimations pour une utilisation moyenne. En grammes d'équivalent CO_2 pour une heure
Source : Ademe
Matériel
Support physique
Transmission réseau
Datacenter
200 g
150 g
100 g
50 g
0 g
224
DVD
Lecteur DVD
TV
66,4
Smartphone
70,7
Ordinateur portable
77,2
Box TV
TV
DVD +lecteur DVD +télévision
streaming +smartphone
streaming +ordinateur portable
streaming +télévision

L'industrie de la musique a-t-elle passé la vague du MP3 ?

Les revenus de la musique ont chuté avec l'arrivée d'internet et du MP3 qui ont disrupté le CD au début des années 2000, mais le secteur a réagi en créant un nouveau système de prison dorée avec le streaming et en faisant payer plus cher les concerts.

Aux débuts du MP3 au tournant du XXIe siècle, l'industrie du disque a tremblé. Avec le développement d'un piratage à l'échelle universelle, tout internaute avec un ordinateur et l'accès à internet pouvait facilement télécharger gratuitement des albums entiers. Illégalement, bien sûr, mais de manière si simple.
Les solutions adoptées à l'époque consistaient en un volet répressif comme on l'a vu avec la loi Hadopi en France, et un volet de rémunération à la source avec la redevance pour copie privée sur les achats de matériel pouvant lire des contenus piratés (ordinateurs, baladeurs, smartphones...)

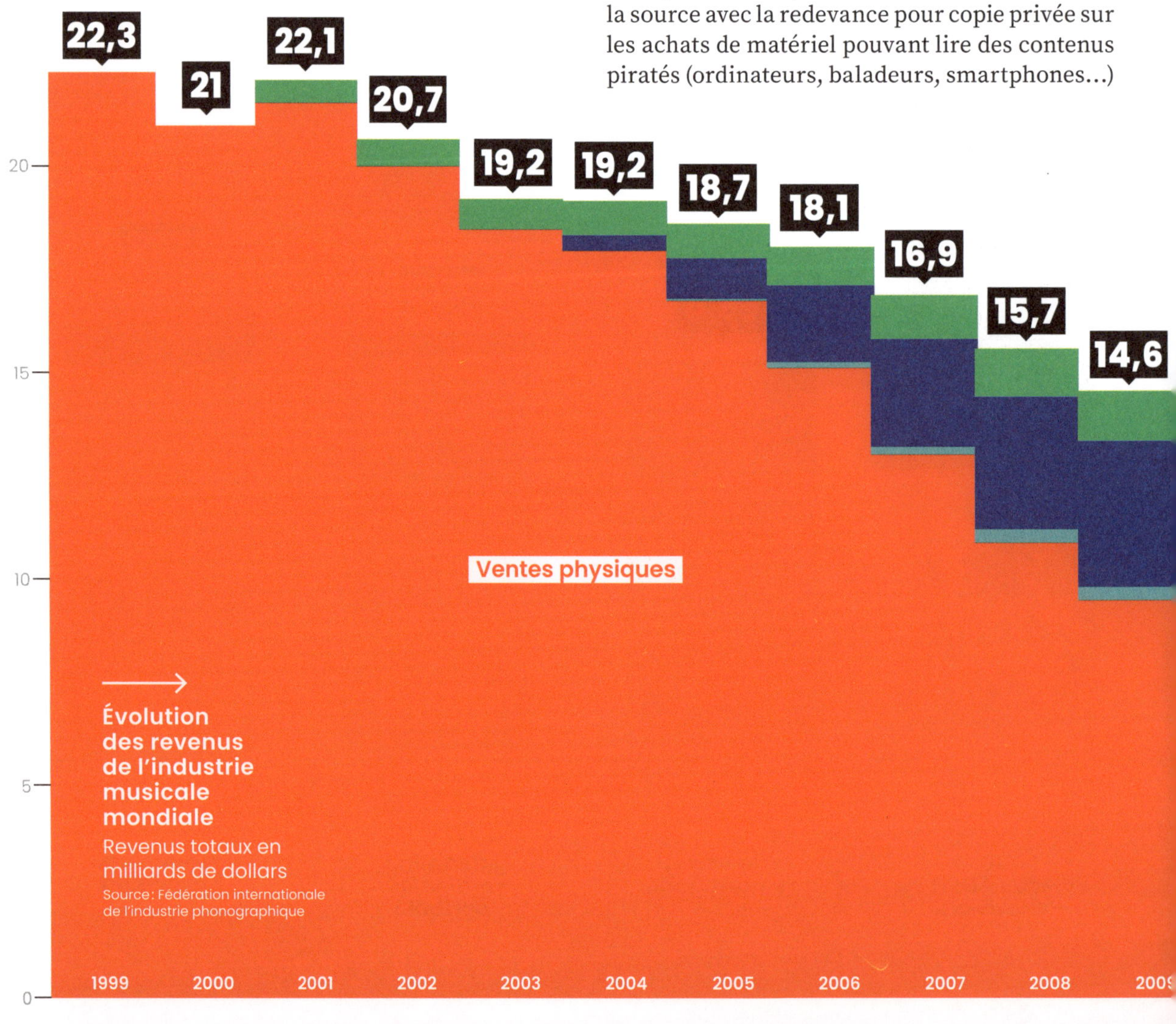

Évolution des revenus de l'industrie musicale mondiale
Revenus totaux en milliards de dollars
Source : Fédération internationale de l'industrie phonographique

Cette collecte est encore d'actualité aujourd'hui et s'étend même aux produits reconditionnés.
Une des pistes proposées alors était la licence globale, une sorte d'équivalent de la redevance télé adapté au marché de la musique et qui redistribuerait aux artistes une somme contre le droit de télécharger sans limite.
Avec l'iPod et l'iTunes Music Store, Apple a proposé un système clé-en-main vertueux où le disquaire devenait virtuel. Au lieu d'acheter un album en version physique on l'achetait en version numérique. Le seul vrai problème de ce sytème consistait en l'utilisation de DRM, ces verrous qui empêchaient les fichiers d'être lisibles par n'importe qui sur n'importe quel support et enfermaient donc les acheteurs légitimes. Quand Apple a imposé aux maisons de disque la fin des DRM pour les titres achetés légalement sur sa plateforme la rendant donc interopérable avec tout matériel informatique, ce business model était déjà en cours d'obsolescence avec le développement des plateformes de streaming audio comme Deezer ou Spotify.

Elles reprennent le principe de la licence globale en permettant d'accéder à un catalogue pléthorique contre un abonnement mensuel, mais elles ont par conséquent recours aux DRM pour empêcher les mélomanes de continuer à écouter de la musique lorsqu'ils ne paient plus l'abonnement.
Pour l'industrie phonographique mondiale, les services de streaming sont désormais une rente qui a largement compensé le ralentissement du marché physique. Pour les clients c'est une prison dorée : une offre culturelle énorme mais impossible d'en sortir sans tout perdre. Aujourd'hui en France, les artistes compensent avec la scène les pertes de revenus par rapport à la période dorée du début des années 2000. Les recettes de billetterie de spectacles de variétés et de musiques actuelles ont ainsi presque triplé entre 2005 et 2019 avant un coup d'arrêt dû à la pandémie. Mais tout cela ne présage pas forcément d'une juste redistribution de ces revenus.

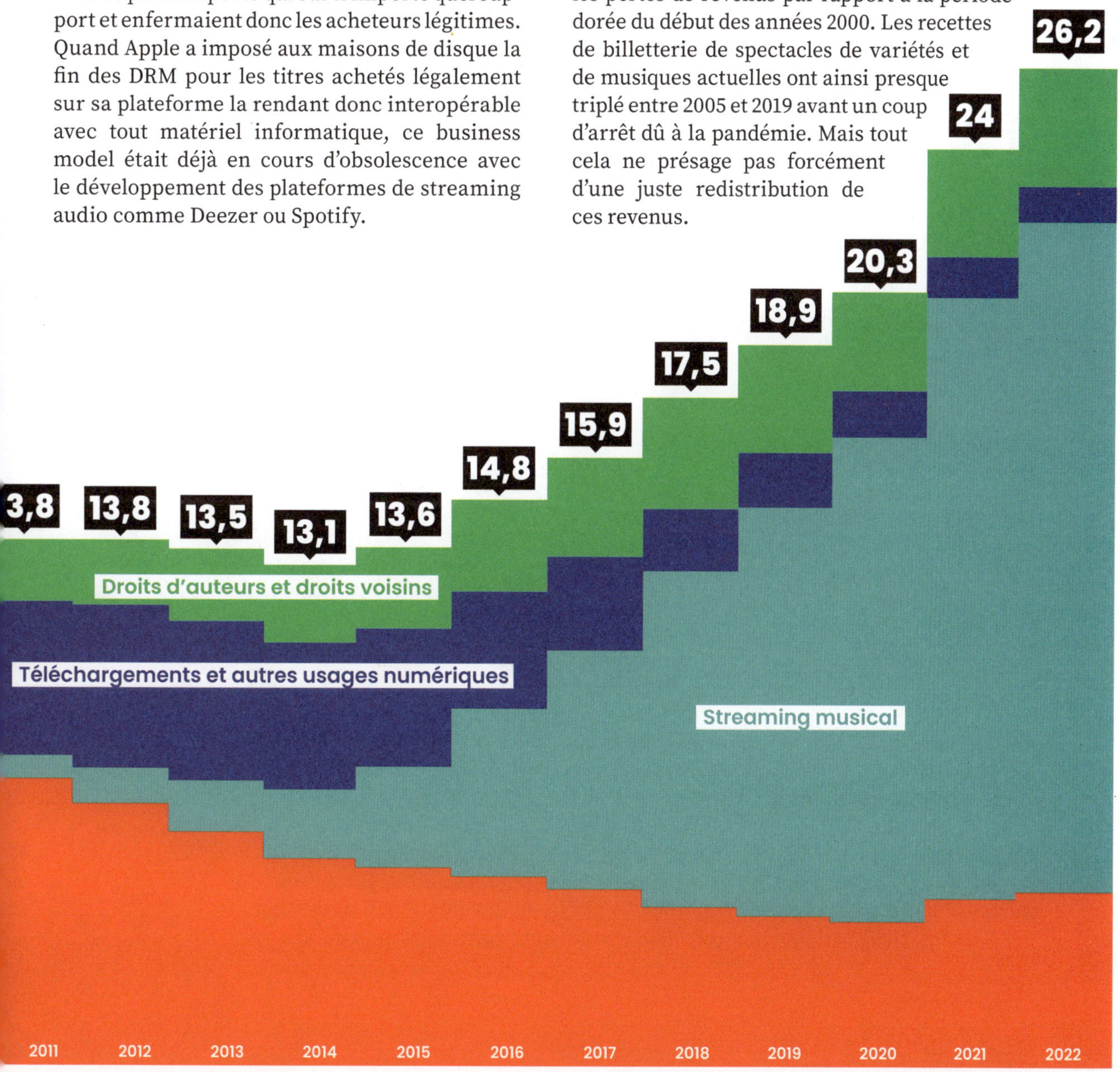

Eurovision, les copains d'abord ?

Au-delà des goûts musicaux, le marronnier de la chanson institutionnelle et rarement commerciale est aussi un miroir des affinités entre pays européens.

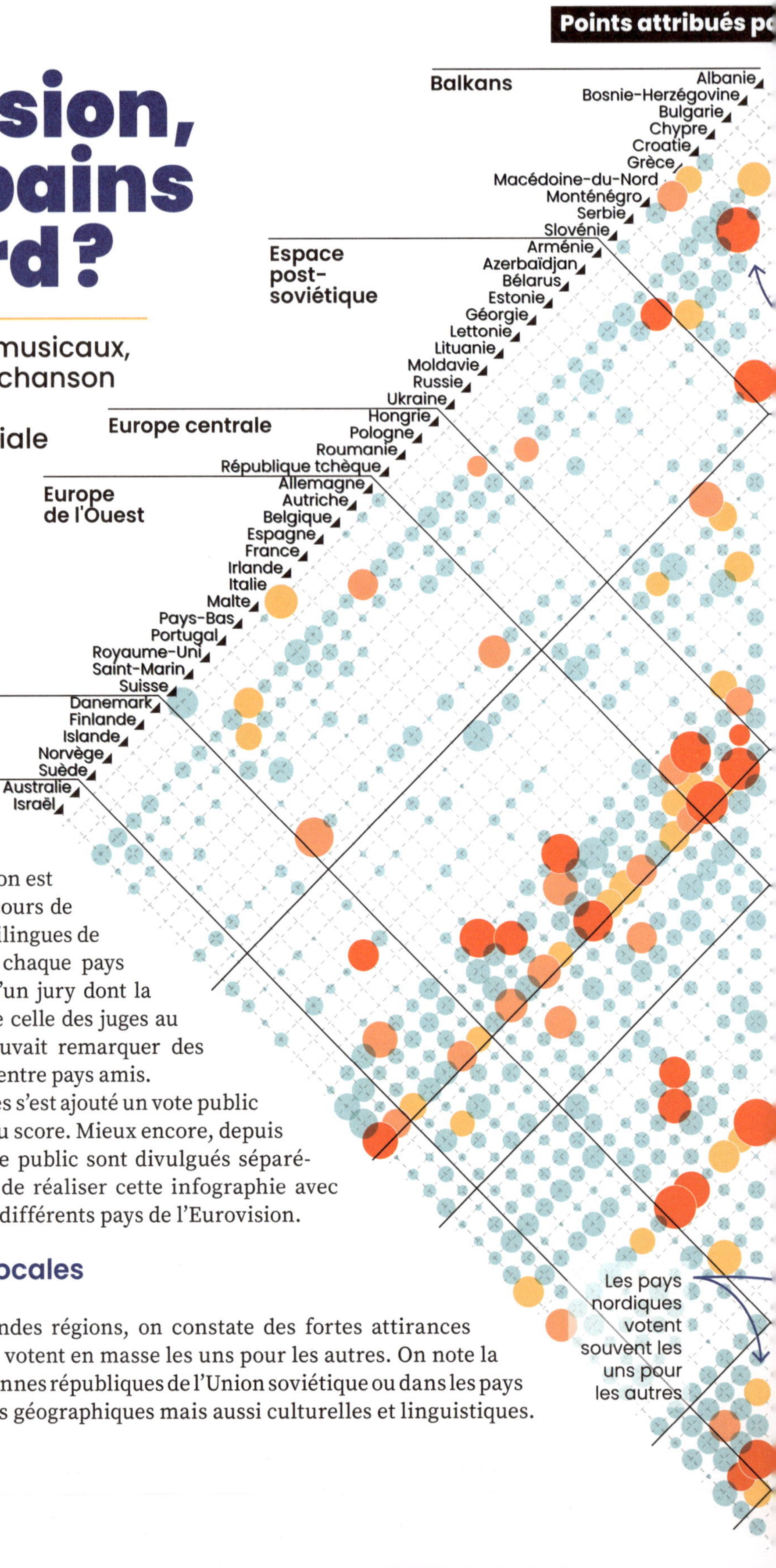

Le vote des pays à l'Eurovision est un sketch éternel, joué au cours de ces longues énumérations bilingues de fin de soirée. Auparavant, chaque pays votait par l'intermédiaire d'un jury dont la partialité n'avait d'égale que celle des juges au patinage artistique. On pouvait remarquer des échanges de bons procédés entre pays amis. Mais depuis quelques années s'est ajouté un vote public qui compte pour la moitié du score. Mieux encore, depuis 2016, les chiffres de ce vote public sont divulgués séparément, ce qui nous permet de réaliser cette infographie avec tous les votes du public des différents pays de l'Eurovision.

Des accointances locales

En les regroupant par grandes régions, on constate des fortes attirances locales. Les pays nordiques votent en masse les uns pour les autres. On note la même solidarité entre anciennes républiques de l'Union soviétique ou dans les pays des Balkans. Des proximités géographiques mais aussi culturelles et linguistiques.

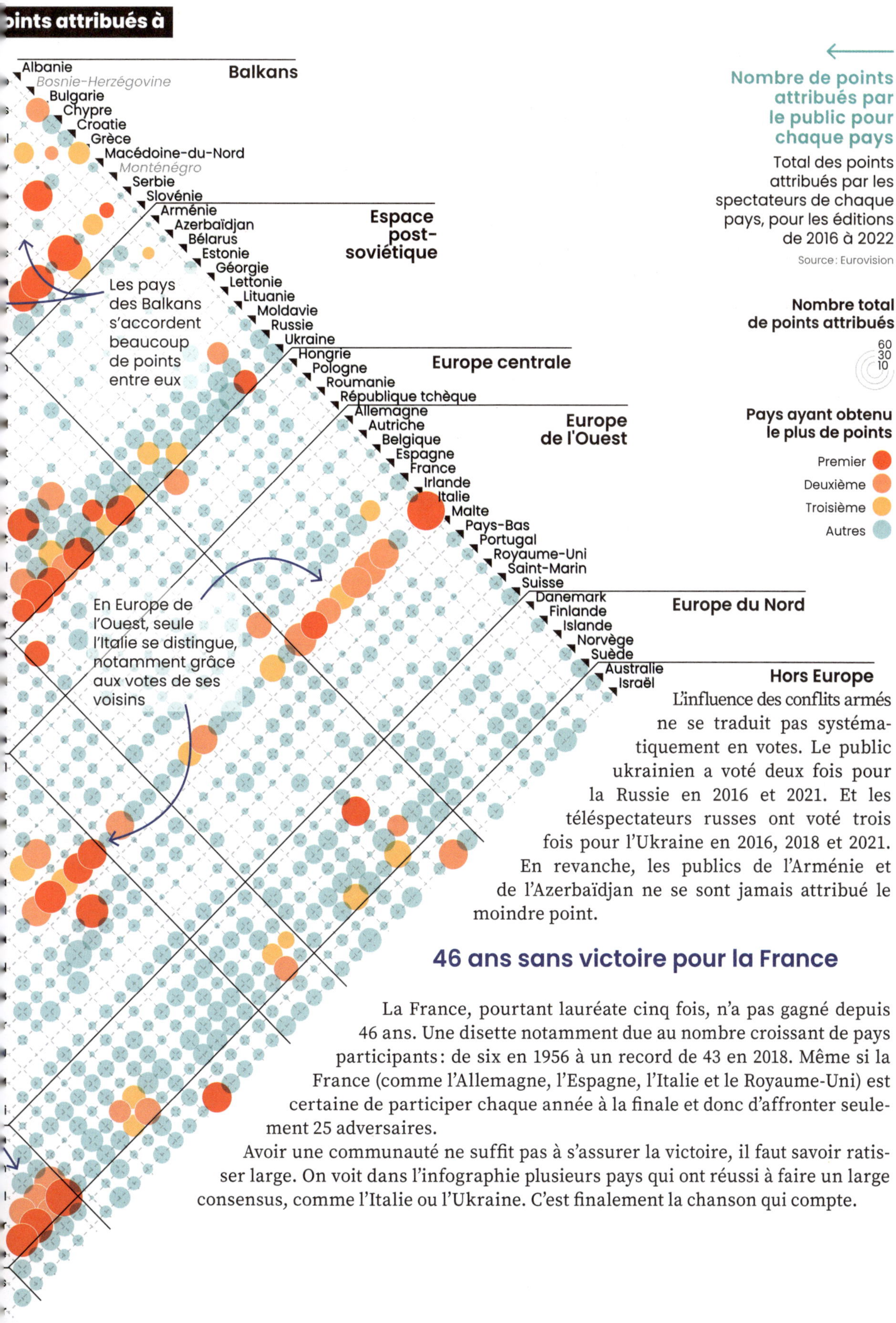

L'influence des conflits armés ne se traduit pas systématiquement en votes. Le public ukrainien a voté deux fois pour la Russie en 2016 et 2021. Et les téléspectateurs russes ont voté trois fois pour l'Ukraine en 2016, 2018 et 2021. En revanche, les publics de l'Arménie et de l'Azerbaïdjan ne se sont jamais attribué le moindre point.

46 ans sans victoire pour la France

La France, pourtant lauréate cinq fois, n'a pas gagné depuis 46 ans. Une disette notamment due au nombre croissant de pays participants : de six en 1956 à un record de 43 en 2018. Même si la France (comme l'Allemagne, l'Espagne, l'Italie et le Royaume-Uni) est certaine de participer chaque année à la finale et donc d'affronter seulement 25 adversaires.

Avoir une communauté ne suffit pas à s'assurer la victoire, il faut savoir ratisser large. On voit dans l'infographie plusieurs pays qui ont réussi à faire un large consensus, comme l'Italie ou l'Ukraine. C'est finalement la chanson qui compte.

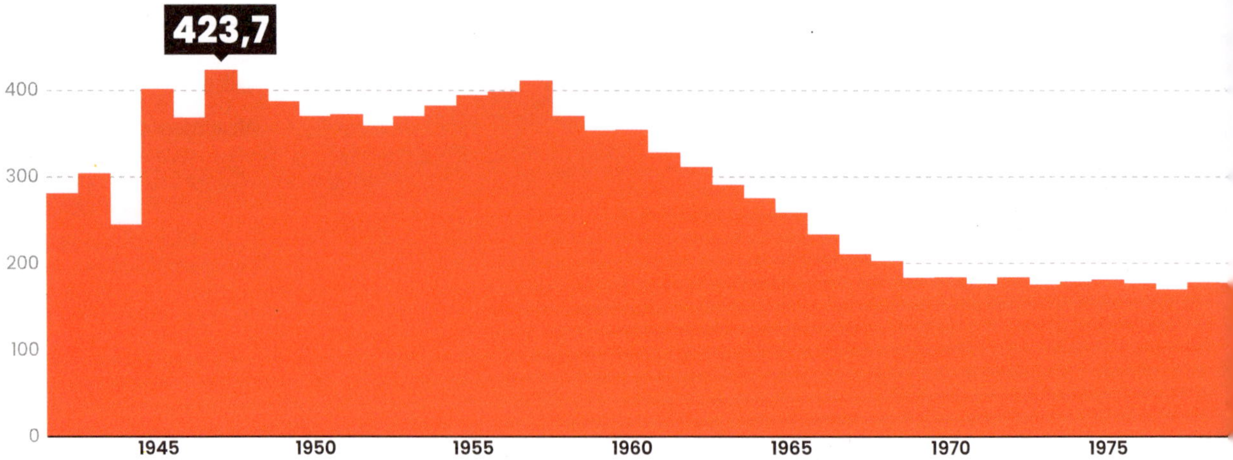

Le cinéma en salle peut-il résister au streaming ?

Les plateformes de streaming se sont développées avec les confinements dus à la pandémie de Covid-19 alors que les salles de cinéma étaient fermées au public. Ces dernières ne s'en sont pas encore totalement remises.

Les données du Centre national du cinéma et de l'image animée (CNC) montrent que les salles de cinéma à l'époque post-restrictions sanitaires enregistrent un quart d'entrées en moins qu'avant la pandémie. Sur une dizaine d'années, la tendance du secteur était pourtant très stable, avec environ 200 millions d'entrées annuelles. Les chiffres en France sont équivalents à ceux mesurés dans les autres pays européens.

Les deux années de mesures sanitaires ont logiquement vu la fréquentation dégringoler avec neuf mois complets de fermeture totale, s'ajoutant à cela des mesures plus ou moins dissuasives comme des capacités réduites, le port du masque, l'obligation du pass sanitaire ou simplement la peur d'être contaminé.

Son principal concurrent est le streaming, que l'on peut traduire par « projection » dans le sens d'un film diffusé en direct depuis un *datacenter* vers un récepteur personnel (télévision, ordinateur, etc.) Les plateformes de streaming proposent essentiellement l'accès illimité à un catalogue de films et de séries contre un abonnement mensuel.

En France, on compte fin 2022 environ 11 millions d'abonnements à Netflix, 7 millions à Prime video et 4 millions à Disney+. Les courbes d'abonnement montrent une possible bascule entre le cinéma en salles et le home cinéma depuis 2020. On note pour le cas de Netflix des accélérations de prises d'abonnement au moment des deux confinements.

Il est probable que l'on regarde autant d'œuvres filmées qu'avant mais que les pratiques de consommation soient en train d'évoluer. Au moins temporairement, le cinéma en a vu d'autres.

Si on regarde l'historique de fréquentation des salles de cinéma depuis la fin de la Seconde Guerre mondiale, le creux de la vague s'est produit au tournant des années 1990, après l'arrivée de nouvelles chaînes de télévision, notamment Canal+. On s'aperçoit en revanche que le nombre d'entrées était en augmentation légère mais régulière depuis les années 2000, renouant avec les niveaux de la fin des années 1960.

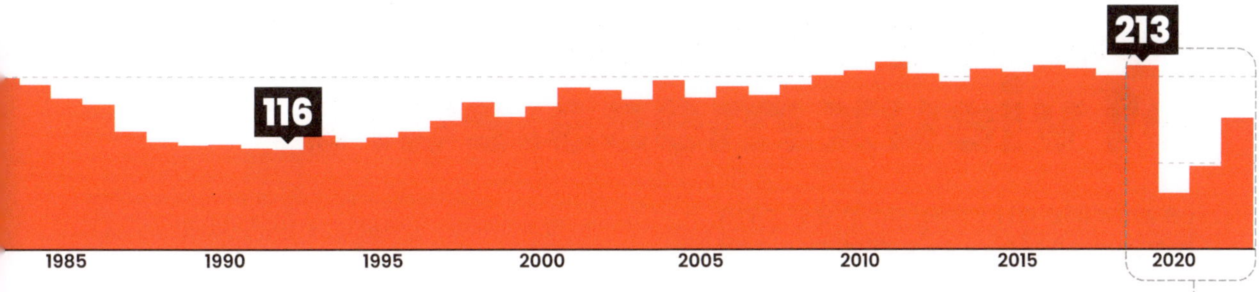

La fréquentation des salles de cinéma depuis 1942

Nombre d'entrées par an, en millions

Source : Wikipedia

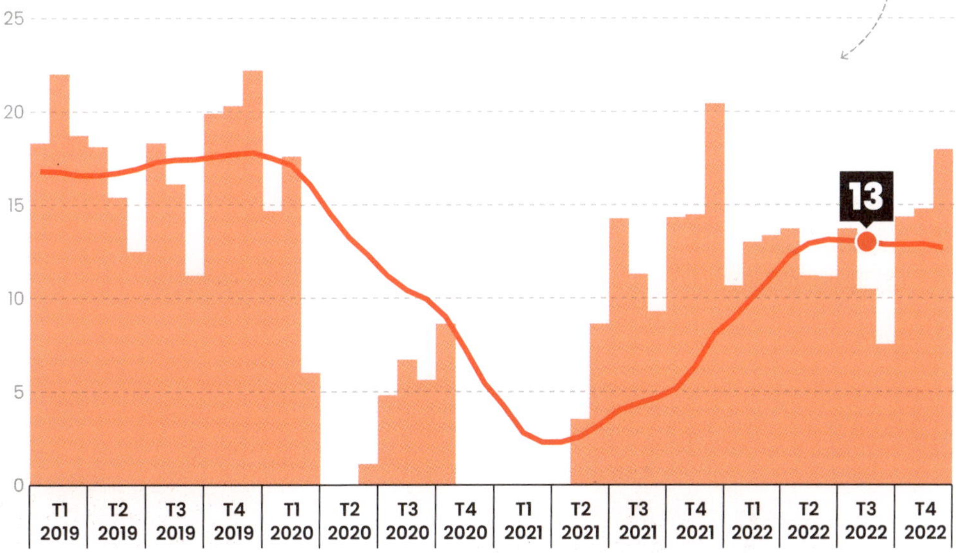

La fréquentation mensuelle des salles de cinéma

Nombre d'entrées par mois, en millions, et moyenne glissante sur 12 mois

Source : CNC

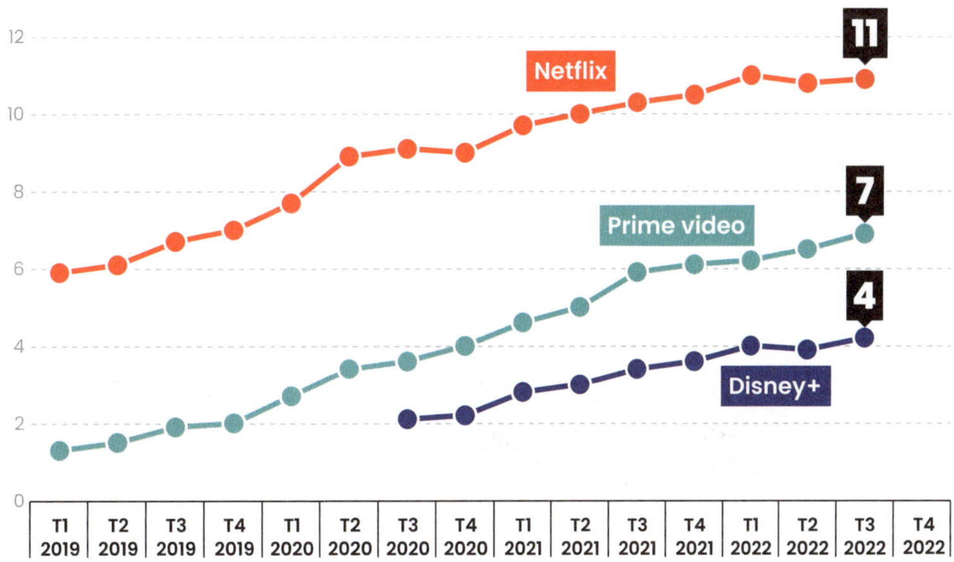

Les abonnés aux plateformes de streaming

Nombre d'abonnements actifs trimestriels aux différentes plateformes, en millions

Source : CNC

Cinéma : jeunes femmes et vieux messieurs

Le monde du cinéma n'est pas forcément le plus woke qui soit, mais on peut constater des progrès dans la différence d'âge entre les acteurs et les actrices. Plongée dans les résultats des Oscars (américains) et des César (français).

Quand on regarde les prix de la meilleur actrice et du meilleur acteur aux Oscars, on constate qu'en moyenne générale, le meilleur acteur a 45 ans, la meilleure actrice 37 ans. Pour les seconds rôles, on monte à 50 ans et 41 ans. Les Oscars favorisent donc les jeunes premiers aux moins jeunes seconds.
En regardant l'évolution on peut constater que la différence femmes-hommes est là depuis toujours mais a tendance à s'amenuiser. Depuis

Oscars

Meilleure actrice

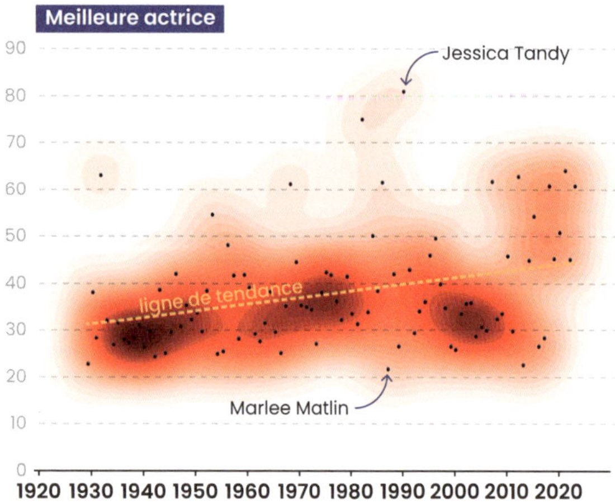

Meilleur acteur

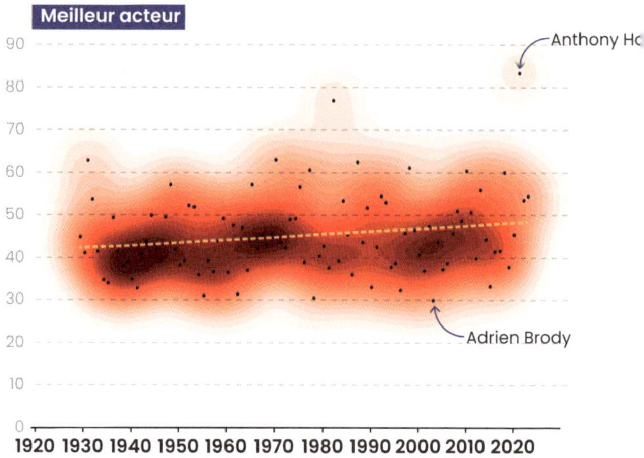

Meilleure actrice de second rôle

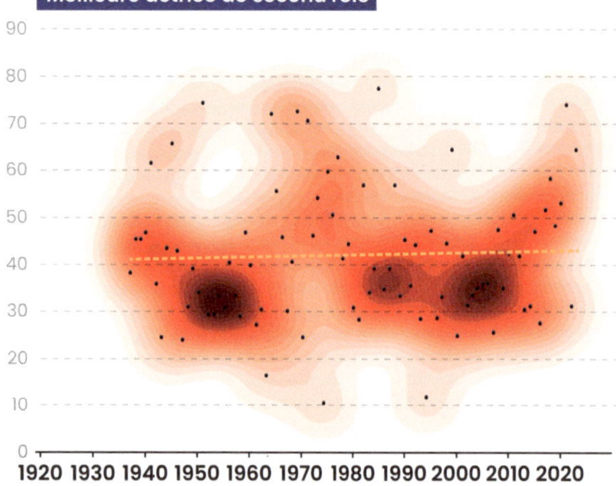

Meilleur acteur de second rôle

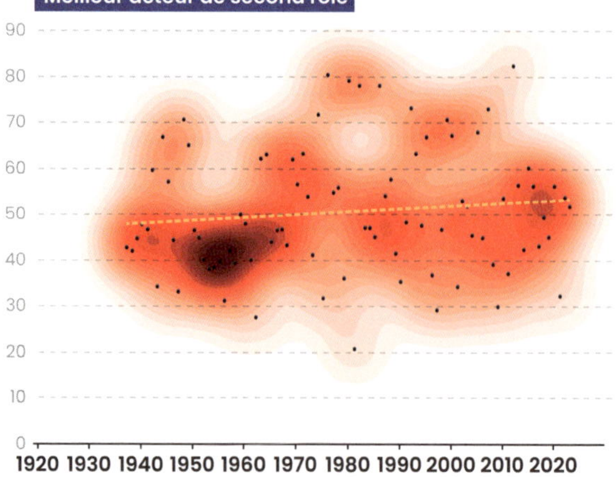

une dizaine d'années cette question de l'âge est entrée dans le débat et l'on voit bien une évolution vers des actrices un peu plus âgées tandis que l'âge des lauréats homme n'évolue pas vraiment.

En France, le meilleur acteur a en moyenne 47 ans, la meilleure actrice a 41 ans. On note néanmoins que l'âge des hommes est stable au cours de la courte histoire des Césars, alors que celle des femmes augmente régulièrement au point que les femmes sont désormais en moyenne plus vieilles que les hommes pour le prix de meilleur interprète.

Les César ont tendance à récompenser les mêmes plusieurs fois (Adjani cinq fois lauréate, Dominique Blanc quatre fois…), ce qui ne favorise pas le rajeunissement des primés. Côté seconds rôles, la meilleure actrice a le même âge moyen (41 ans) et le meilleur acteur est un peu plus vieux (50 ans).

Les comédiens ont droit à des titres pour deux genres, ce qui n'est pas le cas du prix de réalisation, théoriquement mixte. Les femmes y sont totalement invisibilisées, autant dans les nominations que chez les vainqueurs. En France, seule Tonie Marshall a obtenu le prix au milieu de 47 hommes. Aux États-Unis, trois femmes ont remporté le prix depuis 2010 pour 92 hommes.

Répartition des lauréats par âge et par cérémonie

Pour les cérémonies des César et des Oscars dans les catégories meilleure actrice, meilleur acteurs et seconds rôles

Sources: Oscars et César

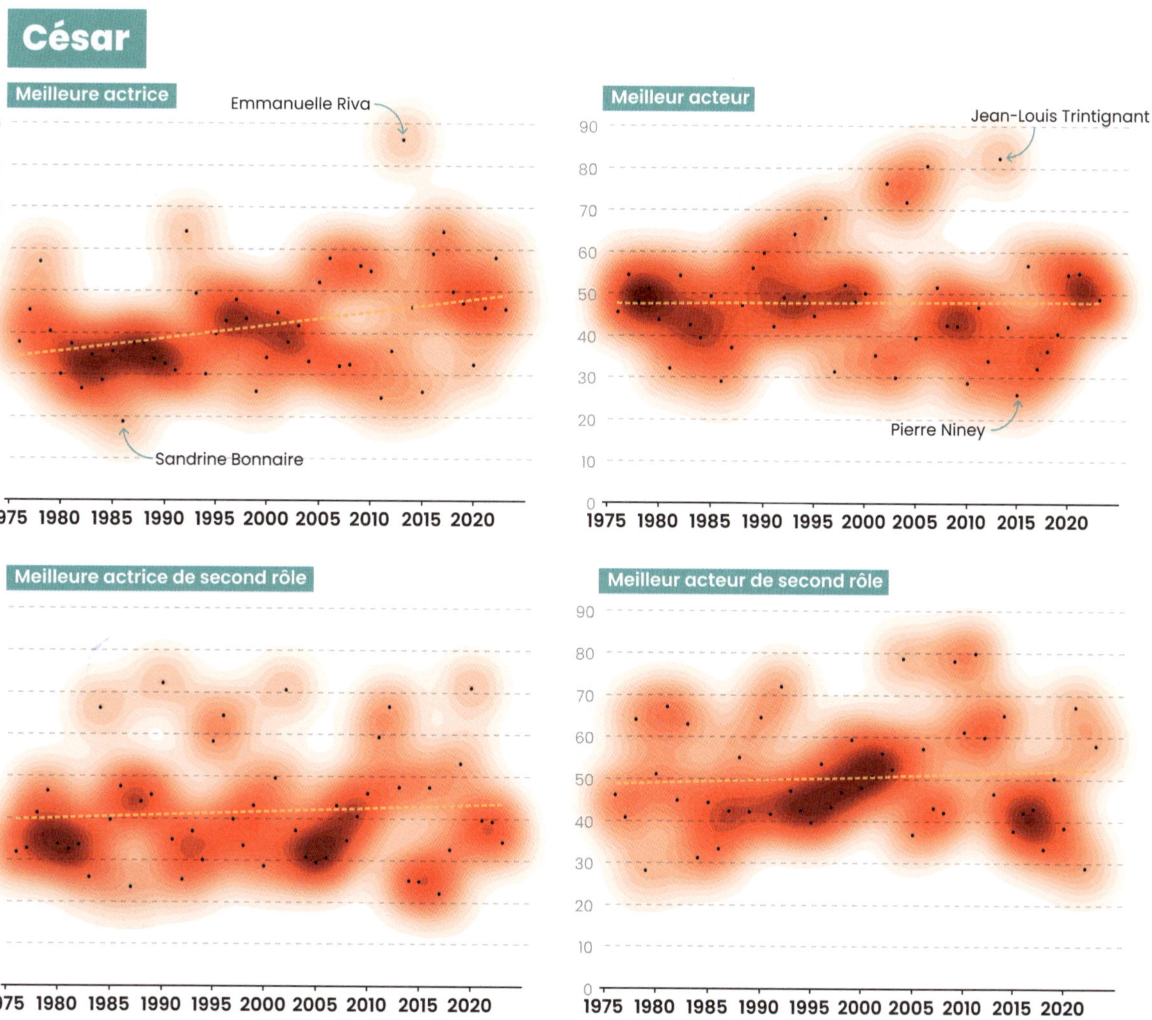

Les notes des films à gros budget sont-elles bidonnées ?

Lors de la sortie de films à gros budget, de nombreuses critiques de spectateurs sont déposées sur la plateforme Allociné. Si la plupart d'entre elles semblent provenir de cinéphiles authentiques, d'autres font probablement partie de la campagne de promotion des films.

Pour étudier la question, nous avons, avec *Libération*, analysé quatre films sortis dans un intervalle d'une vingtaine de jours d'écart au mois de janvier 2022 : le très gros budget français *Astérix et Obélix : l'Empire du Milieu*, le film très idéologique *Vaincre ou mourir*, le film historique *Tirailleurs*, et la production américaine *Babylon*, prise ici comme un film témoin.
Nous en avons extrait les notes données par les spectateurs, et notamment les informations sur leur auteur : date d'inscription et nombre de commentaires postés. Pour le film *Astérix et Obélix : l'Empire du Milieu*, la majorité des commentaires cinq étoiles proviennent de comptes ayant commenté pour la première fois. Et ces derniers se sont le plus souvent inscrits sur le site Allociné aux alentours du 1er février, la date de la sortie du film en salle. Alors que les profils des spectateurs ayant mal noté le film sont généralement plus anciens.

Astérix et Obélix : l'Empire du Milieu

1er février 2023 - Guillaume Canet

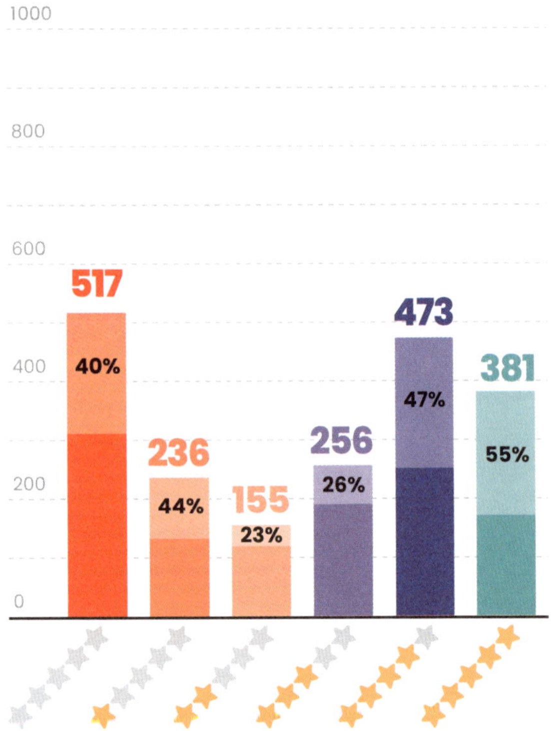

Vaincre ou mourir

25 janvier 2023 - Vincent Mottez, Paul Mignot

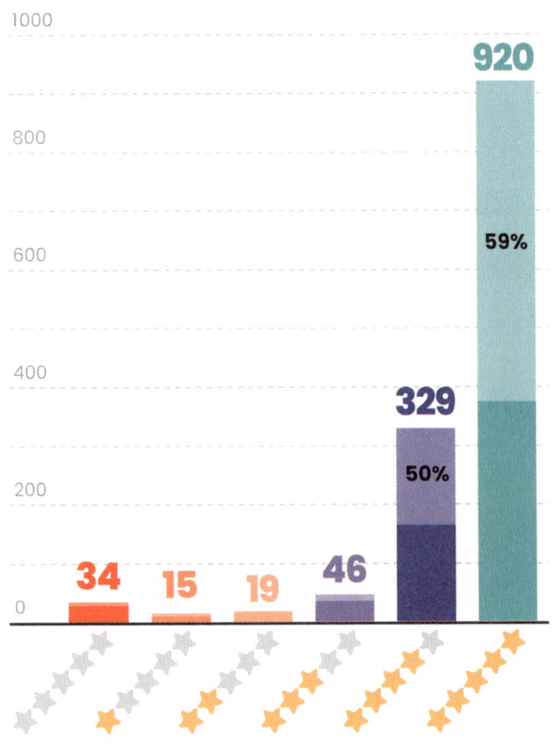

Babylon
18 janvier 2023 - Damien Chazelle

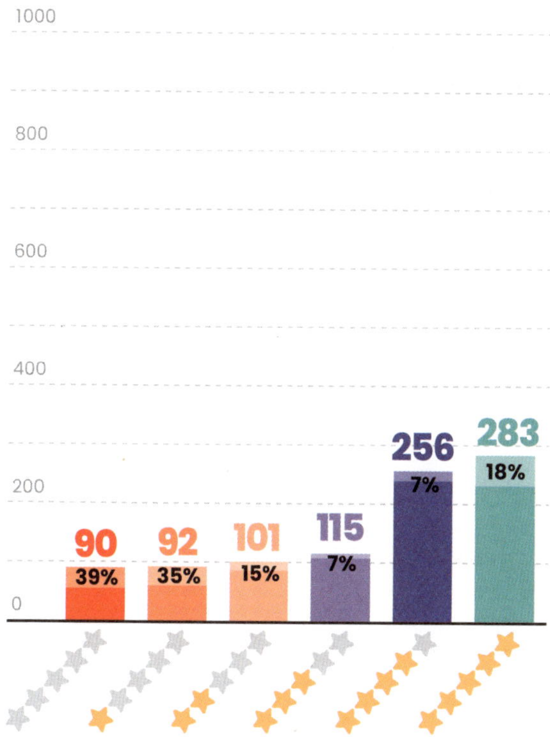

Tirailleurs
4 janvier 2023 - Mathieu Vadepied

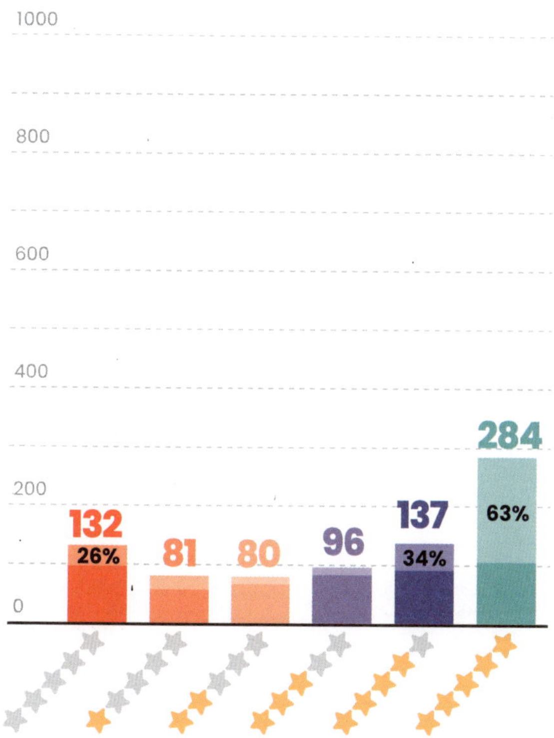

Même chose du côté du film *Vaincre ou Mourir*, produit par le Puy du Fou et accusé par de nombreux chercheurs de travestir la réalité historique. Plusieurs centaines de commentaires positifs y ont même été laissés dès le jour de sa sortie avant 7 heures du matin. Et 95 % de ceux qui ont mis la note maximale au film *Vaincre ou mourir* et ont également noté le film *Tirailleurs* d'Omar Sy ont mis zéro ou une étoile à ce second film, en parlant d'un « film politisé ».
Interrogés par *Libération*, deux spécialistes du marketing en ligne, dont les recherches portent notamment sur les faux avis, ont indiqué : « cela transpire les faux commentaires », mais également « On ne peut pas accuser de façon formelle de triche, mais elle est pour le moins soupçonnable. »
La plateforme Allociné n'est cependant pas complètement dupe des tentatives de manipulation de la notation. Elle a en effet modifié depuis 2021 ses méthodes de calcul des moyennes, en attribuant à chaque utilisateur un score de crédibilité en fonction de son activité sur le site. Résultat, « des créations de compte ad hoc sont quasiment sans impact » indiquent-ils. Ce qui explique pourquoi le film *Astérix et Obélix : l'Empire du Milieu*, malgré un nombre élevé de notes entre 4 et 5 étoiles, n'a eu qu'1,8 étoile comme note moyenne spectateur de la part d'Allociné.

←

Nombre de notes spectateurs par film sur le site Allociné
Et part des notes publiées par des comptes n'ayant donné qu'une seule note
Source : Allociné

Le tabac est-il toujours tabou ?

Chez les fumeurs, la parité est quasiment atteinte en France. Presque autant de femmes que d'hommes sont consommateurs de tabac (32 % contre 34 %). La France est même l'un des pays du monde dans lequel la part de femmes accro à la cigarette est la plus élevée.

Mais ces chiffres prennent en compte les fumeurs occasionnels. Lorsqu'on se focalise sur les fumeurs quotidiens, ils sont en France au nombre de 28 % pour les hommes et 23 % pour les femmes. La tendance sur 20 ans reste à la baisse malgré un sursaut en 2020, l'année du Covid, mais la décrue est plus marquée pour les hommes que pour les femmes.

Les femmes de plus de 45 ans fument même davantage qu'il y a 20 ans. Alors que chez les plus jeunes, la tendance est clairement à la baisse depuis 2000. Moins chez les femmes que chez les hommes, ce qui fait qu'en 2021, les fumeurs réguliers parmi les 18-24 ans atteignent la quasi-parité (respectivement 28 % en 27 % – alors que la part s'élevait respectivement à 45 et 40 % il y a 20 ans).

Les fumeurs français ont largement diminué leur consommation moyenne : de 82 milliards de cigarettes vendues en France en 2000, on est passé à 33 milliards en 2021, soit une baisse de 60 %, en grande partie sous l'effet des taxes sur le tabac. Même en supposant une forte augmentation des ventes de cigarettes de contrebande (3 milliards d'unités sont vendues mais pas consommées sur le territoire d'Andorre ou du Luxembourg), la chute de la consommation reste très forte.

Autre bonne nouvelle, la mortalité due au tabac en France et dans le monde a fortement diminué ces 30 dernières années. Mais la cigarette reste l'une des deux premières causes de mortalité mondiale.

Et les plus modestes sont les plus touchés : la consommation de tabac en France est largement liée au diplôme et au niveau de vie. De manière générale, plus on est diplômé, moins on fume, et plus on est pauvre, plus on fume.

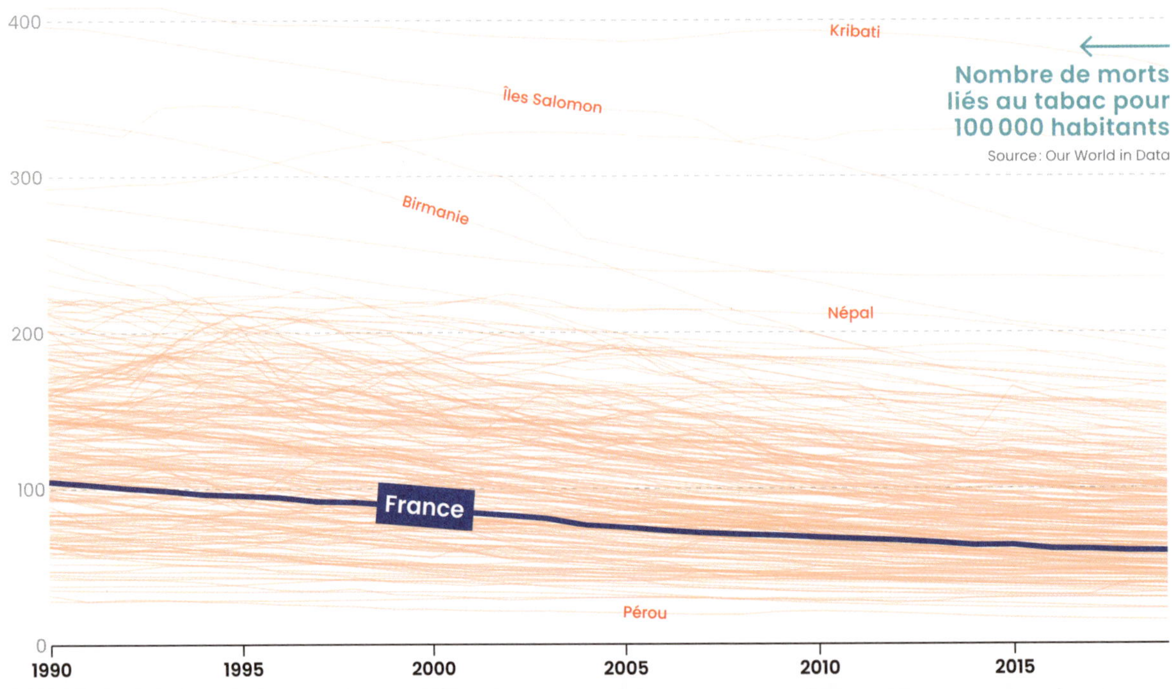

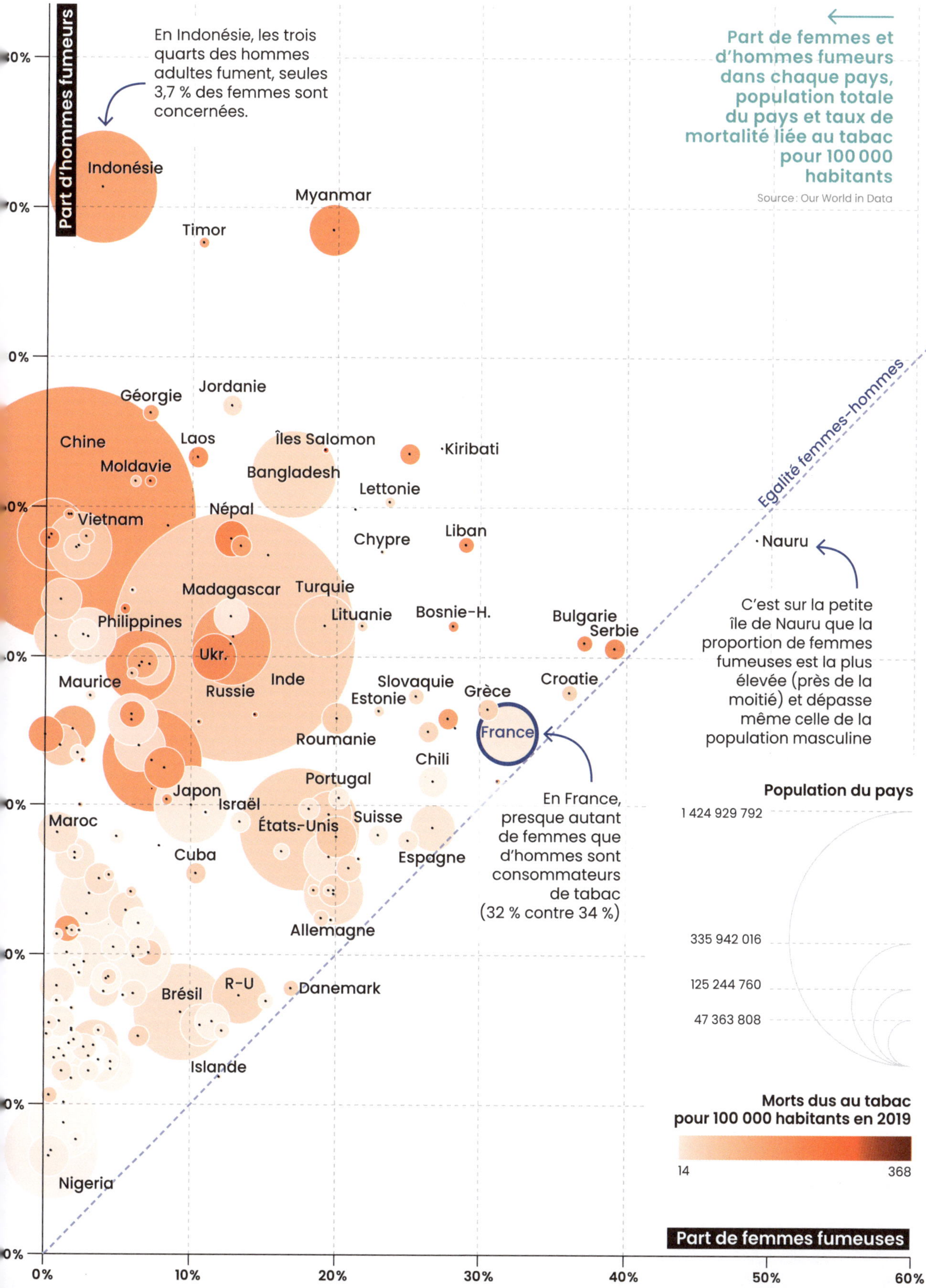

Part de femmes et d'hommes fumeurs dans chaque pays, population totale du pays et taux de mortalité liée au tabac pour 100 000 habitants
Source : Our World in Data
Part d'hommes fumeurs
Part de femmes fumeuses
En Indonésie, les trois quarts des hommes adultes fument, seules 3,7 % des femmes sont concernées.
C'est sur la petite île de Nauru que la proportion de femmes fumeuses est la plus élevée (près de la moitié) et dépasse même celle de la population masculine
En France, presque autant de femmes que d'hommes sont consommateurs de tabac (32 % contre 34 %)
Égalité femmes-hommes
Population du pays
1 424 929 792
335 942 016
125 244 760
47 363 808
Morts dus au tabac pour 100 000 habitants en 2019
14
368
Indonésie
Myanmar
Timor
Géorgie
Jordanie
Chine
Laos
Îles Salomon
Kiribati
Moldavie
Bangladesh
Lettonie
Népal
Vietnam
Chypre
Liban
Nauru
Madagascar
Turquie
Lituanie
Bosnie-H.
Philippines
Bulgarie
Serbie
Ukr.
Maurice
Inde
Russie
Slovaquie
Estonie
Grèce
Croatie
France
Roumanie
Chili
Portugal
Japon
Israël
Maroc
États-Unis
Suisse
Cuba
Espagne
Allemagne
Brésil
R-U
Danemark
Islande
Nigeria
0%
10%
20%
30%
40%
50%
60%

L'alcool est-il encore cool ?

En moyenne, chaque adulte boit en France l'équivalent d'un peu plus deux verres de vin par jour. La consommation y est aujourd'hui comparable à celle de l'Allemagne, du Royaume-Uni ou des États-Unis. Alors qu'il y a soixante ans, la France était de loin le premier pays en termes de consommation d'alcool par habitant.

En 1960, la consommation moyenne d'alcool équivalait à 5,5 verres par jour et par adulte (7 verres en 1920). Résultat, la France est avec l'Italie le pays dans lequel la baisse à long terme de l'absorption éthylique est la plus importante. Cette chute s'explique quasi exclusivement par la diminution de la consommation de vin, notamment à table. La consommation d'autres alcools, bière et spiritueux notamment, a quant à elle plus ou moins stagné. Mais la France, si elle n'est plus en tête du classement, reste un pays de buveurs.

Si de nombreux Français sont consommateurs d'alcool (43 millions en ont consommé au cours des 12 derniers mois selon Santé publique France), une petite proportion de la population en ingurgite l'essentiel. En effet, selon une étude datant de 2017, 3 % de la population boit plus du tiers de l'alcool consommé en France. Et les 20 % des plus gros buveurs en consomment près de 80 %.

Selon les études menées par Santé publique France, contrairement au tabac, pour lequel le phénomène est inverse, plus une catégorie sociale est favorisée, plus sa consommation d'alcool est élevée en moyenne. Mais, comme pour chaque étude de ce genre, les populations vulnérables, précaires et sans-domicile sont rarement interrogées alors qu'elles sont susceptibles d'avoir des comportements à risque concernant l'alcool.

La consommation d'alcool peut avoir des conséquences sanitaires majeures. Au niveau mondial, elle est le premier facteur de risque de mortalité prématurée et d'incapacité parmi les 15-49 ans. En Europe, elle est l'un des plus importants facteurs de risque de morbidité, avec l'hypertension artérielle, le tabac et le surpoids, et elle représente en France la deuxième cause de mortalité évitable après le tabagisme.

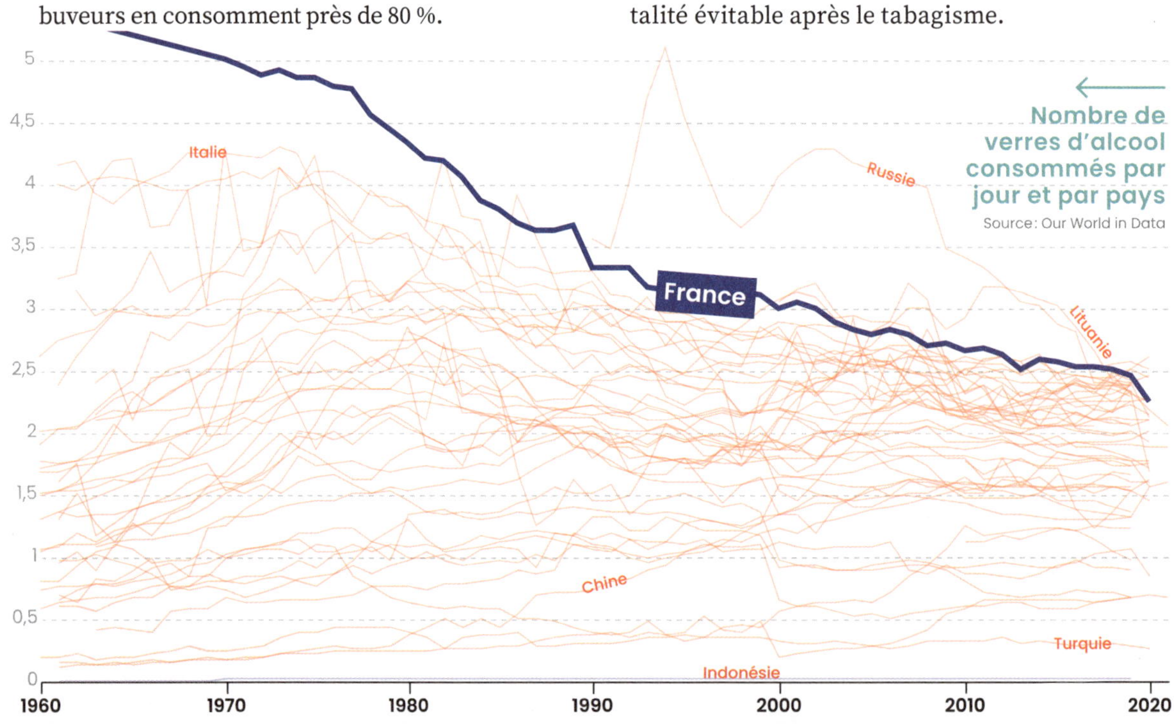

Nombre de verres d'alcool consommés par jour et par pays

Source : Our World in Data

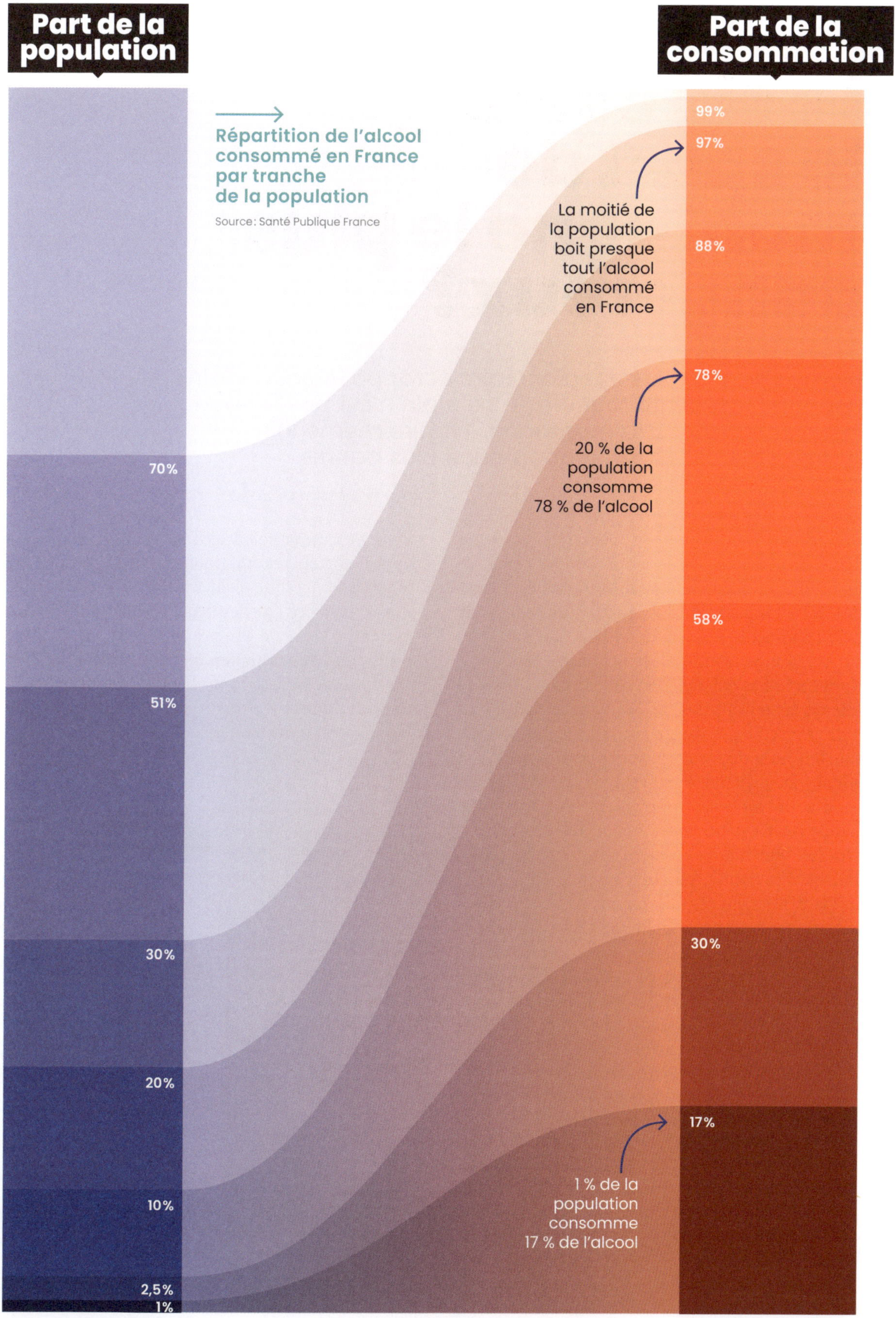
Part de la population
Part de la consommation
Répartition de l'alcool consommé en France par tranche de la population
Source : Santé Publique France
70 %
51 %
30 %
20 %
10 %
2,5 %
1 %
99 %
97 %
88 %
78 %
58 %
30 %
17 %
La moitié de la population boit presque tout l'alcool consommé en France
20 % de la population consomme 78 % de l'alcool
1 % de la population consomme 17 % de l'alcool

Le ski est-il le sport de montagne le plus dangereux ?

Même s'il est le plus spectaculaire et rappelle par certains aspects l'insécurité routière, le ski alpin n'est pas le sport le plus meurtrier à la montagne. Il figure même loin derrière bien d'autres, d'apparence plus banals.

Les sports d'hiver sont un loisir qui concerne une petite partie de la population française. Selon un sondage de l'ANMSM, seulement 15 % des Français partent au ski au moins une fois par paire d'années. Au-delà de l'hiver, la montagne est un lieu de nombreuses pratiques sportives, dont certaines extrêmes comme le canyoning, le base jump ou l'alpinisme. Mais parmi toutes ces activités, celles qui causent le plus d'accidents mortels ne sont pas les plus impressionnantes.

Ainsi, la principale source de mortalité en montagne est tout simplement la randonnée pédestre. C'est un sport beaucoup plus accessible autant financièrement que physiquement puisqu'il revient à marcher. Le nombre de gens qui la pratiquent régulièrement ou occasionnellement est donc potentiellement bien plus élevé que pour le ski.

Les décès que nous comptons dans cette infographie sont ceux des décès traumatiques, donc suite à une collision, une glissade, une chute de pierre, ou encore un choc sur un obstacle. Les tués sur le domaine skiable représentent moins de 9 % des décès traumatiques en montagne contre plus du tiers pour les randonneurs à pied.

Pour la randonnée à ski, la majorité des accidents mortels traumatiques sont dus à des avalanches et presque exclusivement lors de sorties non encadrées par des professionnels. Le pic de mortalité date de l'hiver 2020-2021 lorsque les remontées mécaniques n'étaient pas ouvertes. De la même manière, sur le domaine skiable, un tiers des décès traumatiques ont lieu alors que les skieurs pratiquent le hors-piste.

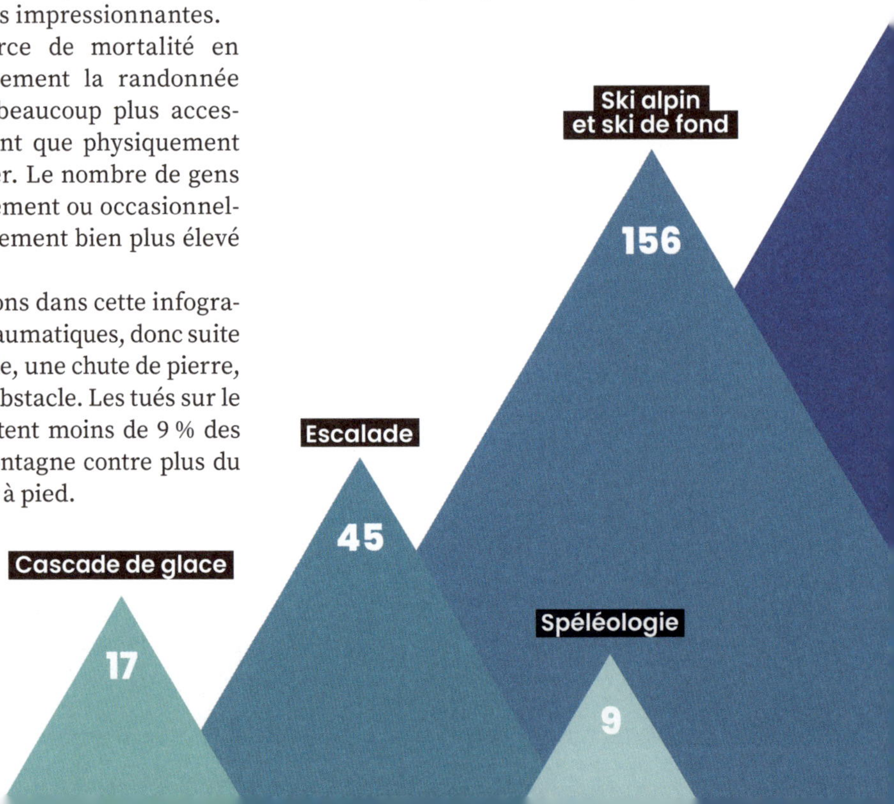

←

Nombre de décès traumatiques survenus lors de la pratique des activités de montagne

Cumul des années 2009 à 2022

Source : Système national d'observation de la sécurité en montagne (SNOSM)

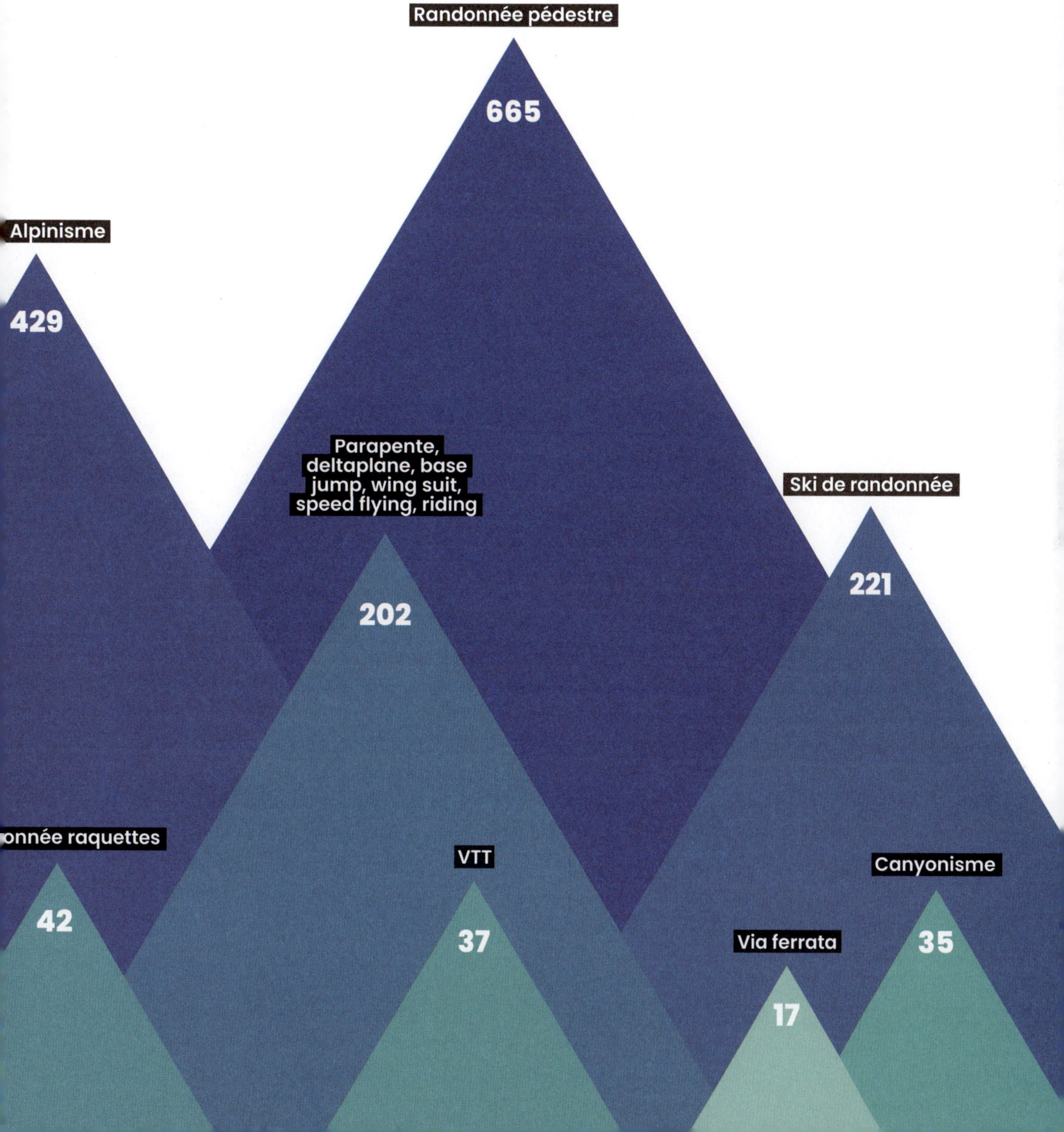

Le climat se réchauffe peu à peu, sous le coup des émissions de gaz à effet de serre dans l'atmosphère. Les énergies fossiles en sont les principales responsables, en particulier le charbon. La France a largement contribué au dérèglement par le passé. Avec une réduction des émissions ces dernières années, mais on reste loin de l'objectif. Alors que des solutions existent.

05

Dérégler

Qui est responsable du réchauffement climatique ?

Le réchauffement climatique est dû à la production de gaz à effet de serre par l'activité humaine. Depuis la révolution industrielle, deux tiers de ces émissions sont dues à l'Europe et aux États-Unis.

À travers l'histoire

Plus de 1 500 milliards de tonnes de dioxyde de carbone (selon les données du Global Carbon Project) ont été émises par les activités humaines depuis le milieu du XVIIIe siècle, avec une accélération à partir du milieu du XIXe siècle, lors de la révolution industrielle où l'usage des énergies fossiles s'est développé.

Ces données sont exprimées par pays sur leur territoire actuel. Les données des pays d'Europe n'incluent donc pas les émissions propres à la colonisation. À l'inverse, la Chine a énormément contribué aux émissions de CO_2 dans l'histoire récente en devenant l'usine du monde globalisé. Une étude de Carbon Brief a ajouté l'usage des terres dans le calcul. Par exemple, le Brésil a rejeté peu de CO_2 dans son histoire par rapport à d'autres pays mais l'essentiel de son impact est dû à la déforestation amazonienne, qui a réduit l'absorption du CO_2 par la végétation.

Si les pays en développement émettent de plus en plus, ils partent de beaucoup plus loin que les pays développés, qui ont une dette carbone bien plus importante.

L'Europe a commencé à réduire ses émissions depuis une trentaine d'années, les États-Unis depuis vingt ans mais dans des proportions encore bien trop faibles.

Cumul des émissions de CO_2 par pays de 1750 à 2021

Émissions liées à la production d'énergies fossiles et à l'industrie. N'inclue pas l'utilisation des terres. En millions de tonnes de CO_2

Source : Our World in Data

- Asie
- Europe
- Amérique du Nord
- Afrique
- Amérique du Sud
- Océanie

Japon
66 711
Inde
57 105
États-Unis
421 906
Depuis 1750, les États-Unis ont produit 421 milliards de tonnes de CO_2, soit 24 % du total des émissions
Iran
19 546
Corée du Sud
18 928
Arabie saou.
16 706
Taïwan
93 19
Ouzb.
6 347
Mal.
6 301
Thaï.
7 783
Paki.
5 273
Cor. du N.
5 172
Indo.
14 934
Kazakhstan
14 220
E.A.U
Irak
Philip.
Kow.
Turquie
11 341
France
39 106
La France représente environ 7 % des émissions cumulées européennes
Pologne
28196
Ukraine
30 785
Italie
25 065
y.-Uni
508
Canada
34 115
Mexique
20 587
Espagne
15 100
Belg.
12 644
Hongrie
5 058
Grè.
4 132
Dan.
4 115
Suède
5 026
Slo.
Bul.
Bélarus
Afrique du Sud
21 465
Brésil
16 672
Arg.
8 636
Austra.
18 969
Rép. tchèque
12 076
Roum.
8 647
Fin.
Sui.
Egypte
6 668
Pays-Bas
11 879
Autri.
5 571
Serbie
Nor.
Por.
Alg.
Nig.
Vene.
Col.

Aujourd'hui

L'état actuel du monde montre qu'une poignée de pays sont à la pointe des émissions, dont, bien sûr, la Chine et les États-Unis. À eux deux, ils représentent presque la moitié des émissions de CO_2 dans le monde. Pour le premier, c'est surtout parce que le pays est devenu ces dernières décennies l'usine du monde.
Son voisin indien, avec un nombre d'habitants comparable, ne produit qu'un quart de ses émissions. Les États-Unis quant à eux pèchent par un mode de vie qui repose sur la surconsommation de masse et sont donc extrêmement émetteurs. Mode de vie malheureusement « non négociable » selon l'expression utilisé par George Bush père au sommet de la Terre à Rio en 1992.
Le continent africain est très loin derrière l'Asie, l'Amérique et l'Europe. Il semble donc logique de ne pas exiger autant d'effort des populations de ses pays.

Émissions de CO_2 par pays en 2021

Émissions liées à la production d'énergies fossiles et à l'industrie. N'inclue pas l'utilisation des terres. En millions de tonnes de CO_2

Source : Our World in Data

- Asie
- Europe
- Amérique du Nord
- Afrique
- Amérique du Sud
- Océanie

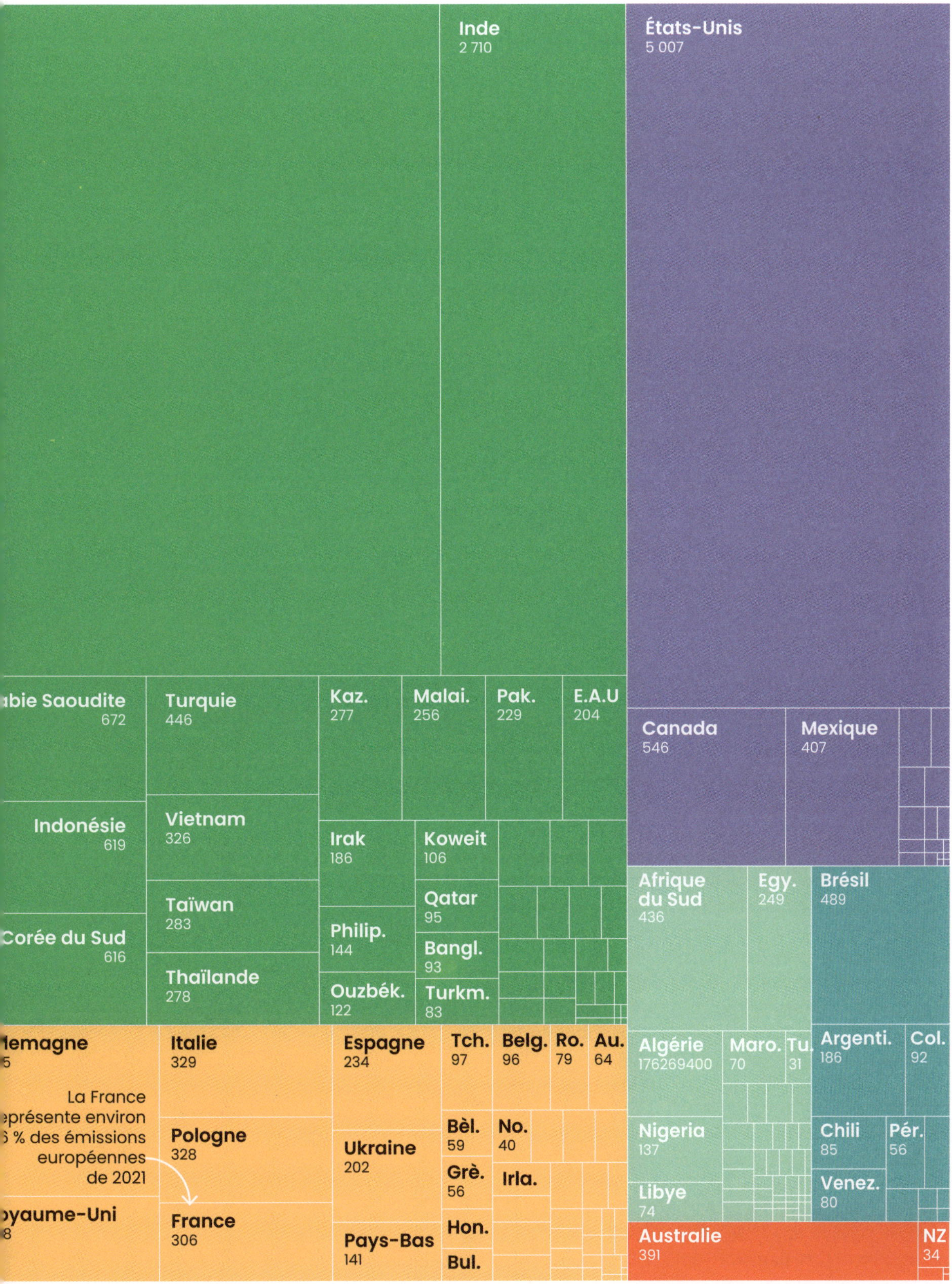

Inde
2 710
États-Unis
5 007
abie Saoudite
672
Turquie
446
Kaz.
277
Malai.
256
Pak.
229
E.A.U
204
Canada
546
Mexique
407
Indonésie
619
Vietnam
326
Irak
186
Koweit
106
Qatar
95
Taïwan
283
Philip.
144
Bangl.
93
Corée du Sud
616
Thaïlande
278
Ouzbék.
122
Turkm.
83
Afrique du Sud
436
Egy.
249
Brésil
489
lemagne
5
Italie
329
Espagne
234
Tch.
97
Belg.
96
Ro.
79
Au.
64
Algérie
176269400
Maro.
70
Tu.
31
Argenti.
186
Col.
92
La France
eprésente environ
6 % des émissions
européennes
de 2021
Pologne
328
Ukraine
202
Bèl.
59
No.
40
Grè.
56
Irla.
Nigeria
137
Chili
85
Pér.
56
Libye
74
Venez.
80
oyaume-Uni
8
France
306
Pays-Bas
141
Hon.
Bul.
Australie
391
NZ
34

Par habitant

Une mesure plus représentative des responsabilités des différents pays consiste à représenter les données d'émissions de CO_2 rapportées au nombre d'habitants. Il serait ainsi logique que l'Inde pollue plus que le Luxembourg étant donné que ses habitants sont 2200 fois plus nombreux.
En divisant les émissions totales d'un pays par le nombre d'habitants, on obtient un chiffre qui reflète le mode de vie moyen du pays. On constate ainsi qu'un Luxembourgeois émet en moyenne 8 fois plus qu'un Indien.
Cela permet de pointer plus précisément la part de responsabilité pour savoir où l'effort de réduction des émissions est le plus indispensable. On constate que les petits pays ultra-riches comme les pétromonarchies ou les paradis fiscaux ont un mode de vie encore plus émetteur que celui des pays développés, déjà bien au-dessus des pays pauvres (lire page suivante).

Émissions de CO_2 par pays et par habitant en 2021

Émissions liées à la production d'énergies fossiles et à l'industrie. N'inclue pas l'utilisation des terres.
En tonnes de CO_2

Source : Our World in Data

- Asie
- Europe
- Amérique du Nord
- Afrique
- Amérique du Sud
- Océanie

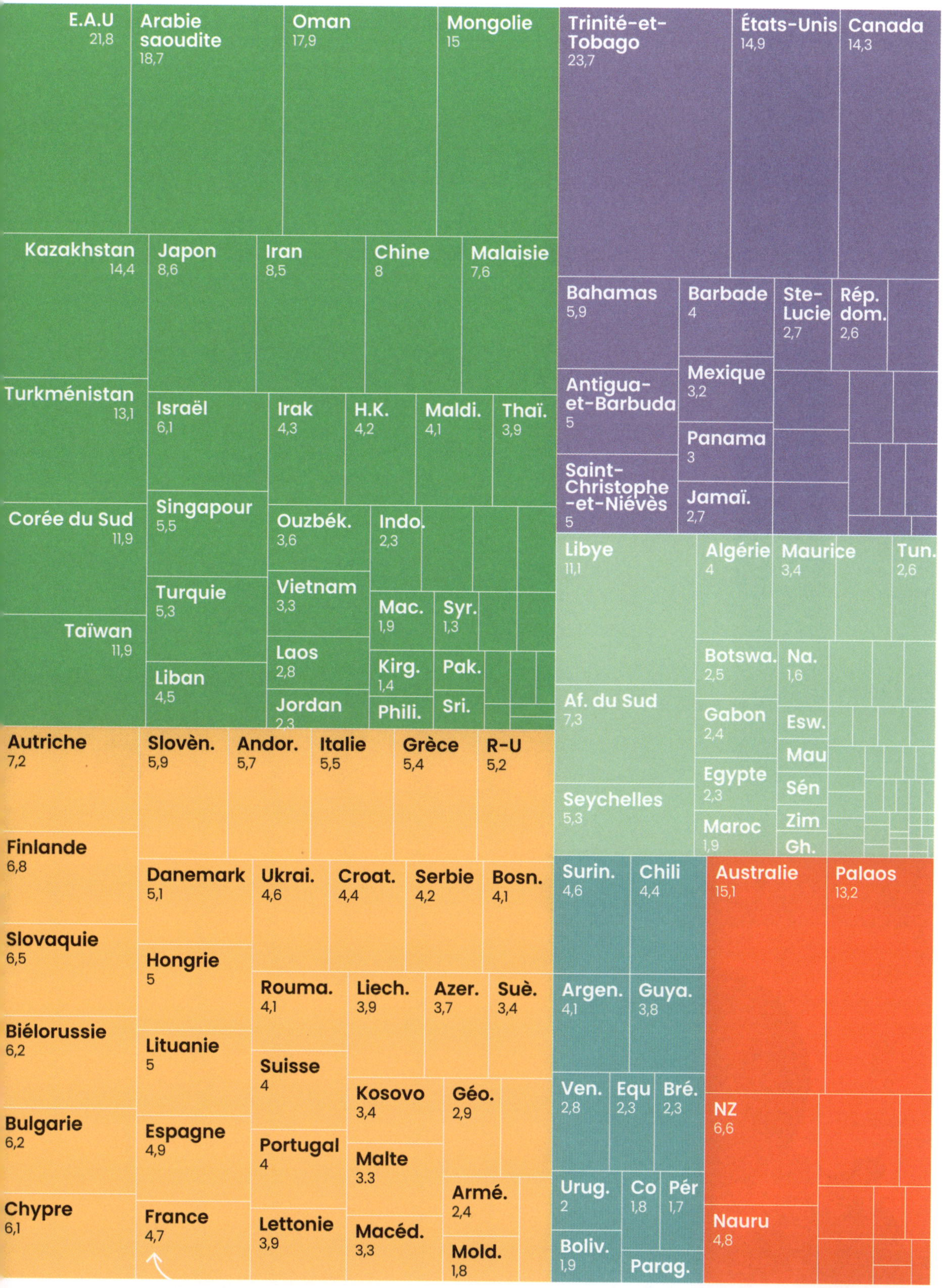

Un Français émet trois fois moins de CO_2 qu'un Américain

Par richesse

Les émissions de gaz à effet de serre d'un pays sont liées au PIB par habitant mais pas seulement. Efficacité énergétique, transports, mode de production de son électricité… À niveau de richesse égale, deux États pourront avoir un différentiel d'émissions par habitant d'un facteur de 15.

Nous avons représenté les pays du monde en fonction de leurs émissions de CO_2, totales et par habitant, et de leur niveau de richesse (PIB par tête). Le premier constat n'a rien d'étonnant: plus un pays est riche, plus ses habitants ont tendance à émettre des gaz à effet de serre. Ainsi, la plupart des pays d'Afrique, qui figurent parmi les plus pauvres de la planète, sont à moins d'une tonne d'émissions de CO_2 par habitant. À l'inverse, les Émirats et l'Arabie saoudite, qui bénéficient de la rente pétrolière, sont les plus émetteurs du monde. Le Qatar détenant le record en termes d'impact carbone par habitant, à plus de 30 tonnes. Cependant, la richesse est loin d'expliquer à elle seule la différence d'émissions. À Singapour, par exemple, le niveau de vie par habitant est plus élevé qu'au Koweït, mais les rejets de CO_2 y sont six fois plus faibles. Même différence entre la Suède et l'Arabie Saoudite. Et il y a un facteur 4 de différence entre un Américain et un Suisse, à niveau de vie comparable. Au sein de l'Europe, la France a un niveau de vie moyen 50 % plus élevé que la Pologne pour des émissions de CO_2 par habitant deux fois plus basses.

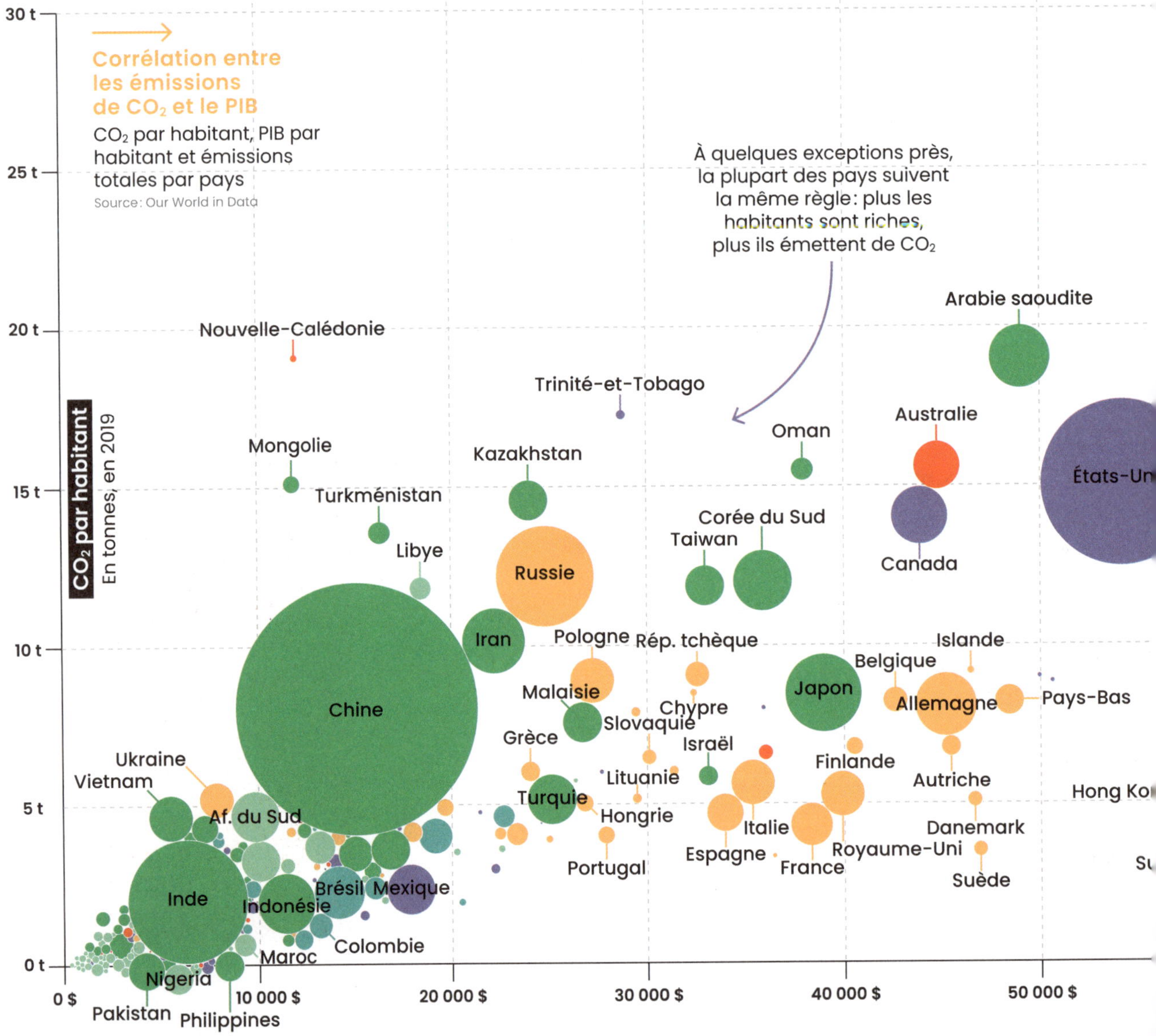

Parmi les pays plus modestes, le Sri Lanka, comparable à la Mongolie par son niveau de vie, émet 15 fois moins de gaz à effet de serre par habitant.

À niveau de vie équivalent, un pays doté d'infrastructures ferroviaires conséquentes et où les distances sont faibles aura tendance à moins émettre que si les distances sont grandes et les voies ferrées peu développées. D'ou une partie de la différence entre la Suisse et les États-Unis, pour laquelle on peut ajouter une fiscalité automobile dissuasive pour les uns et avantageuse pour les autres. L'existence ou non d'industries fortement émettrices explique une autre partie des différences. De même, les habitudes de gaspillage énergétique prises dans la plupart des pays pétroliers du Golfe sont responsables du haut niveau d'émissions. Mais un élément majeur, qui explique une large partie des différences, est la manière de produire de l'électricité. La présence d'une part importante de centrales électriques à charbon et dans une moindre mesure à gaz explique en grande partie l'important surplus d'émissions de la Pologne ou de l'Allemagne par rapport à la France. Et explique la quasi-totalité du surplus d'émission de la Mongolie, par rapport aux pays comparables.
Aucun pays riche n'est pour l'instant proche de l'objectif de 2 tonnes d'émissions de gaz à effet de serre par personne, qui serait nécessaire pour atteindre une neutralité carbone, malgré quelques efforts réalisés ces dernières années. Les 80 pays représentant plus de 3 milliards d'habitants dans lesquels les émissions sont inférieures à cet objectif sont tous des États pauvres ou intermédiaires.

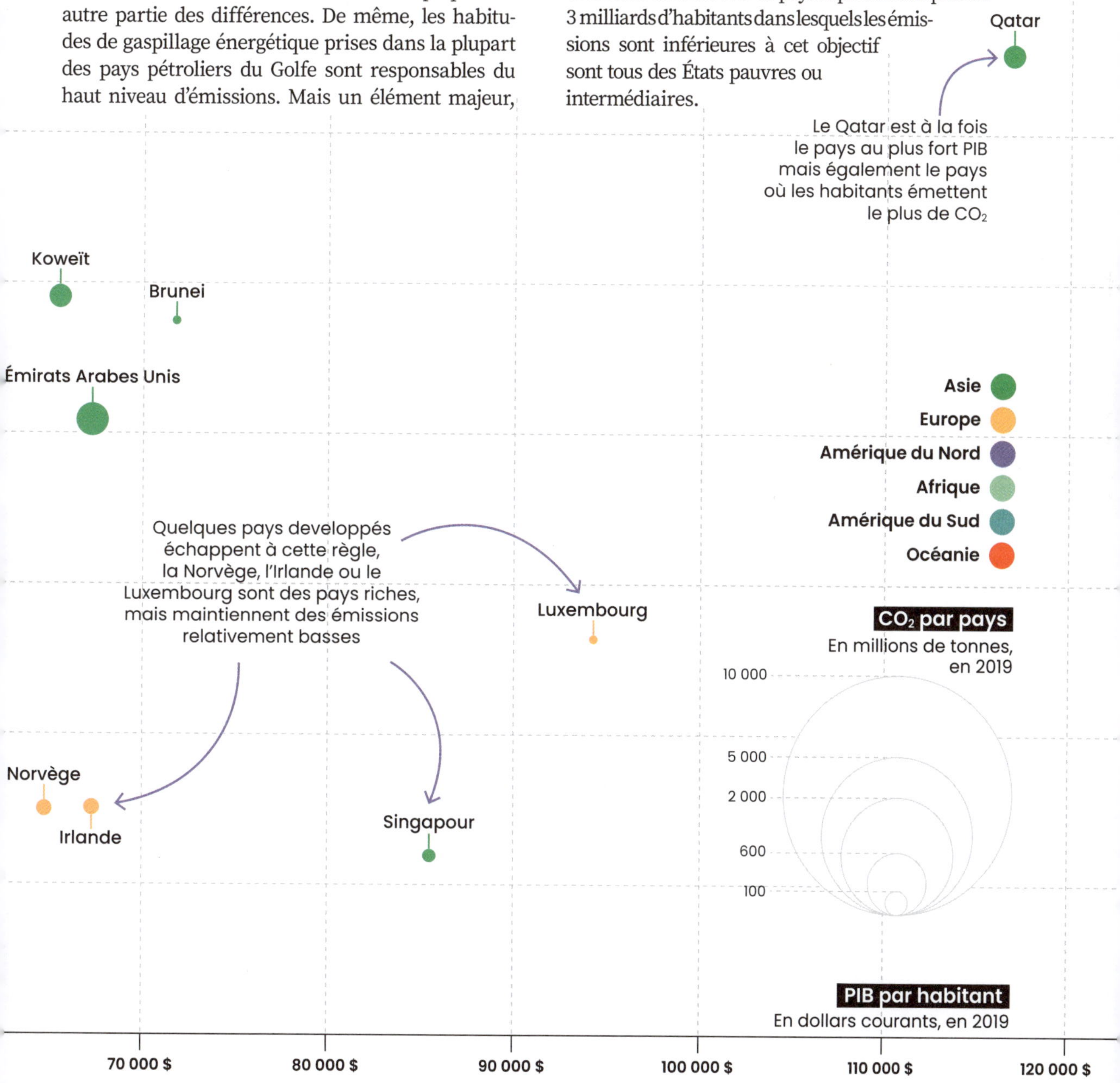

Les Français émettent-ils trop de gaz à effet de serre ?

La moyenne annuelle des émissions de gaz à effet de serre par habitant, ou empreinte carbone en France est estimée aujourd'hui à un peu moins de 10 tonnes par habitant. Elle suit une légère tendance à la baisse depuis 2005, mais reste très loin de l'objectif de 2 tonnes, fixé par la stratégie nationale bas carbone pour 2050.

L'empreinte carbone dépend de la consommation de biens et services consommés en France (y compris les importations), et convertie en équivalent CO_2. Les deux postes responsables de la majorité des émissions des Français sont les transports et l'alimentation, suivis de près par le logement. Pour le premier, la fabrication et l'utilisation de la voiture individuelle sont responsables de la majorité des émissions. L'avion pèse comparativement moins, parce que moins utilisé. Mais, individuellement, les trajets en avion sont très coûteux en termes d'émissions. Un aller-retour Paris-New York émettra près de 2 tonnes de CO_2, soit la totalité de l'objectif bas carbone annuel de 2050.

Côté alimentation, c'est principalement la consommation de produits carnés et notamment de viande rouge, qui pèsent sur l'environnement. Un repas classique avec du bœuf génère environ 6,3 kg de CO_2, contre 1,3 avec du poulet. Et seulement 500 grammes soit 12 fois moins pour un repas végétarien.

Côté logement, les dépenses d'énergie représentent la plus grande part des émissions. Parmi ces dernières, le chauffage est le poste le plus émetteur de CO_2. Les chauffages au fioul et au gaz sont les premiers concernés. L'électrique nettement moins du fait de sa production en grande partie décarbonée.

Les achats de biens et services représentent également une part importante des émissions de CO_2, en particulier les équipements du logement, la décoration et l'ameublement. Le numérique, en revanche, contrairement à des préjugés répandus, ne représente qu'un cinquantième de l'empreinte carbone.

L'empreinte carbone est ici calculée en ajoutant aux émissions de CO_2 les autres gaz à effet de serre convertis en équivalent CO_2. Sont pris en compte le méthane (CH_4) et le protoxyde d'azote (N_2O), mais également les HFC, PFC et SF_6, et l'effet des traînées de condensation des avions. On ajoute également, en plus du CO_2 des biens et services importés, la déforestation importée. Nous nous sommes basés sur les chiffres du ministère de l'environnement, complétés par les analyses du bureau d'études Carbone4.

→

Empreinte carbone moyenne annuelle d'un Français, par poste

Émissions moyennes en kg d'équivalent CO_2 et objectif 2030 annoncé par le gouvernement

Source : ministère de l'Écologie

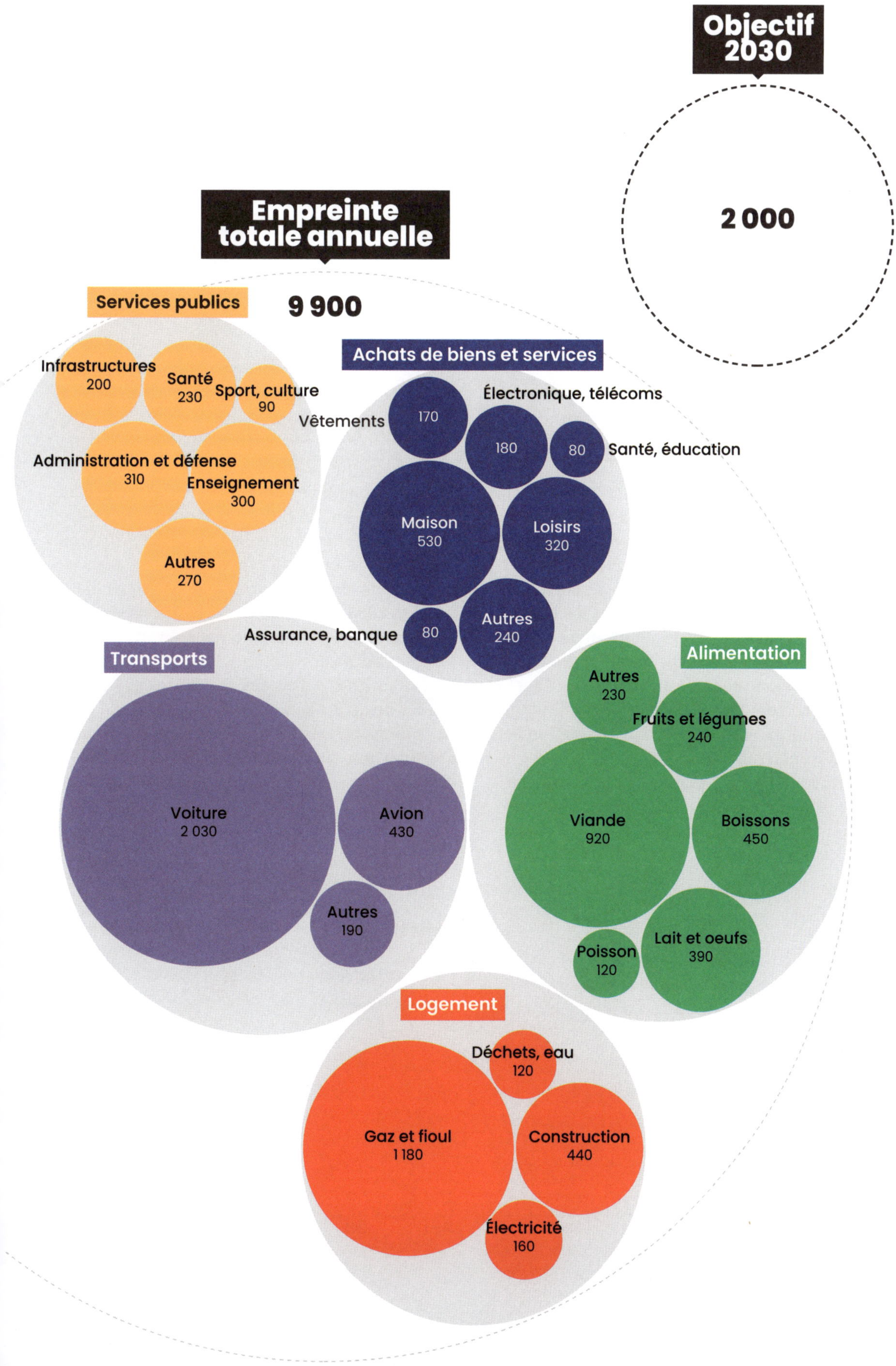
Objectif 2030
2 000
Empreinte totale annuelle
9 900
Services publics
Infrastructures 200
Santé 230
Sport, culture 90
Administration et défense 310
Enseignement 300
Autres 270
Achats de biens et services
Vêtements 170
Électronique, télécoms 180
Santé, éducation 80
Maison 530
Loisirs 320
Assurance, banque 80
Autres 240
Transports
Voiture 2 030
Avion 430
Autres 190
Alimentation
Autres 230
Fruits et légumes 240
Viande 920
Boissons 450
Poisson 120
Lait et oeufs 390
Logement
Déchets, eau 120
Gaz et fioul 1 180
Construction 440
Électricité 160

La France est-elle une bonne élève du climat ?

Malgré certains atouts comme la production d'électricité peu carbonée, la France manque clairement d'ambition. Le compte n'y est pas, Manu.

Parmi les pays riches, la France est un peu plus vertueuse que ses pairs pour deux raisons principales : la désindustrialisation due à la mondialisation et la production d'électricité largement décarbonée par l'usage majoritaire du nucléaire et des énergies renouvelables devant les hydrocarbures. Pourtant, nous sommes tout de même un pays très émetteur de CO_2. Les deux premiers postes d'émissions sont les transports et l'agriculture. Et au sein de ces catégories, ce sont les déplacements en voiture et la consommation de bœuf qui trônent en tête.

La première stratégie nationale bas carbone (SNBC-1 débutée en 2015) n'a pas été respectée, et a été remplacée par une deuxième stratégie (SNBC-2 en 2019) un peu moins ambitieuse. Depuis 1990, les émissions françaises ont été réduites d'un quart. Néanmoins, notre pays est encore loin de l'objectif de 2 tonnes par habitants en 2050. Même si nous respectons les engagements du gouvernement, nous serons encore à 4 tonnes en 2030.

Dans tous les cas, l'un des problèmes qui se pose à la France, c'est la baisse spectaculaire du puits de carbone forestier sur lequel on comptait pour absorber une partie du CO_2. Il va falloir cesser d'artificialiser les sols, et régénérer nos forêts.

Émissions de gaz à effet de serre par secteur et trajectoires bas-carbone

Émissions brutes en millions de tonnes équivalent CO_2 ($MtCO_2e$) et trajectoire annuelle selon la deuxième stratégie nationale bas-carbone (SNBC-2)

Source : Citepa

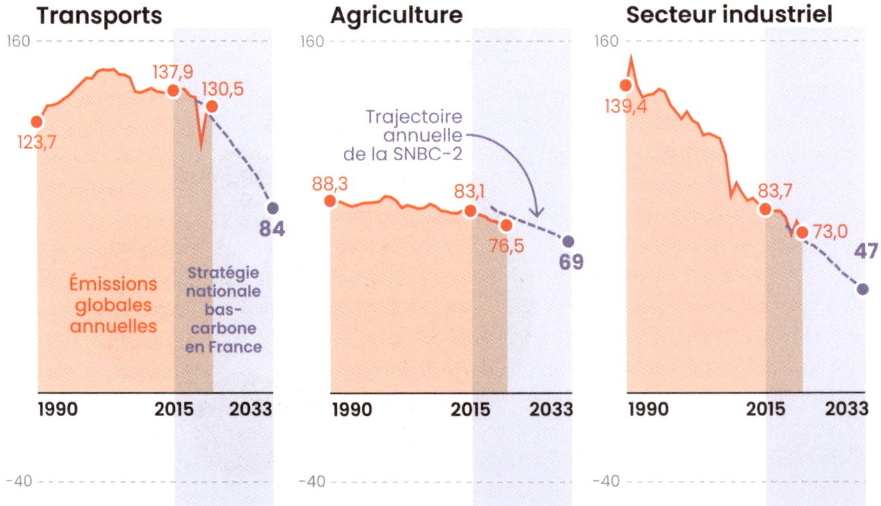

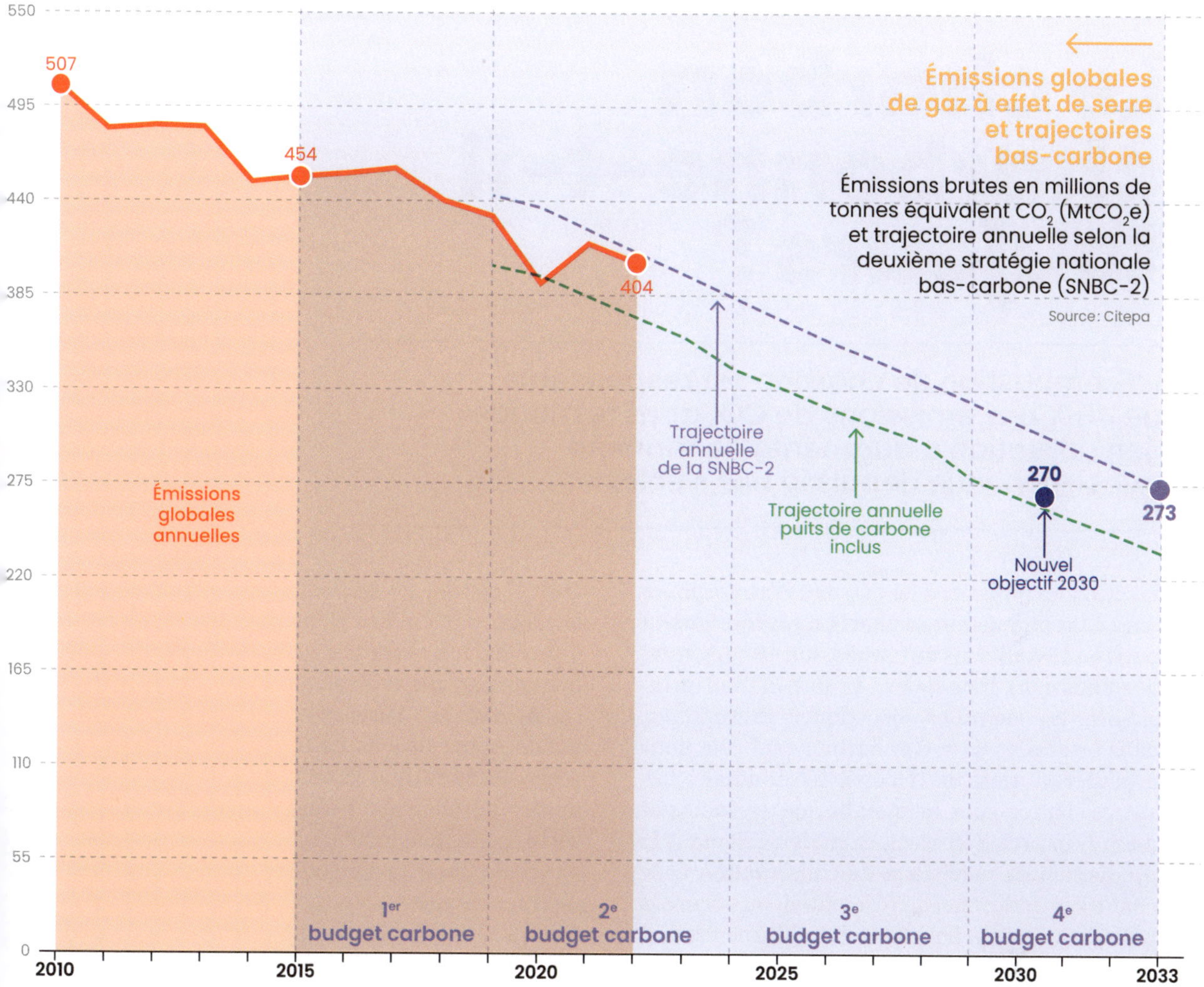

Bâtiment

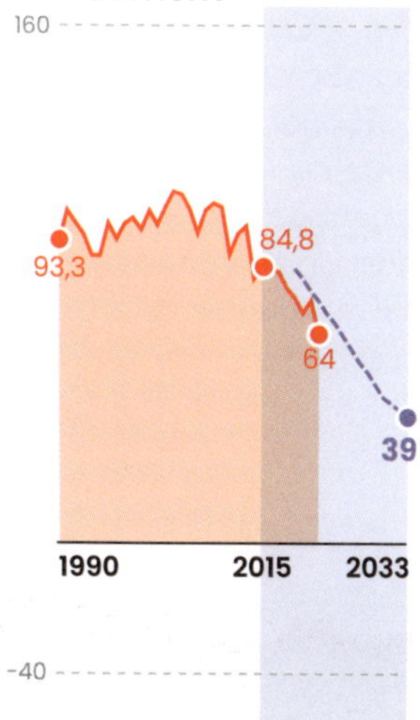

Transformation d'énergie

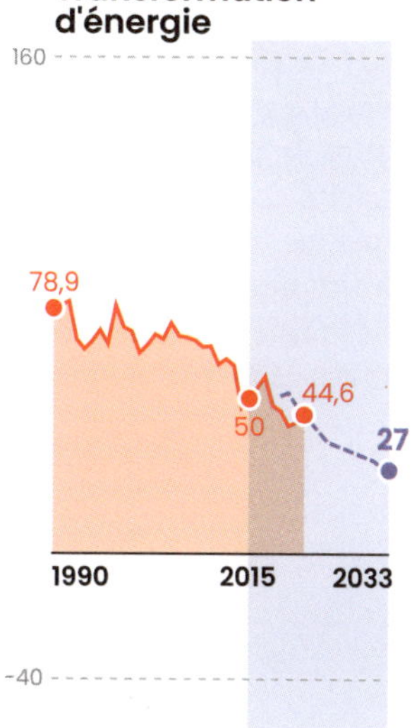

Déchets

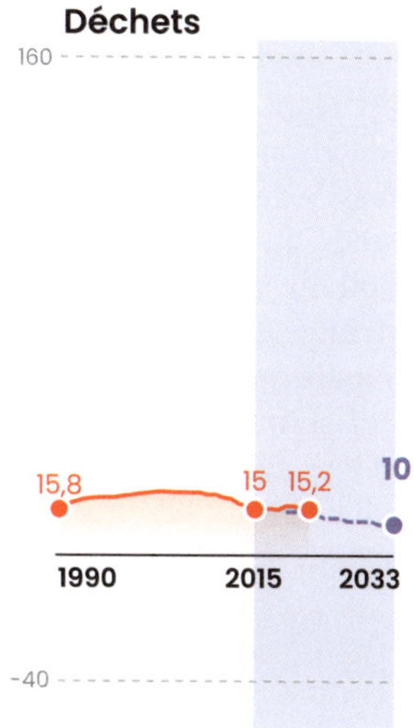

Absorption des émissions par les puits de carbone

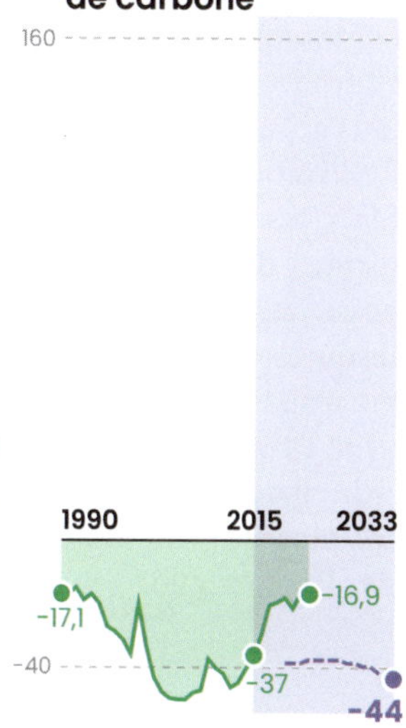

Le charbon charbonne-t-il toujours ?

La combustion de charbon est responsable de 40 % des émissions de CO_2 dans le monde. Son utilisation a augmenté de manière quasi-continue depuis le XVIIIe siècle.

En 2022, les émissions de CO_2 dans l'atmosphère dues à la combustion de charbon représentaient environ 15 milliards de tonnes, soit 40 % du total des émissions mondiales. Sa destination principale : les centrales électriques thermiques, dans lesquelles 66 % du charbon est brûlé pour produire un tiers de l'électricité mondiale. Les autres usages sont la métallurgie (principalement la production d'acier), mais également la production de matériaux de construction et le chauffage, industriel ou résidentiel, ou encore la gazéification et la liquéfaction : la Chine produit 20 % de son hydrogène, et l'Afrique du Sud une partie de son carburant à partir de charbon.
À elle seule, la Chine utilise 53 % du charbon mondial, responsable de 8 milliards de tonnes d'émissions de CO_2 par an, soit 20 % du total des émissions mondiales, toute source d'énergie confondue. Le pays, qui a triplé son utilisation de charbon depuis l'an 2000, est responsable de la plus grande partie de l'augmentation mondiale de l'utilisation de la ressource fossile depuis 20 ans.
Mais les pays les plus drogués au charbon en termes d'utilisation par habitant sont la Mongolie, le Kazakhstan et l'Afrique du Sud, pour lesquels il s'agit de la principale source d'énergie utilisée. Les pays riches ne sont pas en reste, avec Taïwan et l'Australie en tête. En Europe, les principaux pays de l'ancien bloc soviétique sont les plus utilisateurs de charbon, suivis de près par l'Allemagne.

Pour l'instant, les seules baisses du recours au charbon ont eu lieu dans les pays riches, qui ont remplacé certaines de leurs centrales thermiques par des centrales à gaz ou des énergies renouvelables. Alors qu'en Chine, la tendance est de nouveau à la hausse, et en Inde également. Sachant que la combustion du charbon, outre son rôle majeur d'aggravation de l'effet de serre, contribue fortement à la pollution atmosphérique (multiples rejets de gaz toxiques et de microparticules).
Selon l'Agence internationale de l'énergie (IEA), il existe au moins 100 ans de réserves de charbon sur la planète au rythme de consommation actuel. De quoi aggraver fortement l'effet de serre et le dérèglement climatique. Mais selon l'IEA, la combustion de charbon devrait stagner d'ici à 2025, en raison du déploiement par la Chine de nombreuses sources d'énergie décarbonée (principalement du renouvelable), et de la poursuite de la décarbonation de l'électricité dans les pays occidentaux. D'autant plus que les investisseurs rechignent de plus en plus à financer des centrales thermiques, en raison des réglementations dissuasives (quotas de CO_2, taxes carbone…) et pour préserver leur image.

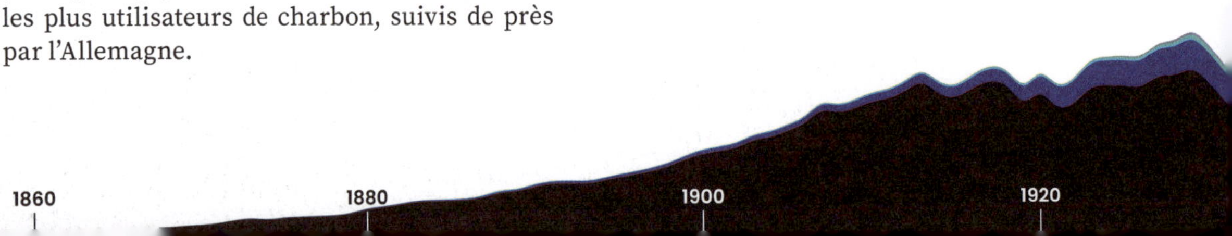

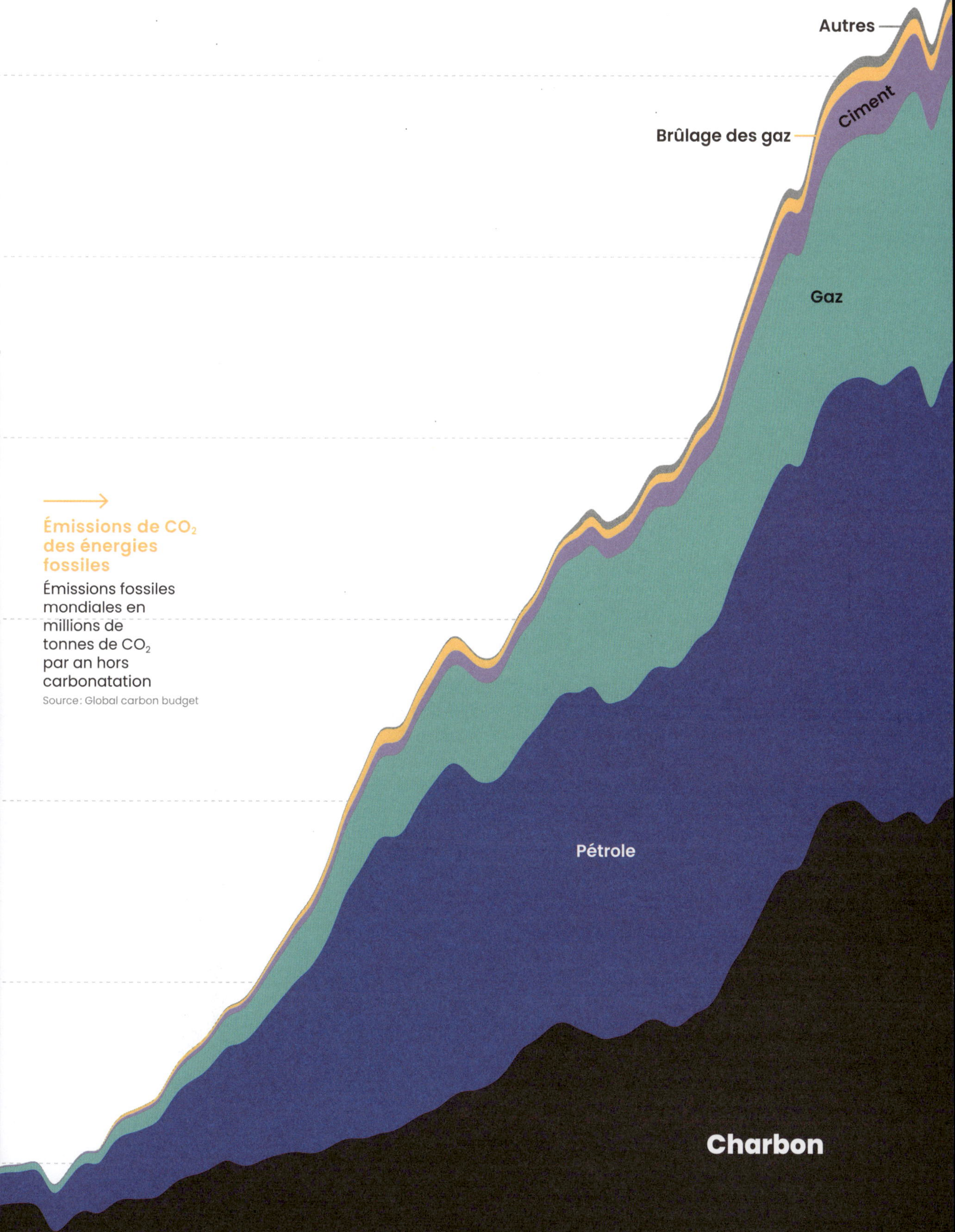

Émissions de CO_2 des énergies fossiles
Émissions fossiles mondiales en millions de tonnes de CO_2 par an hors carbonatation
Source : Global carbon budget
Autres
Ciment
Brûlage des gaz
Gaz
Pétrole
Charbon

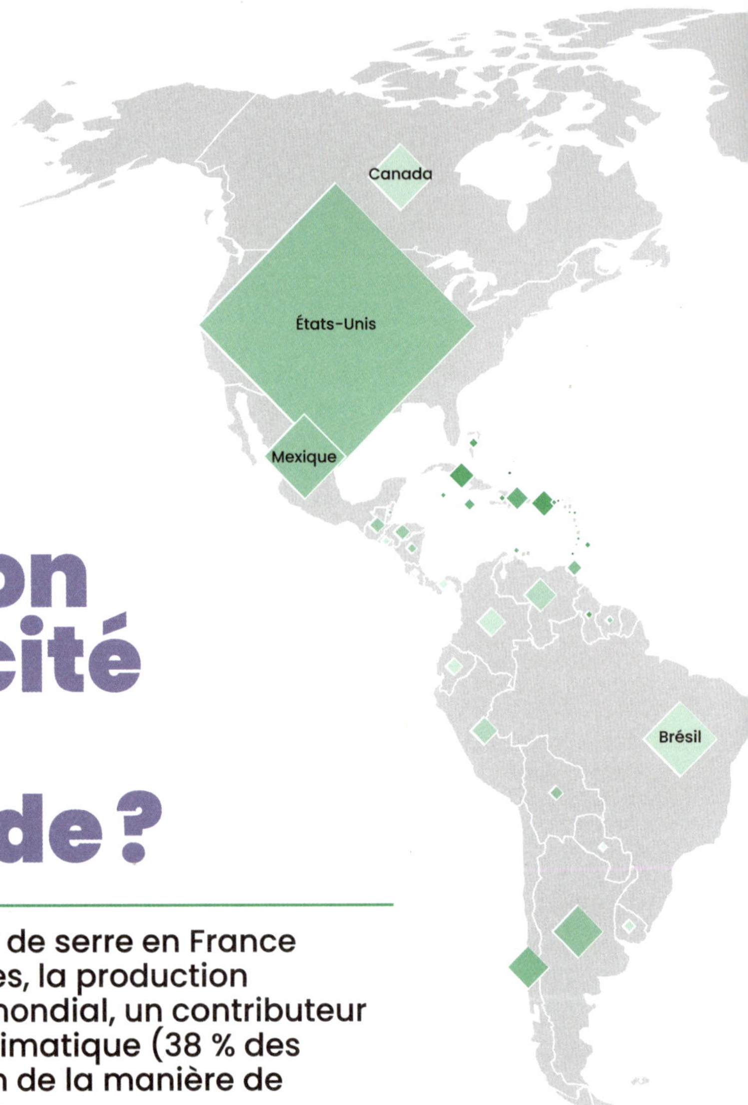

La production d'électricité est-elle climaticide ?

Peu émettrice de gaz à effet de serre en France et dans les pays scandinaves, la production d'électricité est, au niveau mondial, un contributeur majeur au réchauffement climatique (38 % des émissions de CO_2), en raison de la manière de générer de l'électricité.

Produite par des énergies renouvelables ou nucléaires, l'électricité est peu intense en CO_2. S'il s'agit de biomasse, un peu plus. Quant à l'électricité produite à partir de ressources fossiles (gaz, pétrole ou charbon), elle provoque d'importants rejets de gaz à effet de serre, entre 150 et 200 fois plus par kWh que l'éolien ou le nucléaire. La pire énergie étant de ce point de vue le charbon et particulièrement la lignite, charbon de mauvaise qualité principalement utilisé en Allemagne.

Résultat, les pays fortement utilisateurs de charbon ont parmi les pires bilans en matière de production d'électricité. Notamment l'Afrique du Sud, le Kazakhstan ou la Mongolie, dont le kWh d'électricité est fortement coûteux en termes environnementaux. Et en valeur absolue, c'est encore la Chine, fortement utilisatrice de charbon, suivie des États-Unis et de l'Inde qui émettent le plus de CO_2 pour leur production d'électricité. Les pays du Golfe ne sont pas en reste. Même s'ils n'utilisent pas de charbon mais du pétrole et du gaz fossile pour produire de l'électricité, celle-ci reste fortement intensive en CO_2.

La production d'électricité a néanmoins tendance à se décarboner avec le temps. En raison, principalement, du développement des énergies renouvelables. Et du remplacement des centrales à charbon par les centrales à gaz (voir en page précédente).

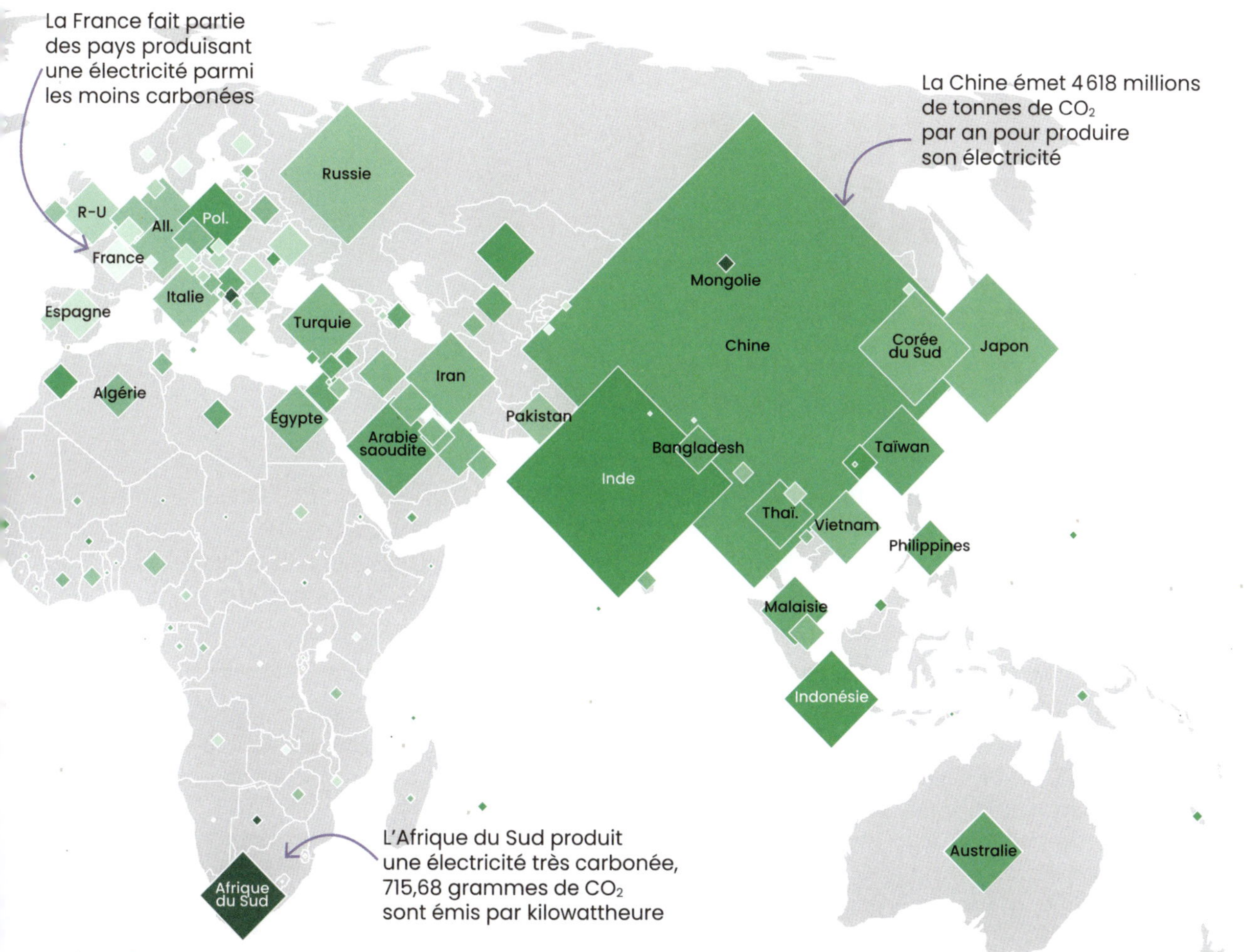

Émissions de CO_2 généré par la production électrique par pays

Total des émissions et intensité des émissions

Source : Ember climate

Dans les pays ou l'intensité de l'électricité est fortement carbonée, le remplacement de véhicules thermiques par des véhicules électriques a peu d'effets positifs sur le climat : ça ne fait que remplacer une source d'énergie carbonée par une autre. En revanche, la décarbonation de l'électricité est un enjeu majeur.

Ceci est particulièrement vrai pour la Chine, en raison de son poids important. Mais également pour l'Inde, dont l'économie est en train de se développer rapidement et pour laquelle les besoins en électricité se font croissant. Dans ce domaine, la planète a fortement besoin d'innovations technologiques et de réglementations incitatives.

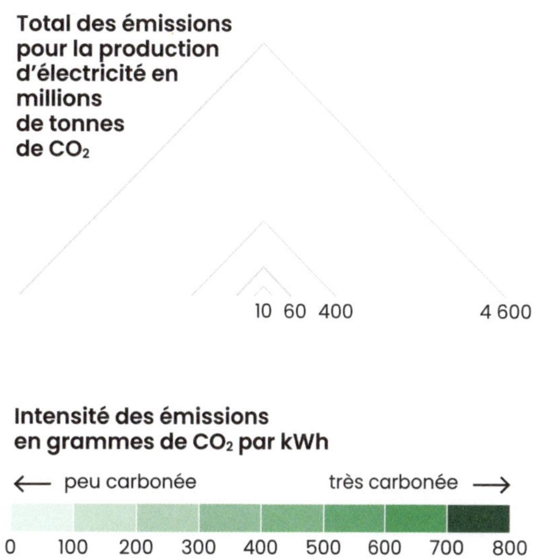

La pollution est-elle vraiment dangereuse ?

Selon l'Organisation mondiale de la santé, la pollution de l'air est responsable de 8 millions de morts par an, en raison de maladies cardiovasculaires, respiratoires ou de cancers. Il s'agit de morts évitables, qui n'auraient pas eu lieu si les niveaux de pollution avaient été maintenus à un niveau acceptable.

La pollution fait partie des deux premières causes de mortalité mondiale, à quasi-égalité avec le tabac, et devant le Covid-19 au moment du paroxysme de la pandémie. Mais au-delà des décès, la pollution est responsable de graves problèmes de santé publique.

De nombreux polluants sont néfastes pour la santé (NOx, SO_2, ozone…). Mais les principaux accusés sont aujourd'hui les microparticules. Ces microscopiques éléments de matière solide ou liquide pénètrent dans les poumons, et, pour les plus petites d'entre elles, dans le sang.

Les microparticules peuvent avoir une origine naturelle : sable et poussières en suspension provenant des déserts, poussières et fumées de volcans, fumées d'incendies de forêt. Mais elles sont surtout d'origine humaine. La combustion industrielle de charbon en est l'une des principales sources (voir page 144). On retrouve également le chauffage des habitations et la cuisson au bois ou au charbon, ainsi que les activités industrielles ou agricoles et le transport routier. Dans le transport, plusieurs éléments sont responsables d'un rejet de microparticules : la combustion du carburant tout d'abord, mais également l'usure des pneus et des plaquettes de freins.

Une grande partie des personnes meurent en raison de la pollution à l'intérieur des habitations, qui est fréquemment plus pollué que l'air extérieur. C'est particulièrement le cas dans les pays pauvres, dans lequel on utilise souvent du bois et du charbon pour le chauffage ou la cuisine.

On connaît depuis longtemps l'effet néfaste de la pollution sur la santé. Mais de récentes études ont réévalué son impact en termes de mortalité mondiale. La pollution tue dans le monde 12 fois plus que le sida, et plus de 300 fois plus que le terrorisme. Selon les études, remplacer les énergies fossiles dans le monde par des énergies décarbonées permettrait d'éviter 4 millions de morts par an.

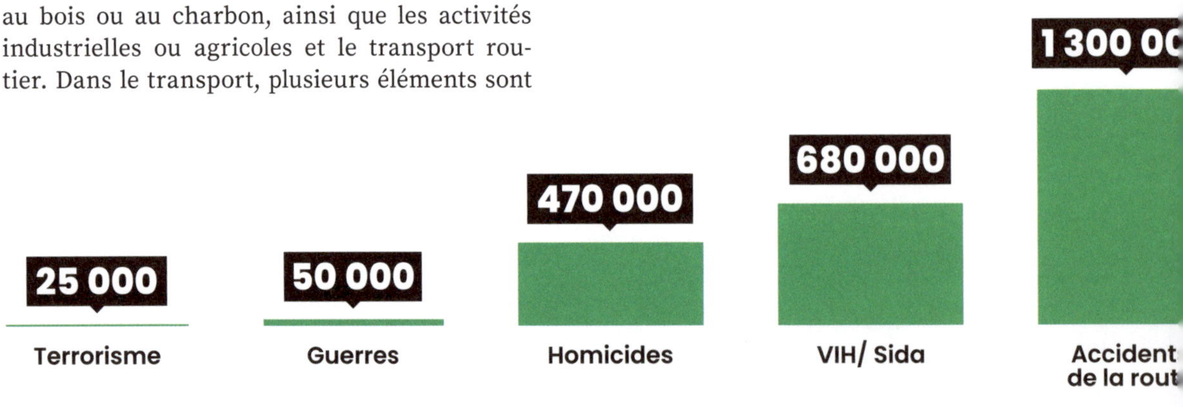

Nombre de morts par an causées par la pollution dans le monde

Comparé à d'autres causes de mortalité

Sources : Our World in Data, OMS, CDC

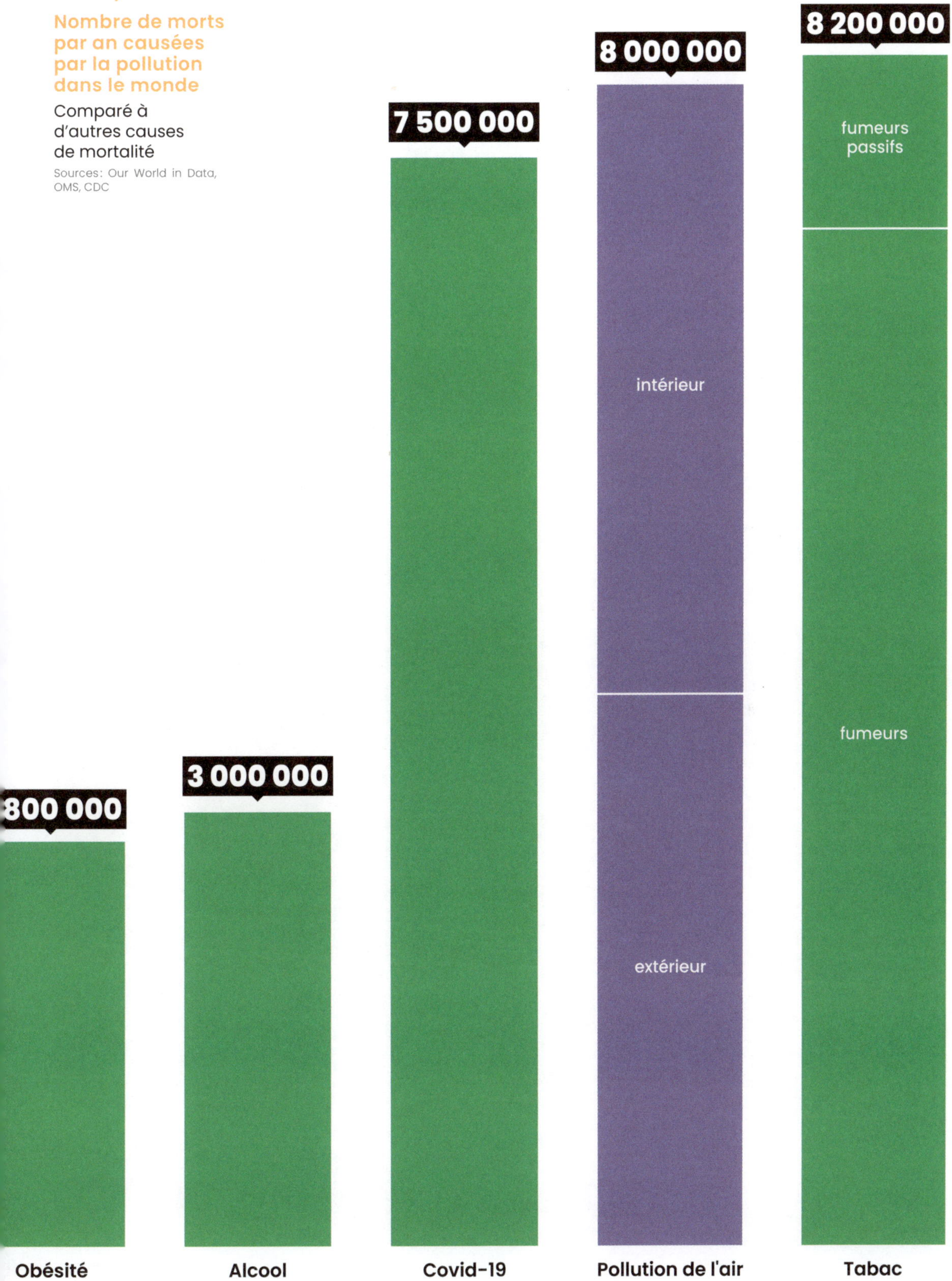

Les humains pèsent-ils dans le *game* ?

Si l'on ne prend en compte que le poids des 8 milliards d'être humains vivants actuellement sur terre, on obtient quelque 123 millions de tonnes, mais si on ajoute à cette masse l'ensemble de ce qui est fabriqué par les hommes, alors cette masse dépasse maintenant l'ensemble du vivant sur Terre.

Masse anthropique

1 593 495 millions de tonnes

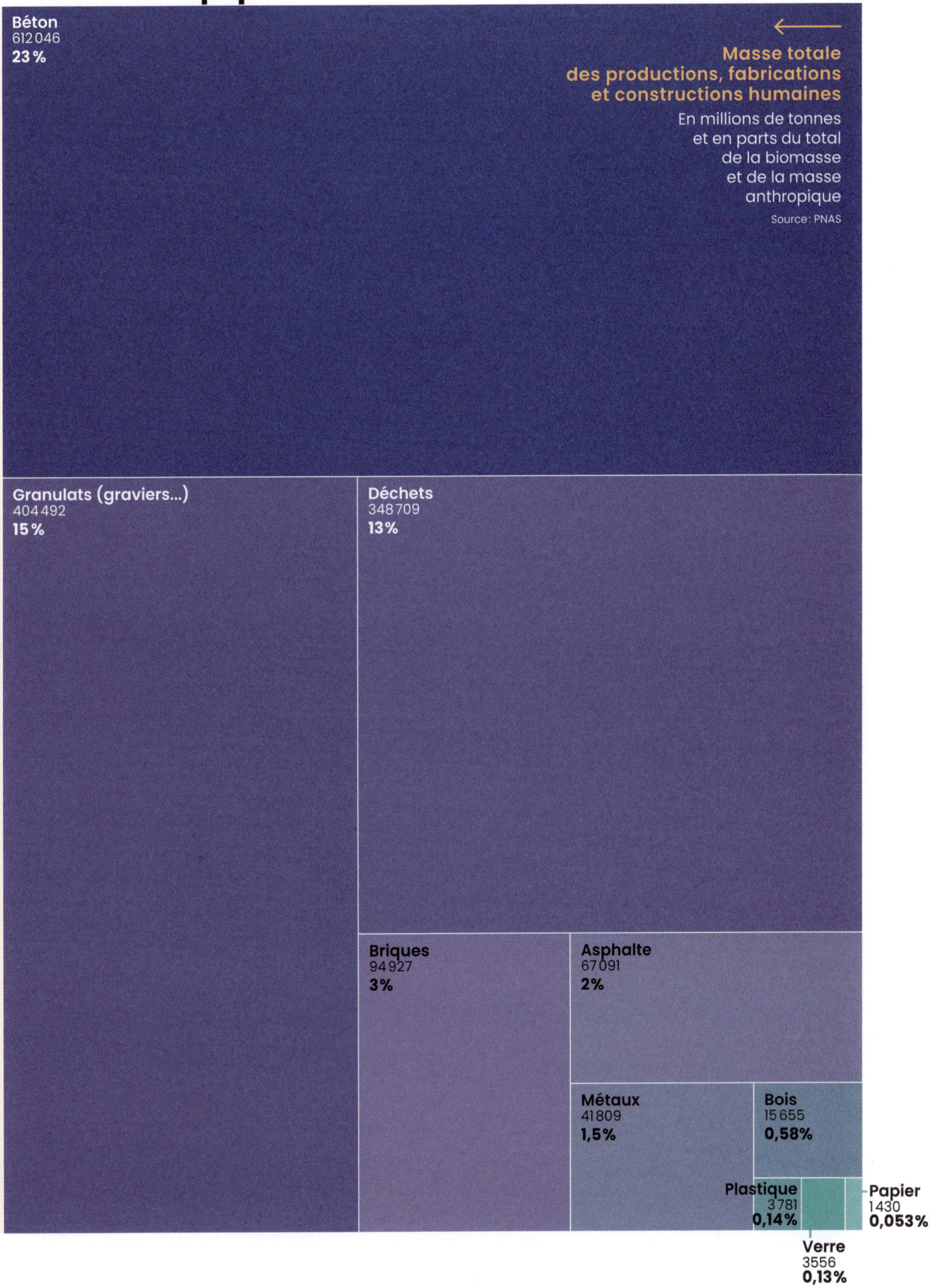

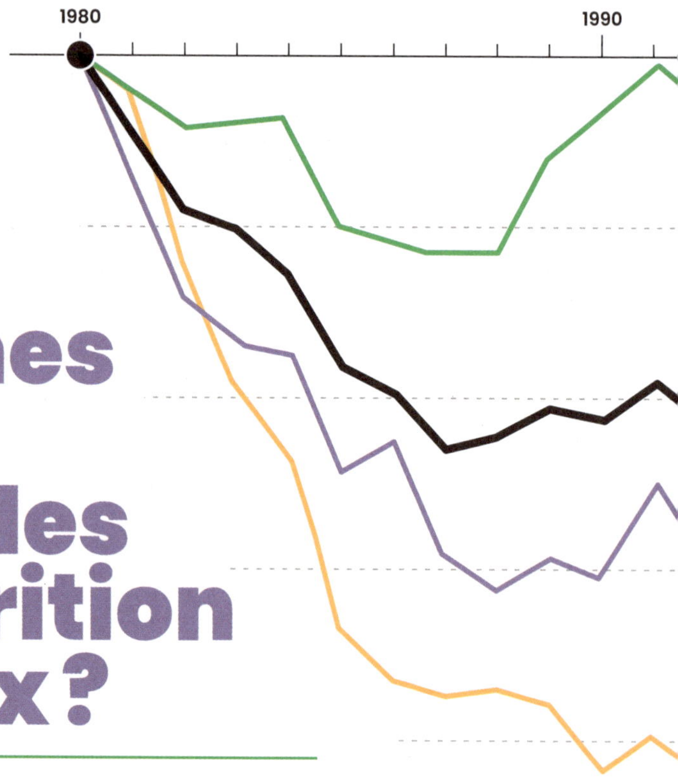

Les éoliennes sont-elles responsables de la disparition des oiseaux ?

Les éoliennes suscitent souvent des réactions épidermiques, surtout quand on envisage d'en implanter près de chez soi. Parmi les arguments contre, le fait qu'elles sont une menace pour les oiseaux. C'est vrai, mais les ordres de grandeur permettent de relativiser largement ce constat

Selon une synthèse réalisée par la Ligue de protection des oiseaux, chaque éolienne tue en moyenne 7 oiseaux par an. En France, avec un parc estimé à 8 000 éoliennes, on arrive à 56 000 victimes annuelles. Mais toutes les éoliennes ne sont pas égales, selon la ligue, c'est surtout dans les zones protégées que les éoliennes sont les plus problématiques pour les oiseaux.

Toujours selon la LPO, chaque chat est susceptible de tuer de 5 à 10 oiseaux par an, mais comme ils sont beaucoup plus nombreux que les éoliennes en France, cela représente environ 75 millions d'oiseaux chassés par ces félins.

On peut aussi parler de l'impact de la chasse sur les population d'oiseaux. En effet, ce sont 18 millions de ces animaux qui sont ainsi tués chaque année. Il faut préciser que 20 millions d'oiseaux (faisans et perdrix) sont élevés annuellement spécifiquement pour le bon plaisir des chasseurs (lire page suivante).

En réalité, la première menace pour les oiseaux, c'est l'agriculture intensive du fait de l'utilisation des pesticides. Une étude menée sur l'Europe a conclu en 2023 que la population d'oiseaux a baissé de 800 millions d'individus depuis 1980, une diminution de moitié pour les oiseaux des champs. Les insectivores sont les premières victimes en raison de la disparition des insectes due à l'utilisation de produits phytosanitaires.

En conclusion, les éoliennes sont une menace relativement mineure pour la biodiversité. Pour protéger les oiseaux, installons des éoliennes dans les champs de permaculture, jouons régulièrement avec nos chats, rangeons les fusils et surtout mangeons bio.

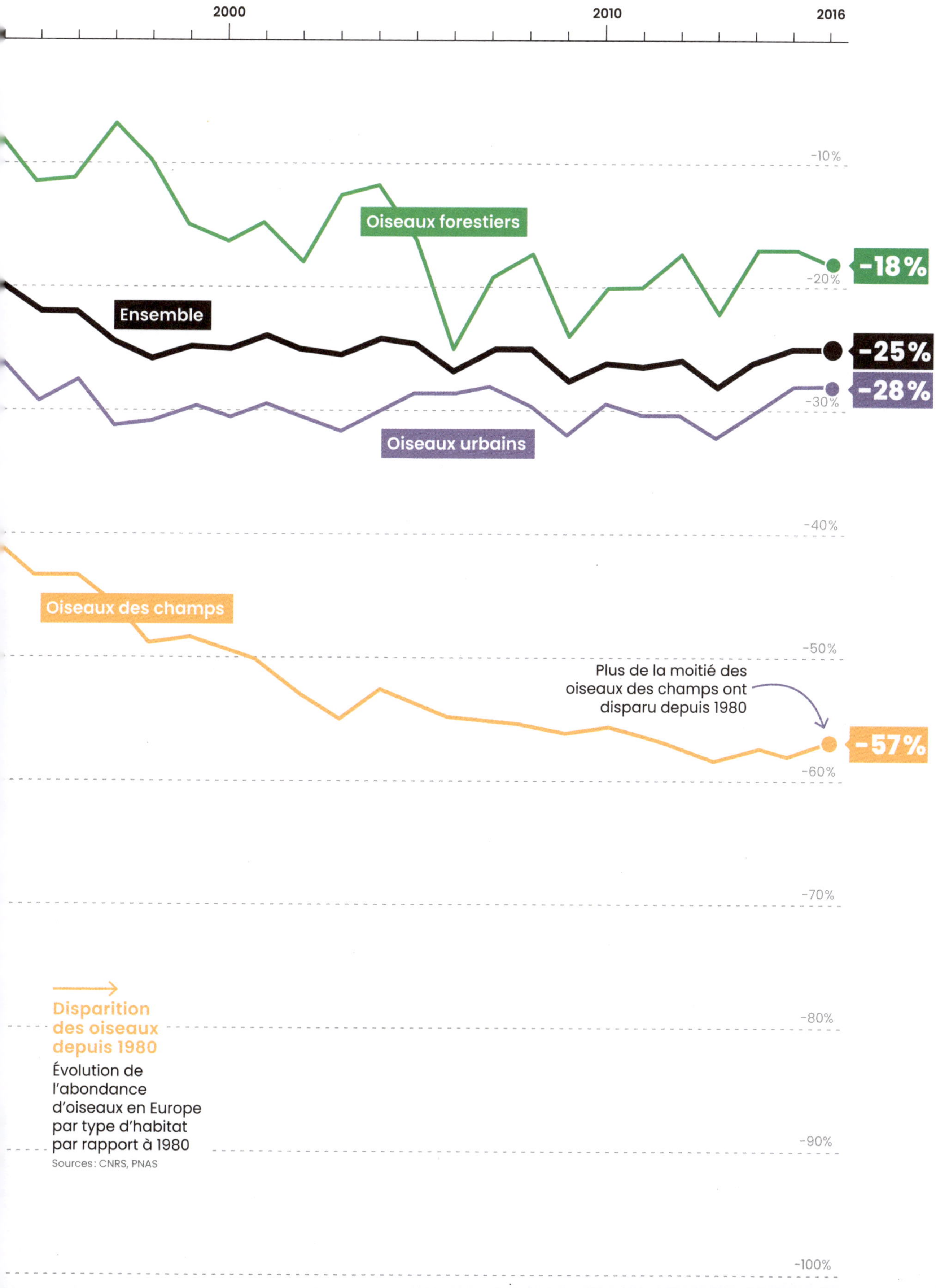

Disparition des oiseaux depuis 1980

Évolution de l'abondance d'oiseaux en Europe par type d'habitat par rapport à 1980

Sources : CNRS, PNAS

Les chasseurs sont-ils les premiers écologistes de France ?

Contrairement à l'image que veulent donner les communicants de la Fédération nationale des chasseurs, cette pratique n'est d'aucune utilité pour la biodiversité.

Le tableau de chasse national est une estimation de l'ensemble des animaux tués à la chasse pour une saison. Il est établi par l'Office français de la biodiversité (OFB) et les fédérations des chasseurs sur la base d'une enquête nationale. Les trois derniers tableaux sont respectivement relatifs aux saisons de chasse 1983-1984, 1998-1999 et enfin le dernier en date, quinze ans plus tard, pour la saison 2013-2014. Ces chiffres concernent uniquement la chasse à tir, qui représente 97 % des pratiques de chasse.

91 espèces d'oiseaux et de mammifères

Sur les 91 espèces dont la chasse était autorisée cette saison, le tableau de chasse national a pu être estimé pour 60 d'entre elles, 31 espèces n'ont pas pu être analysées faute de données assez précises ou complètes.

Parmi ces espèces chassables, plus d'un tiers font l'objet d'inquiétudes concernant leur statut de conservation, selon la « liste rouge des espèces menacées » régulièrement mise à jour par l'Union internationale pour la conservation de la nature (UICN). Onze espèces sont même considérées « vulnérables » par l'organisme.

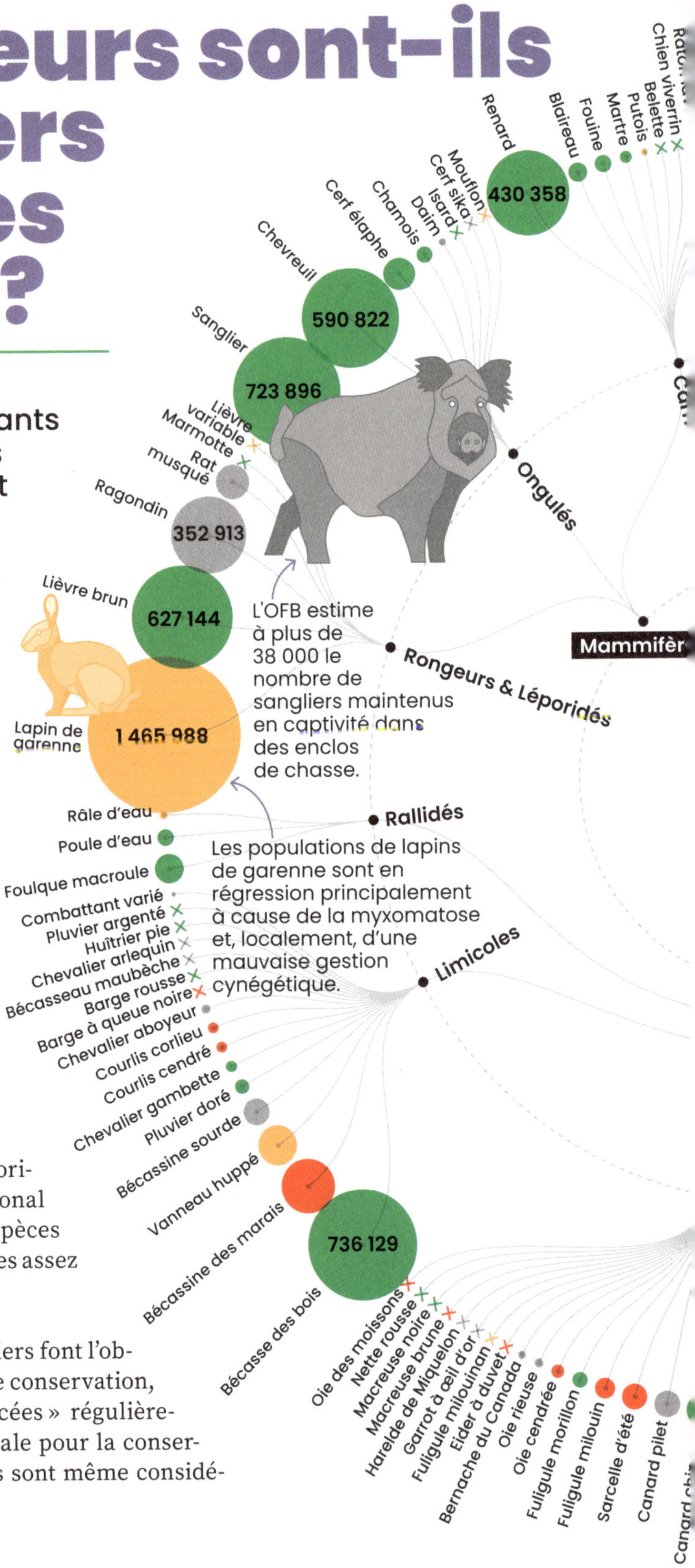

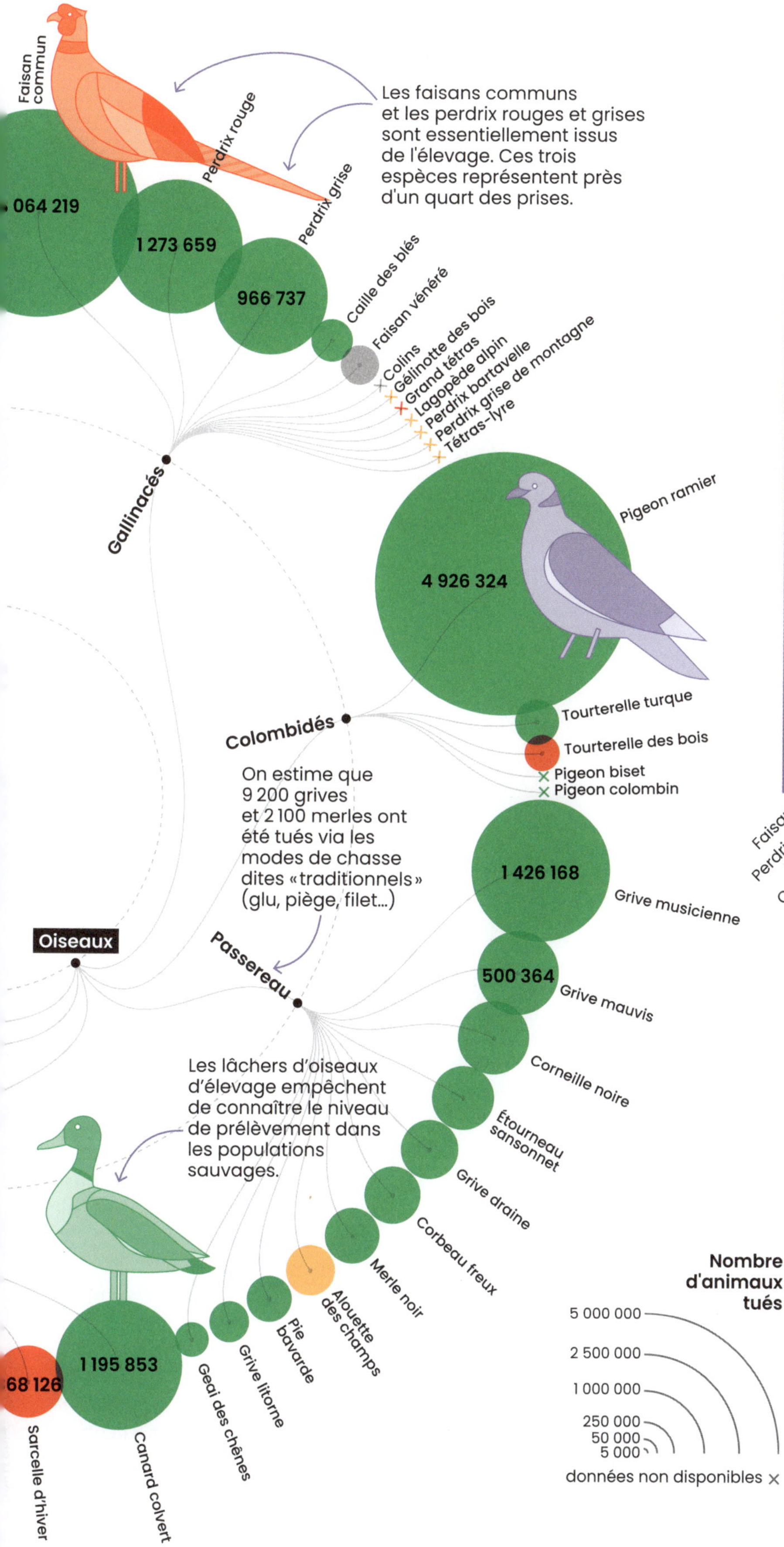

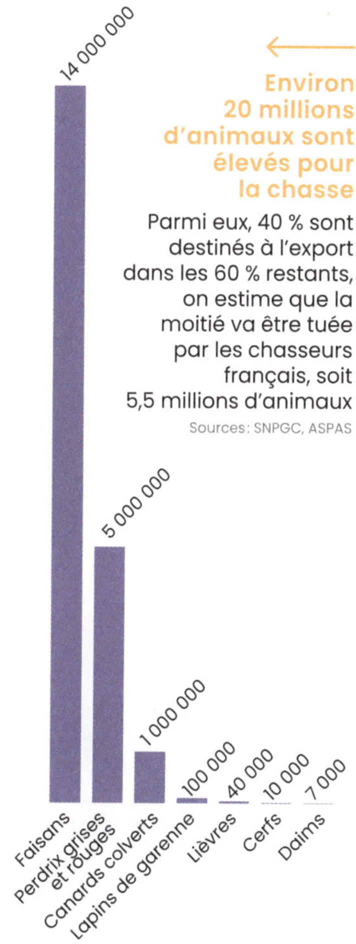

Environ 20 millions d'animaux sont élevés pour la chasse

Parmi eux, 40 % sont destinés à l'export dans les 60 % restants, on estime que la moitié va être tuée par les chasseurs français, soit 5,5 millions d'animaux

Sources : SNPGC, ASPAS

Répartition des 22 millions d'animaux tués pendant une saison de chasse

Saison de chasse 2013-2014, animaux classés par espèce, famille et statut de conservation

Sources : OFB, Red list UICN

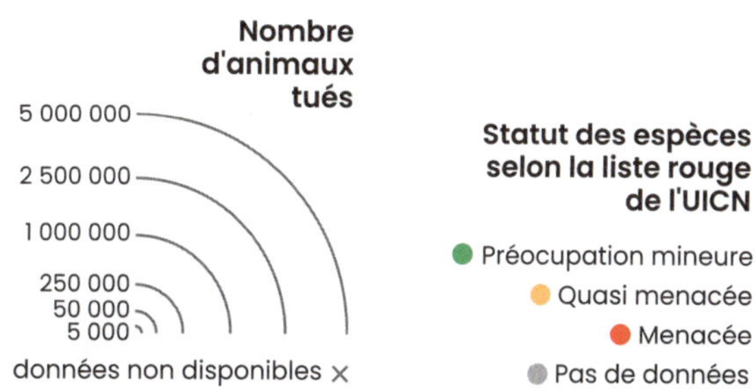

Impact carbone d'une station de ski

Station : Saint-Martin-de-Belleville (Les Menuires, Val Thorens)

Source : Mountain Riders, 2007

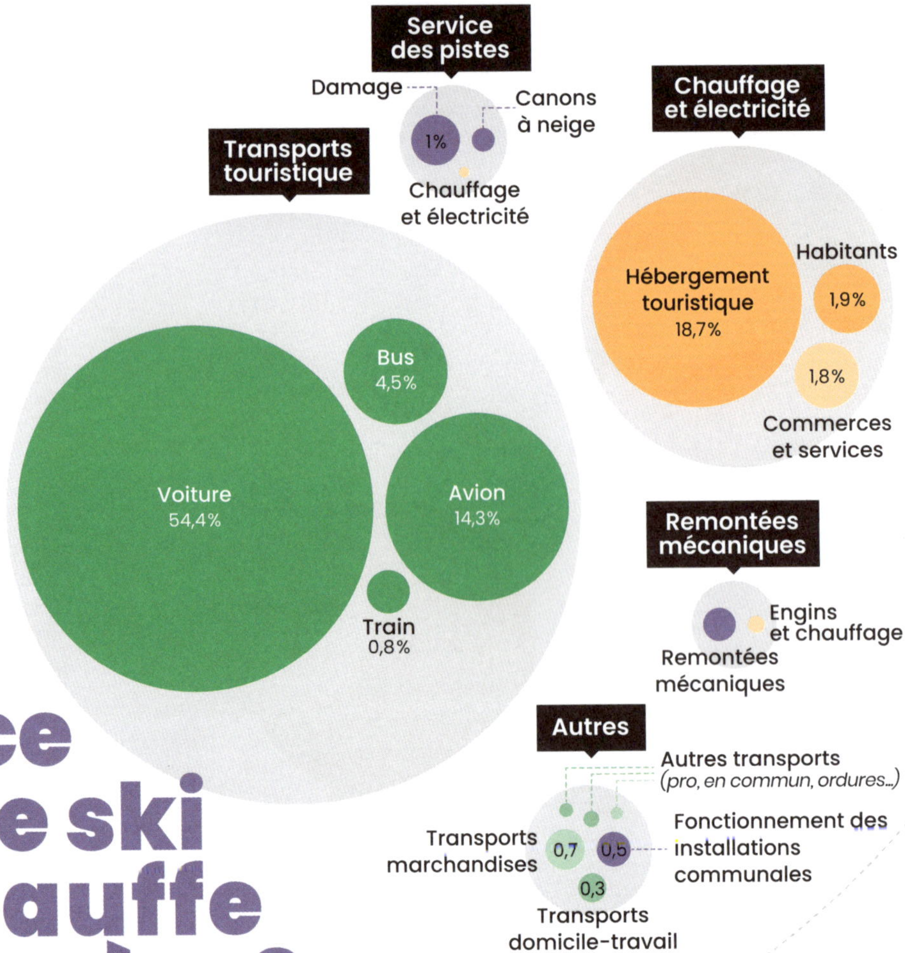

Est-ce que le ski réchauffe la planète ?

Les études disponibles s'accordent sur le principal poste émetteur de CO_2 des stations de ski : les transports pour s'y rendre. Le chauffage vient en seconde position.

Si la neige se fait rare, si les glaciers fondent, si la saison à la neige est de plus en plus courte, c'est en raison du réchauffement climatique causé par les émissions de CO_2 dues à l'activité humaine. Le tourisme montagnard hivernal y contribue aussi, mais il le subit avant tout.

D'après les quelques études disponibles sur les émissions liées aux stations de ski, l'impact de l'activité ski proprement dite est marginale (environ 2 %). Comme pour la plupart des destinations touristiques, il faut chercher l'empreinte carbone dans le moyen de s'y rendre.

Environ deux tiers de l'impact carbone de la pratique du ski vient des moyens de transport. Et selon l'Association nationale des maires des stations de montagne (ANMSM), l'écrasante majorité des vacanciers viennent à la montagne en voiture. Pour rendre la pratique du ski la plus neutre possible, il convient de s'y rendre par des moyens de transport collectifs sobres comme le train ou le bus. Et pourquoi pas le vélo pour les plus passionnés. En tout cas, l'avion est évidemment à proscrire, tout comme la voiture.

Ce sont certes des choix individuels, mais aussi collectifs : ces dernières années, l'État a supprimé des lignes de trains de nuit qui avaient pour destination la montagne. Et la perception du prix élevé du train joue comme un repoussoir.

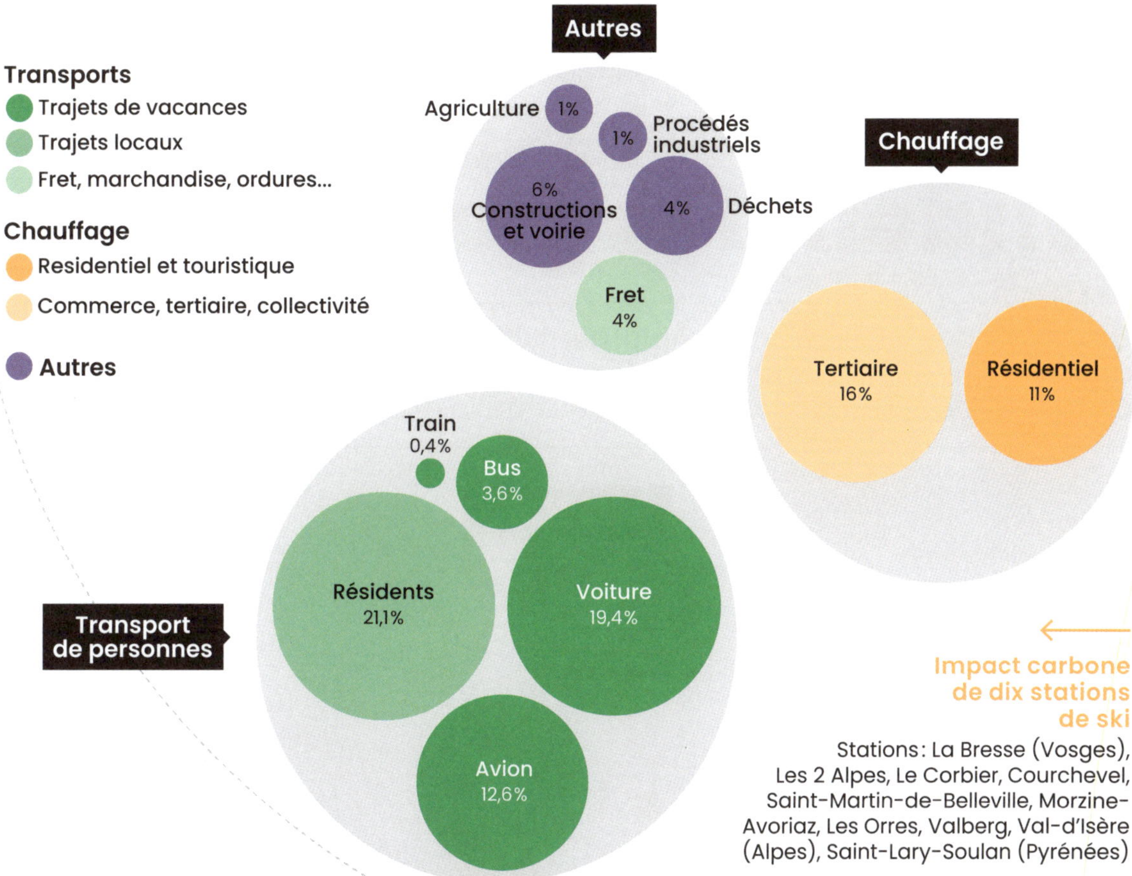

Impact carbone de dix stations de ski

Stations : La Bresse (Vosges), Les 2 Alpes, Le Corbier, Courchevel, Saint-Martin-de-Belleville, Morzine-Avoriaz, Les Orres, Valberg, Val-d'Isère (Alpes), Saint-Lary-Soulan (Pyrénées)

Source : ANMSM, 2010

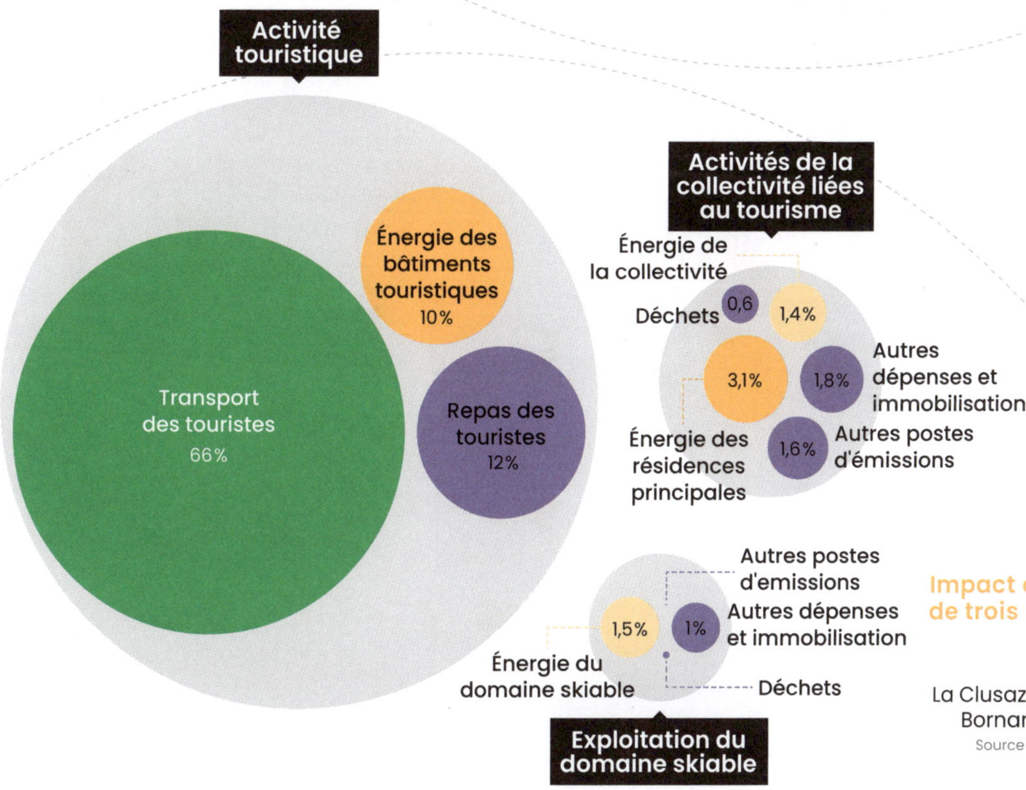

Impact carbone de trois stations de ski

Stations : La Clusaz, le Grand Bornand, Tignes

Source : Ademe, 2022

À quelle vitesse fondent les glaciers ?

Conséquence directe du dérèglement climatique causé par les activités humaines, les glaciers fondent à une vitesse croissante, et au rythme le plus élevé depuis deux mille ans.

Pôle Nord

Variation moyenne de la hauteur des glaciers de 2000 à 2019, en mètres
Source : Nature

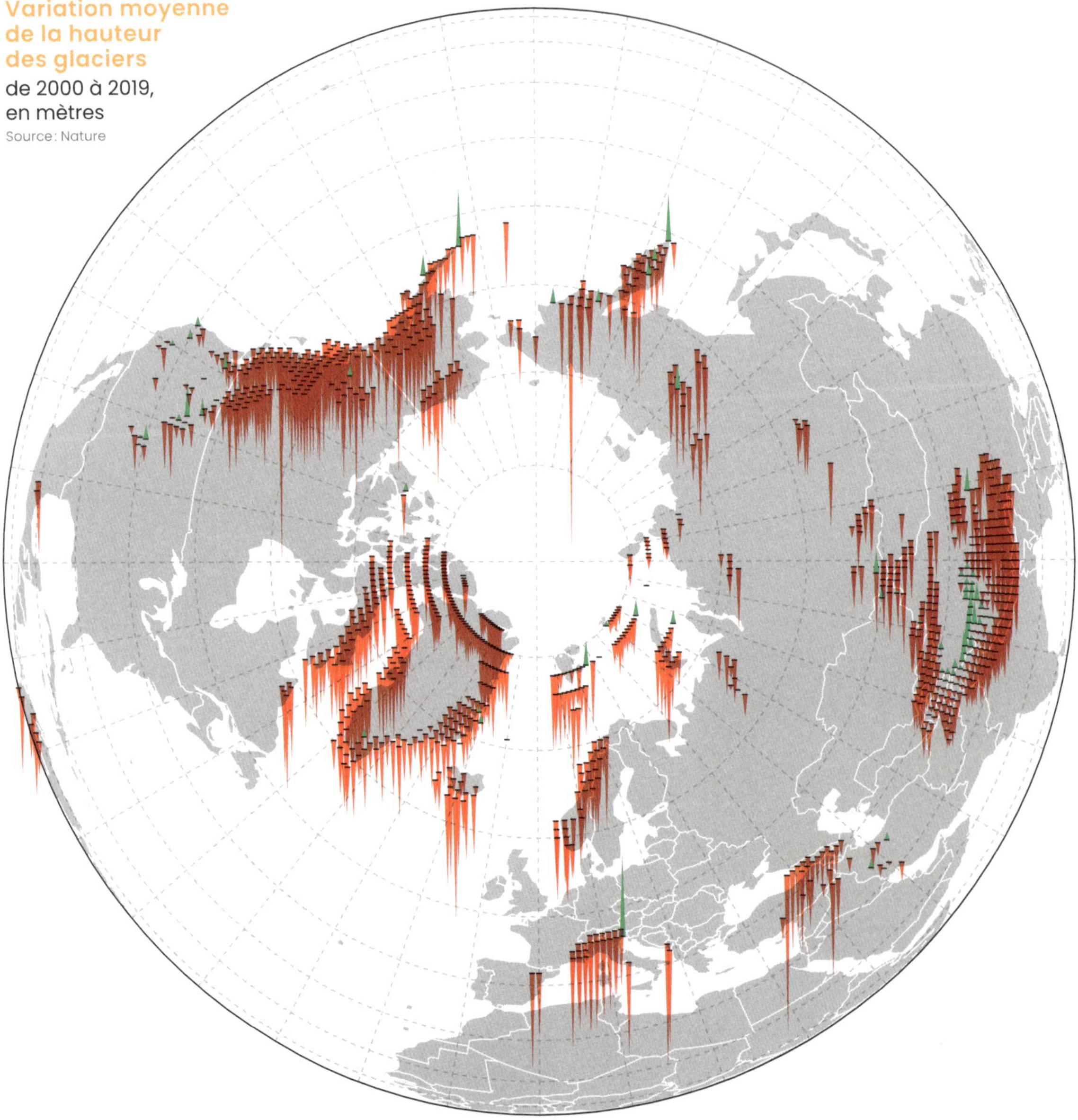

L'Organisation météorologique mondiale a publié des chiffres historiques en 2023. Sur les 40 glaciers suivis par l'institution des Nations unies, la perte d'épaisseur cumulée depuis 1970 est de plus de 26 mètres, avec un record de 1,18 mètre en 2022.

La fonte est bien plus rapide que les projections initiales du GIEC. Entre 2000 et 2019, les glaciers mondiaux ont perdu 267 gigatonnes de glace chaque année. Dans le scénario (peu probable) où l'on arriverait à maintenir l'élévation des températures moyennes à +1,5 °C, la moitié des glaciers disparaîtrait de la planète, équivalent à une hausse du niveau de la mer de 9 cm.

Sur la décennie 2010, les glaciers himalayens ont fondu de 65 % plus vite que les dix années précédentes. Or deux milliards de personnes en Asie dépendent de l'eau provenant des glaciers et de la neige.

En France, 2022 a été la pire année pour la survie des glaciers. Les experts estiment qu'ils auront totalement disparu des Pyrénées d'ici 2050. Idem pour les Alpes à la fin du siècle.

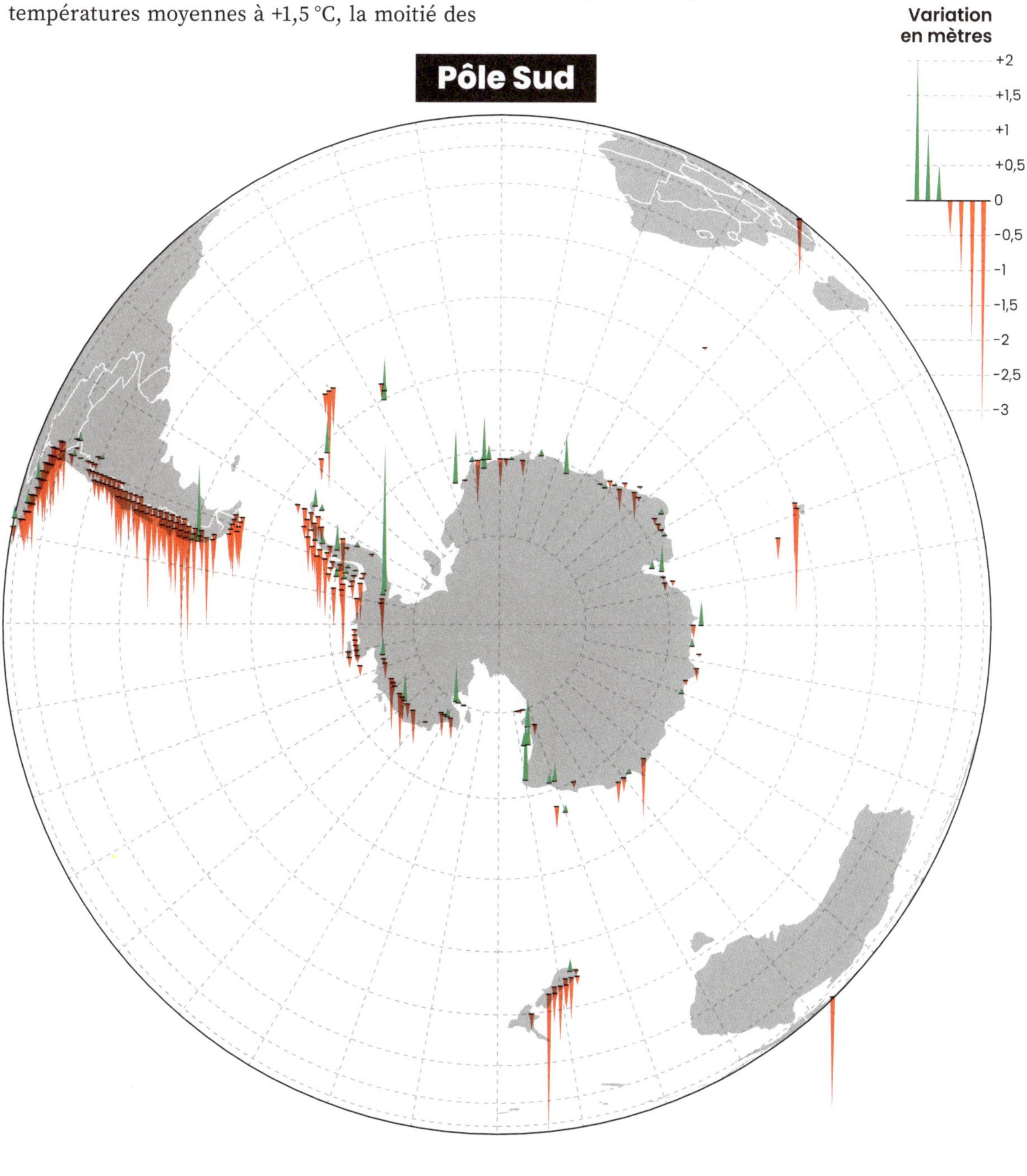

Comment atteindre la sobriété énergétique ?

Une des clés de la lutte contre le réchauffement climatique réside dans les économies d'énergie. Voici un plan qui détaille 50 mesures qui permettraient de réduire de 13 % la consommation énergétique en France.

→

Réductions possibles de la consommation d'électricité et de gaz par poste et par secteur

Source : Négawatt

Types de mesures

- Chauffage, climatisation, ventilation
- Isolation des bâtiments
- Changements d'habitudes
- Appareils électriques et éléctroménagers
- Eau chaude
- Éclairage

Économie possible
en gigawattheures (GWh)

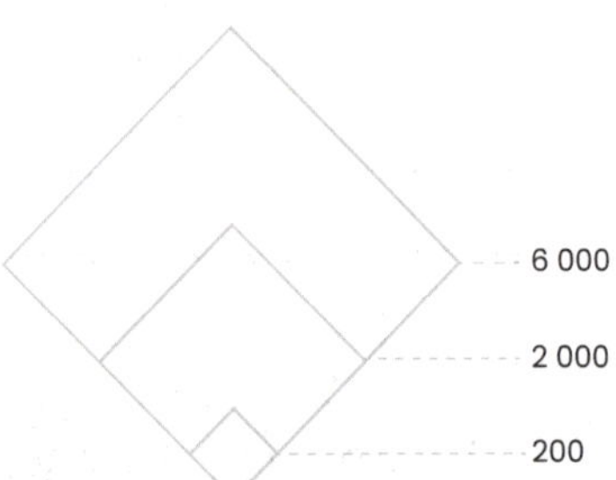

La consommation énergétique en France est environ pour un tiers due au résidentiel, un tiers aux transports et un tiers aux secteurs primaire, secondaire et tertiaire.

Quelques pratiques peu contraignantes pourraient être mises en œuvre sans gros investissement ni changement structurel, mais avec pour principale difficulté de les faire accepter socialement. Ces mesures permettent d'économiser sur toutes les sources d'énergie : gaz, pétrole et réseau électrique.

Par exemple, régler le chauffage à seulement 19 °C dans les bâtiments quand on les occupe, que ce soit les logements ou les lieux de travail, semble une mesure de bon sens. Baisser la température d'un ou deux degrés permet de baisser de 8 à 16 % la consommation due au chauffage.

De même, éteindre totalement les appareils en veille, comme les téléviseurs, les ordinateurs fixes ou les box internet, ne demande pas un effort démesuré et permet d'obtenir des résultats immédiats.

Côté transports, réduire la vitesse maximale de 130 à 110 km/h sur les autoroutes n'aura qu'un impact réduit sur les temps de parcours tout en économisant énormément de carburant.

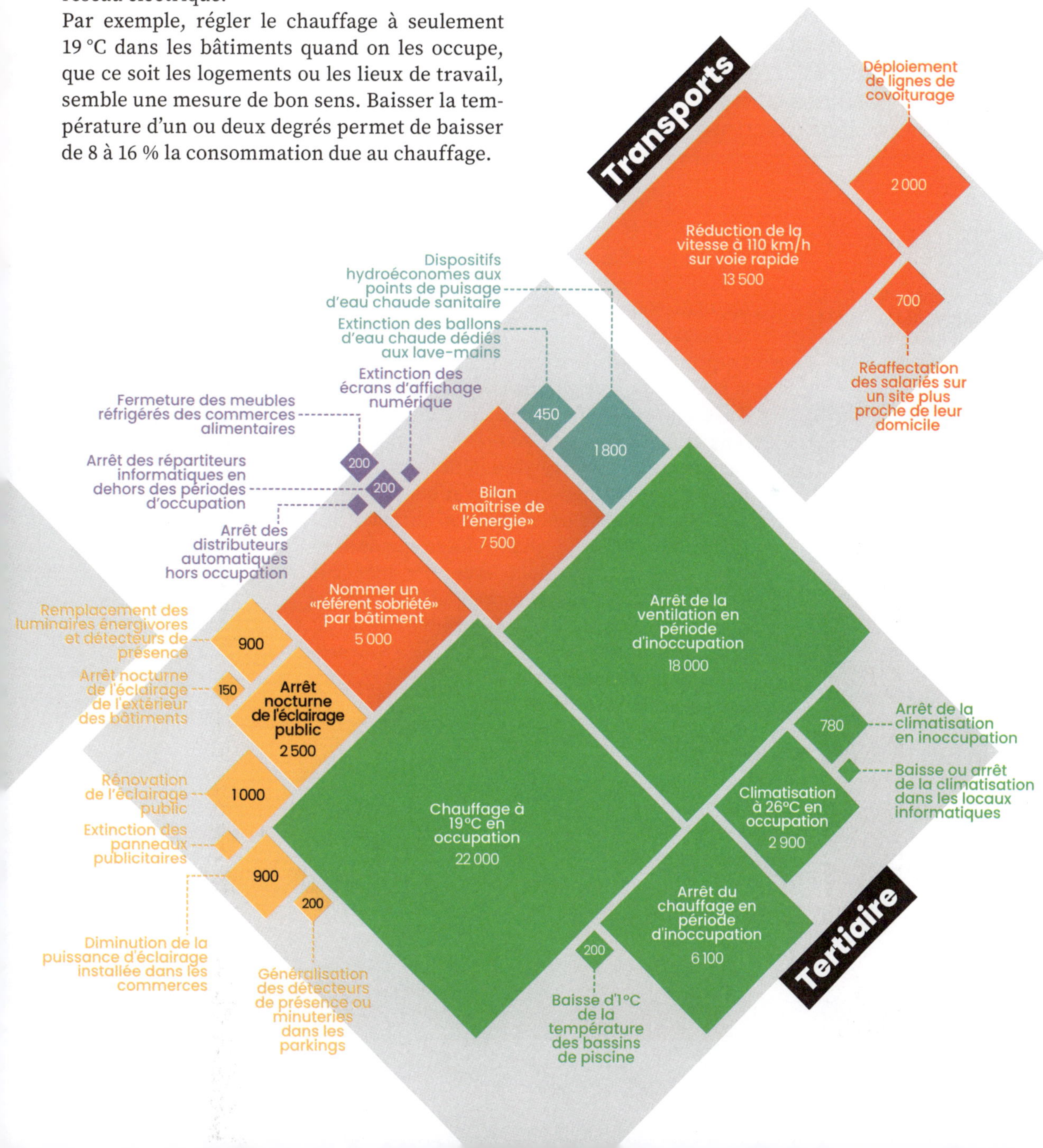

Que mettre dans son assiette pour sauver la planète ?

L'alimentation est une source importante d'émissions carbonées responsables du réchauffement climatique. Un changement de régime peut à la fois réduire cette empreinte et nourrir sainement une population mondiale grandissante.

Selon une étude menée par la fondation Eat publiée dans *The Lancet*, un changement de régime mondial s'impose avec un triple objectif : réduire les émissions de CO_2, nourrir toute la population de la planète et fournir une alimentation saine.

Le principe est de diminuer drastiquement la consommation de viande et celle de sucres raffinés, tout en doublant celle des fruits, légumes, noix et légumineuses. Pour cela, il conviendra également de réduire de moitié le gaspillage alimentaire et améliorer les pratiques agricoles dans une logique d'intensification durable.

Aller vers la qualité plutôt que la quantité en favorisant la biodiversité face aux monocultures, dont certaines ne servent qu'à nourrir les animaux d'élevage. Outre les transitions structurelles, le problème va surtout être de convertir les populations des pays développés à manger moins de viande et moins de sucre.

Le décalage entre régime actuel et régime alimentaire santé planétaire
consommation d'aliments déficitaire et en excès pour une alimentation saine et durable
Source : Commission EAT-Lancet

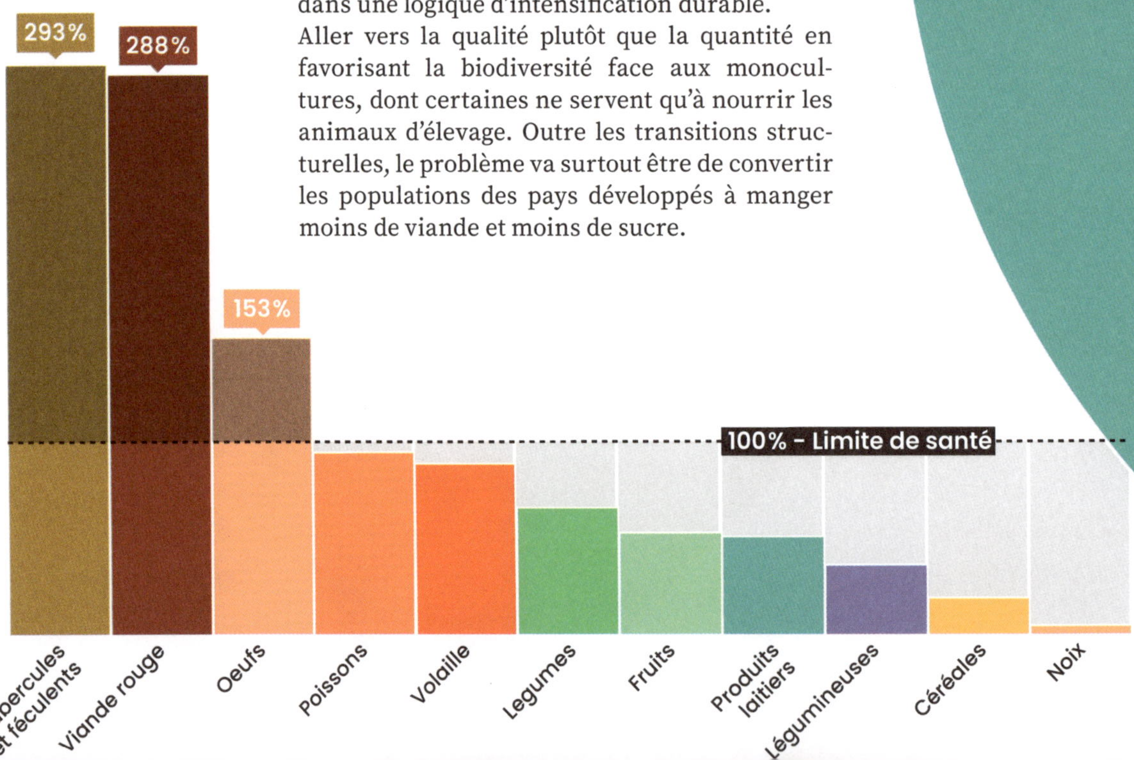

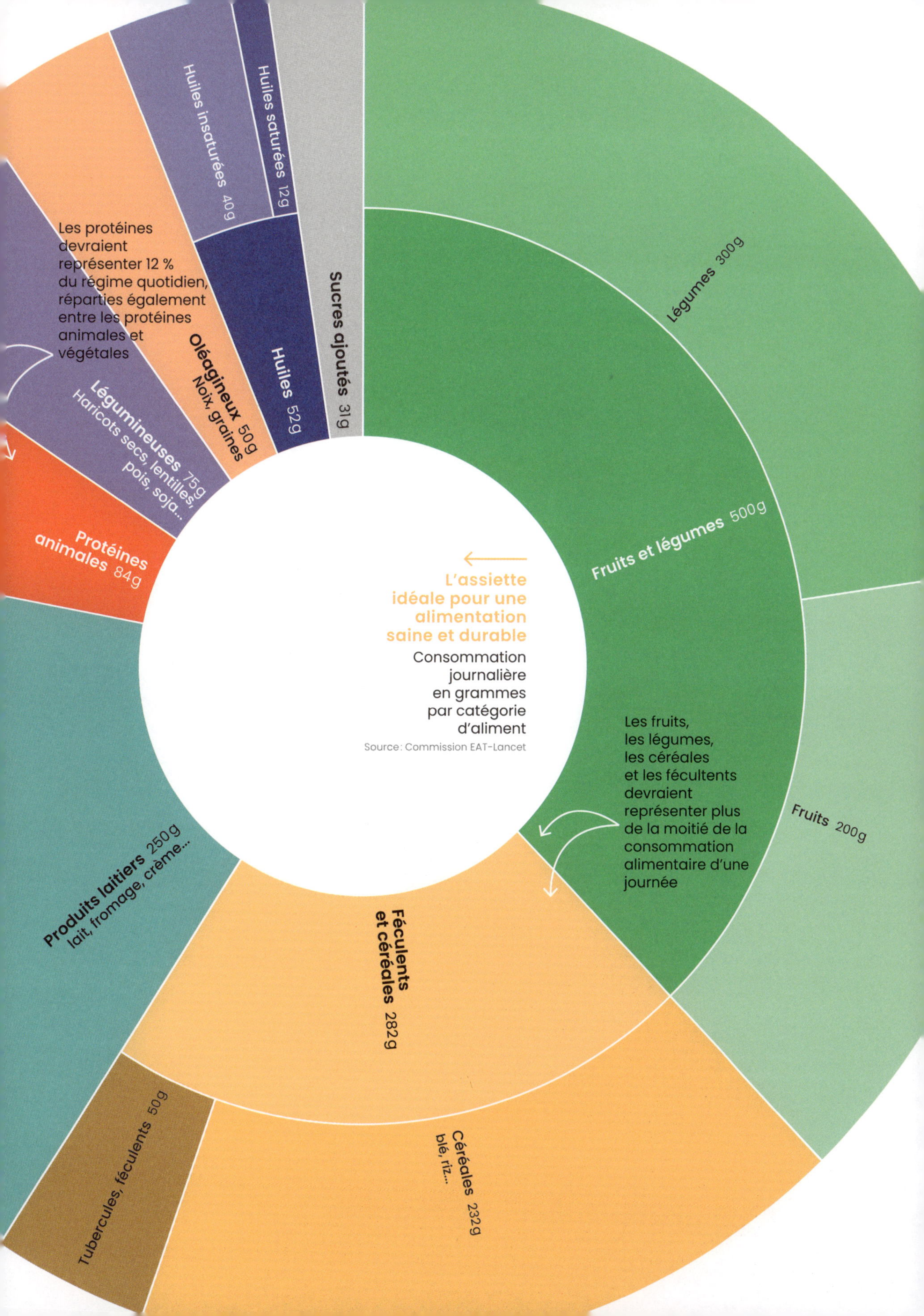
L'assiette idéale pour une alimentation saine et durable
Consommation journalière en grammes par catégorie d'aliment
Source : Commission EAT-Lancet
Fruits et légumes 500g
Légumes 300g
Fruits 200g
Féculents et céréales 282g
Céréales blé, riz... 232g
Tubercules, féculents 50g
Produits laitiers 250g lait, fromage, crème...
Protéines animales 84g
Légumineuses 75g Haricots secs, lentilles, pois, soja...
Oléagineux 50g Noix, graines
Huiles 52g
Huiles insaturées 40g
Huiles saturées 12g
Sucres ajoutés 31g
Les protéines devraient représenter 12 % du régime quotidien, réparties également entre les protéines animales et végétales
Les fruits, les légumes, les céréales et les fécultents devraient représenter plus de la moitié de la consommation alimentaire d'une journée

Index

**Décompte des 100 mots clés les plus employés au travers des chapitres de ce livre.
Chaque mot intègre ses versions singulier, pluriel, féminin et masculin.**

Vivre ensemble

Bouger

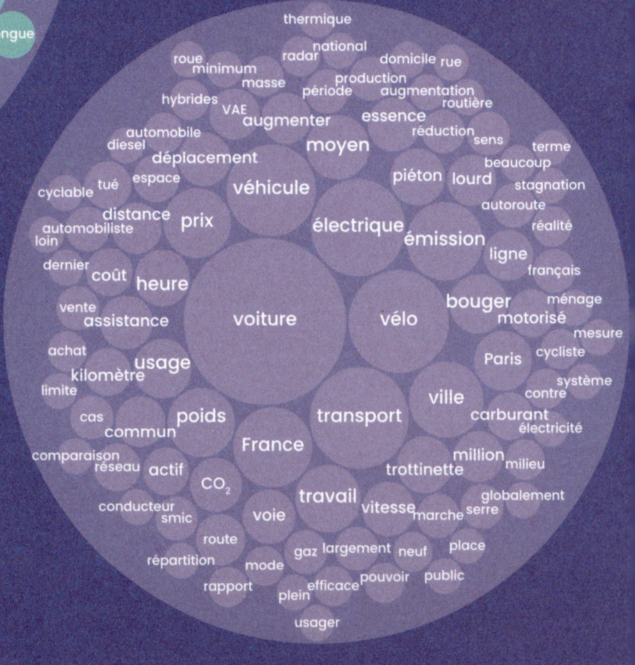

Nombre d'occurences du mot dans le chapitre

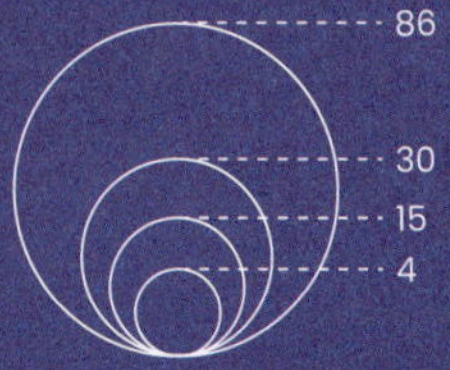

Produire

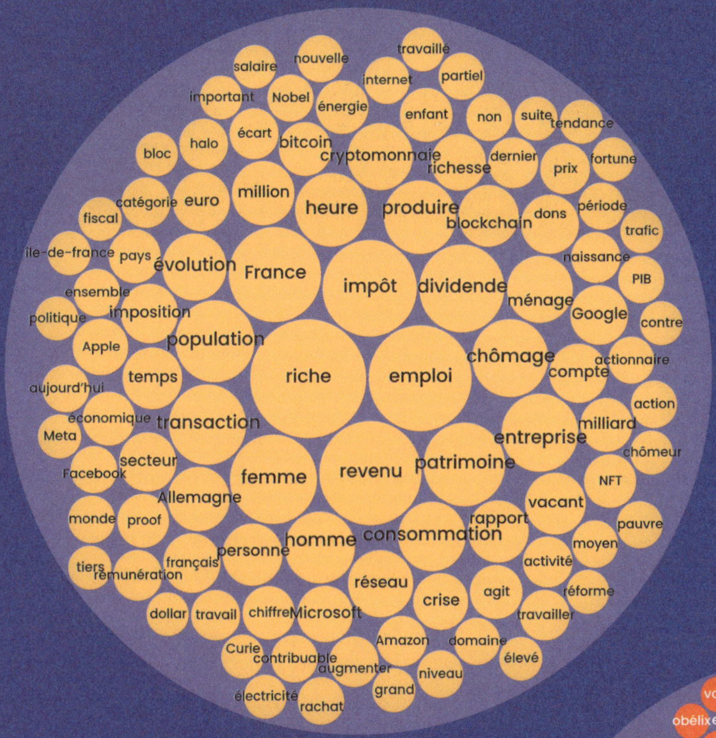

S'enjailler

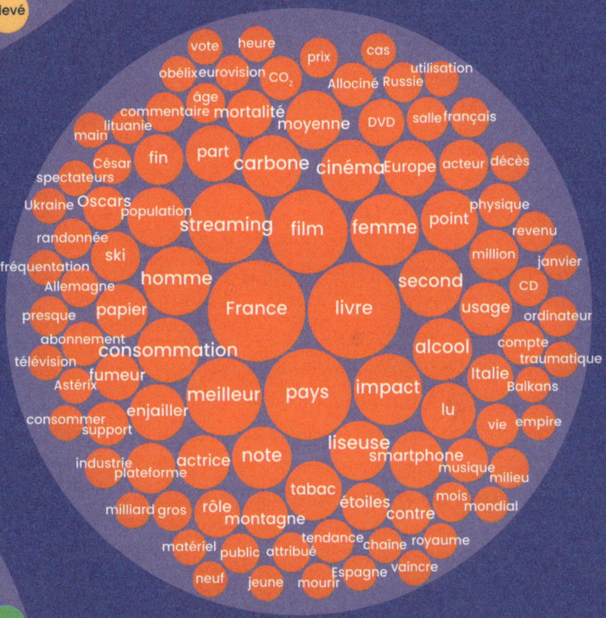

Dérégler

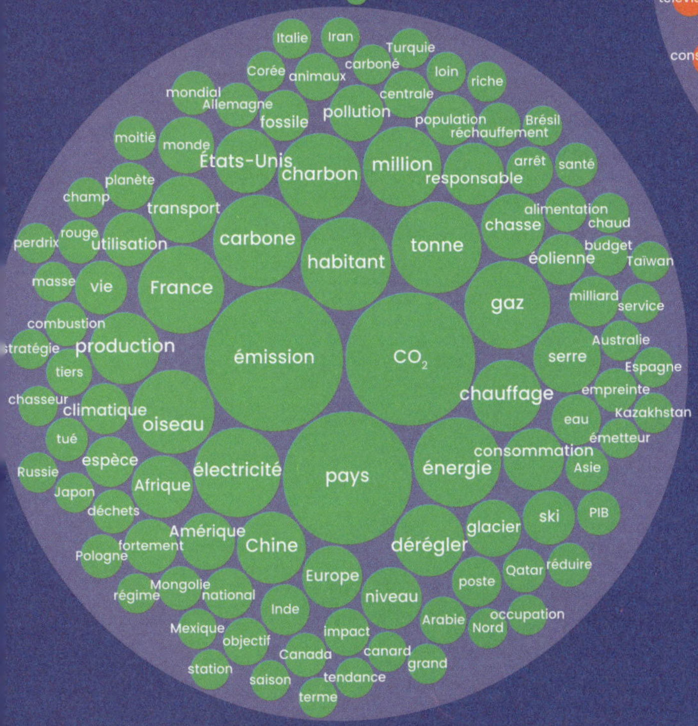

Sources

14 Est-ce que la France est un pays d'assistés ?

Dress (Direction de la recherche, des études, de l'évaluation et des statistiques) - *Non-recours aux prestations sociales : le manque d'information en tête des motifs selon les Français*

Cour des comptes - *La lutte contre les fraudes aux prestations sociales*

Dares (Direction de l'Animation de la Recherche, des Études et des Statistiques) - *Quantifier le non-recours à l'assurance chômage*

Assemblée nationale - *Rapport fait au nom de la commission d'enquête relative à la lutte contre les fraudes aux prestations sociales*

16 La sécu coûte-t-elle trop cher aux français ?

Dress (Direction de la recherche, des études, de l'évaluation et des statistiques) - *Rapport 2021 Sur la situation financière des organismes complémentaires assurant une couverture santé*

18 Paris se vide-t-il de ses habitants ?

Insee (Institut national de la statistique et des études économiques) - *Département de Paris (75) : Évolution et structure de la population en 2020*

Wikipedia - Démographie de Paris

20 Où sont les déserts médicaux ?

RPPS (Répertoire Partagé des Professionnels intervenant dans le système de Santé), ministère de la Santé - Carte réalisée par Emmanuel Vigneron pour l'Association des maires ruraux de France.

Dress (Direction de la recherche, des études, de l'évaluation et des statistiques) - Médecins par région d'activité

Insee (Institut national de la statistique et des études économiques) - Population des régions

22 A l'âge de la retraite 29% des hommes les plus pauvres sont déjà morts

Insee (Institut national de la statistique et des études économiques) - *L'espérance de vie par niveau de vie*. Méthode et principaux résultats

24 Les Français sont-ils plus tolérants ?

CNCDH (Commission nationale consultative des droits de l'homme) - *Rapport 2022 sur la lutte contre le racisme, l'antisémitisme et la xénophobie*

26 L'Assemblée nationale est-elle représentative ?

Insee (Institut national de la statistique et des études économiques) - *Portraits des circonscriptions législatives*

Ministère de l'Europe et des Affaires étrangères - *Décret n° 2022-69 du 26 janvier 2022 authentifiant la population des Français établis hors de France*

28 Le niveau des élèves baisse-t-il vraiment ?

Association française de Cliométrie - *Bref retour cliométrique sur 50 ans de performances scolaires en lecture et en mathématique en France : 1970-2020* par Nadir ALTINOK et Claude DIEBOLT

30 Y a-t-il un intérêt à scolariser ses enfants dans le privé ?

data education gouv - *Indices de position sociale*

dans les collèges de France métropolitaine et DROM (2016-2021)

parisschoolofeconomics - *La tentation du privé Situation et avenir de l'offre éducative publique à Paris* par Julien Grenet

32 Plus de 400 tués dans des accidents de chasse en France depuis vingt ans

Office français de la biodiversité - *Bilan des accidents et incidents de chasse*

34 Les frontières européennes sont-elles des passoires ?

OIM (Organisation internationale pour les migrations) - *Missing migrants project data*

36 Combien de morts du Covid en trois ans de pandémie ?

OMS (Organisation mondiale de la santé) - *Covid-19 global data*

38 Le Covid a-t-il fait dérailler la mortalité mondiale ?

Our World in data - *Two centuries of rapid global population growth will come to an end*

Nations Unies - *World Population Prospects 2022*

40 Le droit à l'avortement est-il menacé ?

Center for reproductive rights - *The World's abortion laws*

Center for reproductive rights - *After Roe Fell: Abortion Laws by State*

42 La démocratie progress-t-elle dans le monde ?

Our world in data - The world has recently become less democratic

RoW (Regimes of the World) - *Opening New Avenues for the Comparative Study of Political Regimes*

44 Le fléau des fusillades de masse aux Etats-Unis

Gun violence archive - *Mass shootings*

CDC (Centers for disease control and prevention) - *Suicide and Self-harm Injury*

Santé publique France - *Traumatismes par arme à feu en France métropolitaine*

46 Le Bronx est-il toujours le Bronx ?

CDC (center for disease control and prevention) - *health_statistics*

CDC - *National Center for Health Statistics*

CDC WONDER - *Mortality Data*

50 Pourquoi le train est-il en perte de vitesse en France

Carte rail 1930 : Base de données France (Mimeur, Thévenin, 2016), Benjamin Smith (Wikipedia)

Carte rail 2022 : OpenData SNCF 2022, SNCF Réseau, Benjamin Smith (Wikipedia)

52 Pourquoi le train est-il en perte de vitesse en France (suite)

Wikisara - Cartes de mise en service des autoroutes françaises

Flux - *La remise en cause du tout automobile*

54 Les Français sont-ils accros à la voiture ?

Insee (Institut national de la statistique et des études économiques) - *La voiture reste majoritaire pour les déplacements domicile-travail, même pour de courtes distances*

56 Combien coûte réellement une voiture ?

Réseau action climat – *Comment transformer la mobilité du quotidien - Répartition estimative par poste du coût annuel moyen d'une voiture en 2022 (en euros courants)* source Adetec.

Direction générale du Trésor - *Les usagers de la route paient-ils le juste prix de leurs circulations ?*

58 Accorde-t-on trop de place aux pistes cyclabes dans la ville ?

Bureau d'études en transports et déplacements - *Parts modales et partage de l'espace dans les grandes villes françaises*

Débits : RATP, Open data paris, Transformative mobility initiative

60 Combien d'heures faut-il travailler pour faire le plein ?

Insee (Institut national de la statistique et des études économiques) - Indice du SMIC brut horaire

Insee - annuaire statistique de la France

Ministère de la Transition énergétique - Prix des produits pétroliers

62 Faut-il taxer les voitures au poids ?

Ademe (Agence de la transition écologique) - *Évolution du taux moyen d'émissions de CO2 en France, Véhicules particuliers neufs vendus en France*

ICCT (Internal council on clean transportation) - *Real-world usage on plug-in hybrid vehicules in Europe*

64 Les automobilistes respectent-ils les limitations de vitesse ?

Bordeaux métropole - Vitesses mesurées par les radars pédagogiques de Bordeaux

66 Les trottinettes sont-elles dangereuses pour les piétons ?

ONISR (Observatoire national interministériel de la sécurité routière) - Fichier national des accidents corporels de la circulation

68 Y-a-t-il plus de voitures électriques ou de vélos électriques ?

CCFA (Comité des constructeurs français d'automobiles) - Immatriculations

Union Sport et cycle - L'Observatoire du cycle

70 Combien d'éoliennes faudrait-il pour que tous les Français roulent en vélo à assistance électrique ?

EDF - L'éolien en chiffres

Ministère de la transition écologique et de la cohésion des territoires - *38,2 millions de voitures en circulation en France*

Ministère de la transition écologique et de la cohésion des territoires - *Bilan annuel des transports en 2019 : bilan de la circulation*

Ademe (Agence de l'environnement et de la maîtrise de l'énergie) - Base carbone

Trek - *Sustainability report and corporate commitment 2021*

IOP Science - The size and range effect: lifecycle greenhouse gas emissions of electric vehicles

74 Suffit-il de traverser la rue pour trouver un emploi ?

Dares (Direction de l'Animation de la Recherche, des Études et des Statistiques) - Les emplois vacants

Dares (Direction de l'Animation de la Recherche, des Études et des Statistiques) - Les demandeurs d'emploi inscrits à Pôle emploi

Dares (Direction de l'Animation de la Recherche, des Études et des Statistiques) - *Quels sont les emplois vacants début 2022 ?*

76 A-t-on vraiment atteint le plein emploi en France

Insee (Institut national de la statistique et des études économiques) - Emploi, chômage, revenus du travail

Insee - *Personnes dans le halo autour du chômage selon le sexe et l'âge, données annuelles de 1990 à 2022*

78 La moitié des ménages français possède 92% du patrimoine

Insee (Institut national de la statistique et des études économiques) - *Insee focus N°287 : Début 2021, 92 % des avoirs patrimoniaux sont détenus par la moitié des ménages*

80 Vaut-il mieux être ultra-riche ou giga-riche ?

IPP (Institut des politiques publiques) - *Quels impôts les milliardaires paient-ils ?*

84 Est-ce que l'argent des riches ruisselle ?

Oxfam (Oxford Committee for Famine Relief) - *La loi du plus riche*

86 Les riches sont-ils généreux ?

Institut des politiques publiques (IPP) - *Comportement des donateurs fortunés : le poids des motivations politiques* par Julia Cagé et Malka Guillot

88 L'Île-de-France, région la plus riche de France

Insee (Institut national de la statistique et des études économiques) - Produits intérieurs bruts régionaux et valeurs ajoutées régionales

Insee (Institut national de la statistique et des études économiques) - Estimation de la population au 1er janvier 2023

Insee (Institut national de la statistique et des études économiques) - *La France et ses territoires*

Libération - *L'Ile-de-France, première région de naissance des footballeurs de la Coupe du monde 2022*

90 Pourquoi les femmes gagnent-elles moins que les hommes ?

France Stratégie - *Inégalité des chances : ce qui compte le plus* par Clément Dherbécourt et Jean Flamand

Economie et statistique - *Égalité professionnelle entre les femmes et les hommes en France : une lente convergence freinée par les maternités* par Dominique Meurs et Pierre Pora

92 Les Français sont-ils des fainéants par rapport à leurs voisins d'outre-rhin ?

Eurostat - *Average number of actual weekly hours of work in main job, by sex, age, professional status, full-time/part-time and economic activity*

BCE (Banque centrale européenne) - Total employment data

94 Vaut-il mieux être salarié ou actionnaire ?

Insee (Institut national de la statistique et des études économiques) - *Dividendes reçus par les ménages*

Insee - *Taux d'inflation : Données annuelles de 1991 à 2022*

Vernimmen - *Dividendes et rachats d'actions au sein du CAC 40*

96 Des prix Nobel toujours très masculins

The Nobel Prize - *All Nobel Prizes*

98 Le boom du trafic internet a-t-il fait exploser la consommation d'énergie ?

IEA (International energy agency) - *Global trends in internet traffic, data centre workloads and data centre energy use, 2015-2021*

IEA (International energy agency) - *Electricity per hour of streaming video, Shift Project compared to different use cases, 2019*

Revue MDPI - *Electricity Consumption and Operational Carbon Emissions of European Telecom Network Operators* par Dag Lundén, Jens Malmodin, Pernilla Bergmark et Nina Lövehagen

100 Les Gafam existent-elles ?

Alphabet - *Annual report 2022*

Amazon - *Annual report 2022*

Apple - *Quarterly Earnings Reports*

Meta - *Meta Reports Fourth Quarter and Full Year 2022 Results*

Microsoft - *Annual report 2022*

102 Acquisitions à coup de milliards : les gloutons de la Big Tech

Wikipedia - Liste des acquisitions de Google

Wikipedia - List of mergers and acquisitions by Amazon

Wikipedia - Liste des acquisitions d'Apple

Wikipedia - Liste d'acquisitions de Meta

Wikipedia - Liste des regroupements et des acquisitions par Microsoft

104 Les cryptos sont-elles les monnaies du futur ?

Digiconomist - *Bitcoin Energy Consumption Index*

106 Tout comprendre, ou presque, à la blockchain et aux NFT

Liberation - *NFT, blockchain, Web3… Le guide pour tout piger aux jetons*

110 Vaut-il mieux lire un livre sur papier ou sur écran ?

Ademe (Agence de l'environnement et de la maîtrise de l'énergie) - *Évaluation de l'impact environnemental de la digitalisation des services culturels*

114 L'industrie de la musique a-t-elle passé la vague du MP3 ?

IFPI (Fédération internationale de l'industrie phonographique) - *Global music report 2023*

Snep (Syndicat national des éditeurs phonographiques) - *Rapports annuel du marché de la musique enregistrée*

CNM (Centre national de la musique) - *Études et rapports*

116 Eurovision, les copains d'abord ?

Eurovision World - *Results & points*

118 Le cinéma en salle peut-il résister au streaming ?

CNC (Centre national du cinéma et de l'image animée) - Statistiques par secteur

CNC (Centre national du cinéma et de l'image animée) - Observatoire de la vidéo à la demande

Wikipedia - Fréquentation cinématographique

120 Cinéma : Jeunes femmes et vieux messieurs

César du cinéma - Palmarès

Academy of Motion Picture Arts and Sciences - Oscars du cinéma

122 Les notes des films à gros budget sont-elles bidonnées ?

Allociné - critiques spectateurs

124 Le tabac est-il toujours tabou ?

Our world in data - *Smoking in men vs. women, 2020*

Our world in data - *Death rate from smoking, 1990 to 2019*

Santé publique France - *Prévalence nationale et régionale du tabagisme en France en 2021 parmi les 18-75 ans, d'après le Baromètre de Santé publique France*

126 L'alcool est-il encore cool ?

Our world in data - Alcohol Consumption

OCDE (Organisation de coopération et de développement économiques) - Alcohol consumption data

Santé publique France - *La consommation d'alcool chez les adultes en France en 2017*

Santé publique France - *Dépassement des repères de consommation d'alcool à moindre risque en 2020 : résultats du Baromètre santé de Santé publique France*

128 Le ski est-il le sport de montagne le plus dangeureux ?

SNOSM (Système national d'observation des la sécurité en montagne) - *Accidentologie des domaines montagne par saison*

132 Qui est réponsable du réchauffement climatique (histoire)

Our World in Data - *Who has contributed most to global CO_2 emissions ?*

Carbon Brief - *Which countries are historically responsible for climate change ?*

134 Qui est réponsable du réchauffement climatique (aujourd'hui)

Our World in Data - CO_2 and Greenhouse Gas Emissions Data Explorer

136 Qui est réponsable du réchauffement climatique (par habitants)

Banque mondiale - Population, total

Global Carbon budget - *Data supplement to the Global Carbon Budget 2022*

138 Qui est réponsable du réchauffement climatique (par richesse)

Banque mondiale - PIB ($ US courants)

Global Carbon budget - *Data supplement to the Global Carbon Budget 2022*

140 Les Français émettent-ils trop de gaz à effet de serre ?

Ministère de la transition énergétique - *Chiffres clés du climat 2022*

Bureau d'études Carbone 4 - *Empreinte carbone française moyenne, comment est-elle calculée ?*

142 La France est-elle une bonne élève du climat ?

Citepa (Centre interprofessionnel technique d'études de la pollution atmosphérique) - *Rapport d'inventaire Secten – Gaz à effet de serre et polluants atmosphériques. Bilan des émissions en France de 1990 à 2022*

144 Le charbon charbonne-t-il toujours ?

Global Carbon budget - *Data supplement to the Global Carbon Budget 2022*

146 La production d'électricité est-elle climaticide ?

Global Carbon budget - *Data supplement to the Global Carbon Budget 2022*

Ember climate - data catalogue

148 la pollution est-elle vraiment dangereuse ?

Our World in data - *Data Review: How many people die from air pollution?*

OMS (Organisation mondiale de la Santé) - *14.9 million excess deaths associated with the COVID-19 pandemic in 2020 and 2021*

OMS - Fact sheets / Alcohol

CDC (Centers for disease control and prevention) - Smoking / Diseases and Death

150 Les humains pèsent-ils dans le game ?

Pnas (Proceedings of the National Academy of Sciences) - *The biomass distribution on Earth*

Nature - *Global human-made mass exceeds all living biomass*

152 Les éoliennes sont-elles responsable de la disparition des oiseaux ?

Pnas (Proceedings of the National Academy of Sciences) - *Farmland practices are driving bird population decline across Europe*

LPO (Ligue de protection des oiseaux) - *Limiter la prédation des chats domestiques*

152 Les chasseurs sont-ils les premiers écologistes de France ?

OFB (Office français de la biodiversité, anciennement Office national de la chasse et de la faune sauvage) - *Enquêtes tableaux de chasse*

Aspas (Association pour la protection des animaux sauvages) - *Gibier d'élevage : de la cage au carnage*

156 Est-ce que le ski réchauffe la planète ?

Mountain riders - *Bilan gaz à effet de serre en station* (2007)

ANMSM (Association nationale des maires des stations de montagne) - *Les stations de montagne présentent leur bilan carbone* (2010)

Ademe (Agence de l'environnement et de la maîtrise de l'énergie) - *Réalisation de bilans de gaz à effet de serre et stratégie climatique associée* (2022)

158 À qu'elle vitesse fondent les glaciers ?

Nature - *Accelerated global glacier mass loss in the early twenty-first century*

160 Comment atteindre la sobriété ?

négaWatt- *Sobriété, négaWatt présente ses propositions chiffrées*

162 Que mettre dans son assiette pour sauver la planète ?

The Lancet - *EAT-Lancet Commission Summary Report : Healthy diets from sustainable food systems - Food Planet Earth*

263657 - (I) - MAGN 120 - NRI
Dépôt légal : septembre 2023
Achevé d'impression par Grafo
Imprimé en Espagne